中等职业供热通风与空调专业系列教材

安装工程力学

谢　滨　主编

中国建筑工业出版社

图书在版编目(CIP)数据

安装工程力学/谢滨主编.—北京:中国建筑工业出版社,2002

中等职业供热通风与空调专业系列教材

ISBN 7-112-05114-2

Ⅰ.安… Ⅱ.谢… Ⅲ.建筑安装工程-工程力学-专业学校-教材 Ⅳ.TU758

中国版本图书馆CIP数据核字(2002)第032980号

本教材是中等职业供热通风与空调专业系列教材之一。该教材主要内容有:杆件静力分析基础、平面汇交力系、力矩与平面力偶系、平面一般力系、杆件基本变形及内力计算、材料的力学性能、平面图形的几何性质、杆件基本变形时的强度条件、杆件的变形与刚度条件、压杆稳定、管道支架结构及其受力计算等。每章均有小结,附有判断题、填空题、选择题和习题,旨在培养学生分析解决基本工程问题的能力。

本教材内容简明扼要,图文并茂,在教材体系、课程内容、表述方法等方面与以往工程力学教材不同,不但注重传统内容的继承,还注重能力和素质培养,是一部内容新、体系新的新教材。也可作为其他专业工程力学课程的教材,并可作为安装工程技术人员学习工程力学知识的参考书。

中等职业供热通风与空调专业系列教材

安装工程力学

谢 滨 主编

*

中国建筑工业出版社出版(北京西郊百万庄)

新华书店总店科技发行所发行

世界知识印刷厂印刷

*

开本:787×1092毫米 1/16 印张:10 字数:239千字

2002年12月第一版 2002年12月第一次印刷

印数:1—3000册 定价:**16.50**元

ISBN 7-112-05114-2

G·345(10728)

本社网址:http://www.china-abp.com.cn

网上书店:http://www.china-building.com.cn

前　言

为适应中等职业学校教学改革的需要，贯彻建设部有关精神，根据建设部供热与通风专业指导委员会审定的教学大纲及教育部部分专业技术基础课指导性大纲而编写本教材，作为招收初中毕业生的三年制中等职业学校供热与通风专业《安装工程力学》课程的教材，也可作为安装类专业《工程力学》课程教材。

本教材根据安装工程中结构分析、计算的思路和“够用为度”的原则编排内容，改变了以往工程力学中按静力学、材料力学等学科编排体系，具有淡化理论推导、强化实际应用、以图代叙、图文并茂、通俗易懂等特点，符合当前职业教育的需要。为学生学习后续课程，也为培养分析解决基本工程问题的能力奠定良好的基础。

本教材由广西建设职业技术学院谢滨主编，陈宁锋和周舟参编，其中绪论及第1～4章、第6章、第8～10章由谢滨编写，第5、7章由陈宁锋编写，第11章由周舟编写。由南京建设职业技术学院王耀礼主审。

本教材在编写中参考了国内外公开出版的许多书籍和资料，并从中直接引用了部分例题、习题及图表，在此谨向有关作者表示谢意。

由于编者水平和编写时间仓促，书中难免有错误和不足，恳请批评指正。

目　录

绪 论

一、安装工程力学研究什么

一个建筑设备系统通常由许多构件组成(如图 0-1 和 0-2 所示),而且构件的形状是多种多样的,如管道、梁、柱、管架等。为了研究方便,我们将长度方向的尺寸比截面尺寸大得多的构件统称为杆件,并将由杆件组成的结构称为杆件结构。

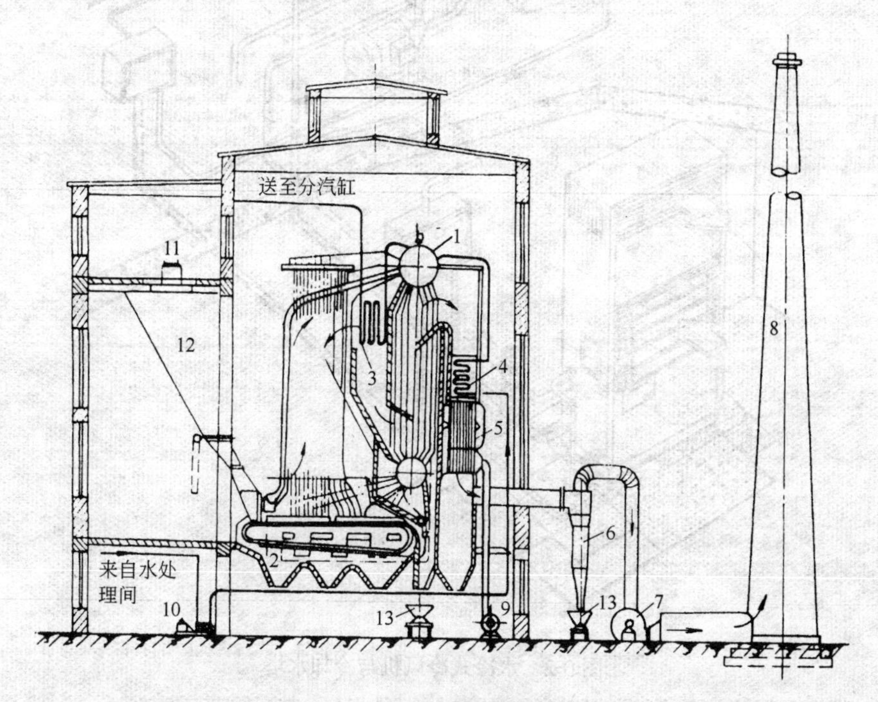

图 0-1 锅炉房设备简图
1—锅筒;2—链条炉排;3—蒸汽过热器;4—省煤器;5—空气预热器;6—除尘器;7—引风机
8—烟囱;9—送风机;10—给水泵;11—运煤皮带运输机;12—煤仓;13—灰车

设备在安装或使用中,构件会受到各种力的作用,如设备自重、管道上的积雪重和风力、管道受热或受冷时所产生的推力等。这些作用在构件上的力称为荷载。但在荷载作用下构件有可能出现过大的变形和破坏。

为了保证设备能安全正常地工作,构件应具有足够的抵抗破坏的能力,即具有足够的材料强度。同时,也要求构件具有足够的抵抗变形的能力,使构件在荷载作用下不发生过大的变形而影响使用,即构件需具有足够的刚度。此外,有些构件在荷载大到一定程度下会突然出现不能保持其平衡状态稳定性的现象,称为丧失稳定。因此,对这些构件还要求在工作时具有保持平衡状态稳定性的能力,即具有足够的稳定性。

不同的构件对材料强度、刚度、稳定性三方面的要求程度有所不同,但都必须首先满足

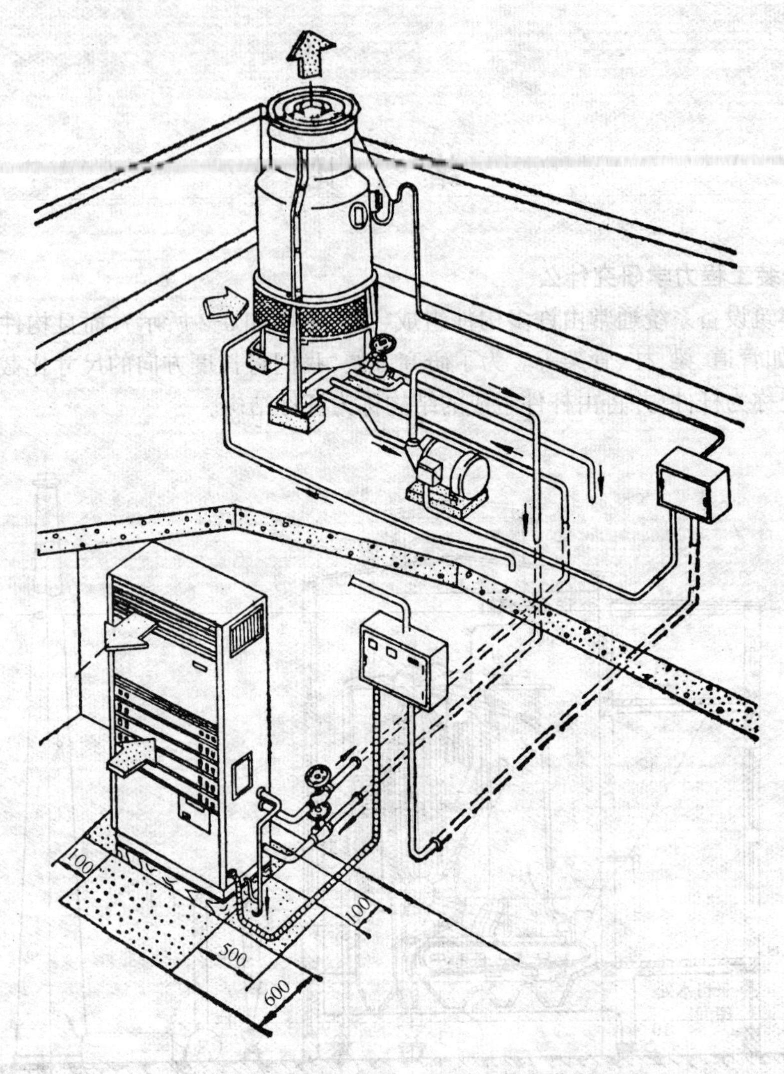

图 0-2　水冷式冷风机与冷却水塔

材料强度要求。构件满足材料强度、刚度、稳定性要求的能力，称为构件的承载能力。

力学广泛应用于工程领域。本教材研究的是物体在若干力作用下平衡的规律以及构件截面形状、尺寸与承载能力的关系。

二、安装工程力学是有的

作为一个施工技术组织者，应该懂得管道支架会受到哪些力的作用以及如何保证在这些力的作用下管道支架不会发生破坏等等。这样，在施工中才能理解设计图纸的意图与要求，正确安装设备，保证设备安全使用，避免发生工程事故。吊装作业是安装工程中经常碰到的一项工作，运用力学知识，就能以较少的人力、物力，搬移、吊升和安装较重的机器、设备和结构构件。

在施工中，工程事故时有发生。其中很多事故是由于施工者缺少或不懂得受力知识造成的。例如，由于不懂梁的弯曲应力，选取管道支架间距过大而造成管道破坏；不懂压杆稳定性，仅按压缩时的强度条件选择材料截面而造成结构破坏；不懂梁的弯曲变形，架空管道安装时的钢丝绳绑扎管道的位置不当而造成管道弯曲。所以，工程力学知识在安装工程中是设计人员和施工技术人员必不可少的基础知识。

三、怎样学好安装工程力学

安装工程力学是一门理论性、方法性、应用性都很强的学科。

善于思考，着重理解 听课、发问、总结、练习都要多动脑筋，对力学知识不应满足背诵定理(结论)和公式，要着重理解，知道它是如何提出的，如何得出结论的，知道它的意义和应用范围。

会应用，会创新 学习的目的在于应用，要注意教材和教师是如何引出概念、如何阐明理论、如何分析问题和解决问题的，进一步掌握分析问题和解决问题的思路和方法。应用就是要创新，照葫芦画瓢、墨守陈规是学不好安装工程力学的。只有学会创新，才能应用所学的知识解释工程事实、进行必要的计算，把知识变成分析问题与解决问题的能力。

本书每章后有小结、标准化练习题(判断题、填空题、选择题)和习题，应认真做练习。同时必须独立完成一定数量的习题。只要刻苦勤奋，掌握正确的学习方法，一定能够学好安装工程力学这门课程。

第一章　静力分析基础

第一节　力、刚体和平衡的概念

一、力的概念

1. 力的定义

力是物体间的相互机械作用，这种相互作用的效果使物体的运动状态（运动方向、速度、由静止变为运动）发生改变（外效应），或使物体产生变形（内效应）。

力的概念是人们长期生产劳动和生活实践中逐渐形成的。例如，我们在建筑工地推车（图 1-1a）、用开口扳手拧紧螺母（图 1-2）时，由于肌肉紧张，我们感到用了力。我们将力作用在车子上可以使车由静到动，或使车的运行速度变快，与此同时也感觉到车在推人（图 1-1b）；力作用在扳手上可以使螺母旋紧，同时也感觉有一个反作用力使扳手脱离手腕。力的作用方式是多种多样的。物体间互相接触时，可以产生相互的推、拉、挤压等作用力。

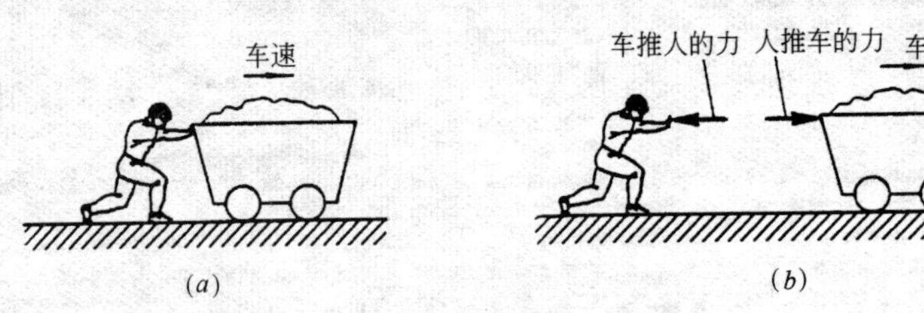

图 1-1　建筑工地推车

2. 力的三要素

力是一个有方向和大小的矢量。在大量的实践中证明，力对物体的作用效果取决于力的三要素：

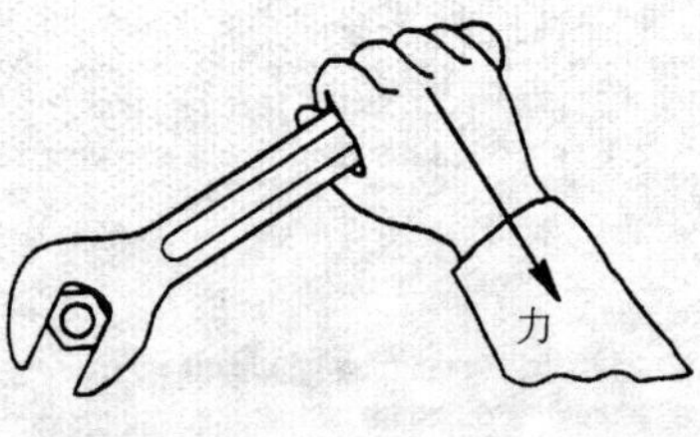

(1) 力的大小

力的大小表明物体间相互作用的强弱程度。其度量单位是牛顿 N，或千牛顿 kN。

图 1-2　扳手

(2) 力的方向

力的方向包含指向和方位两个意思。例如说重力的方向“竖直向下”，“竖直”是方位，“向下”是指向。

(3) 力的作用点

力的作用点就是力作用在物体上的位置。

这三个要素中，有任何一个要素改变时，力的作用效果就会改变。

如图 1-3 所示，用活动扳手扳动六角螺母是一种常见的操作。在操作中，可发现以下三种情况：

1) 力 **P** 越大，拧紧（或松动）螺母的效果越好。

2) 力 **P** 垂直 OA 线作用时，效果要比倾斜于 OA 好。即图 1-3(a)效果要比图 1-3(b)好。

3) 为了加强拧紧（或松动）的效果，常常在扳手柄上加一个套筒，使力 **P** 的作用点到螺母中心的距离加大（如图 1-3(c)所示的 OA'）。

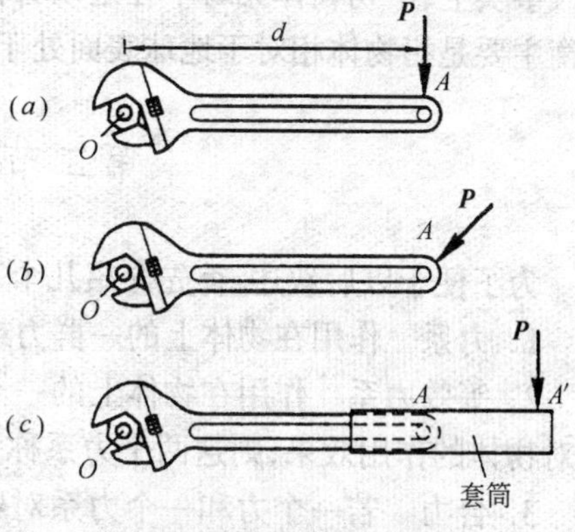

图 1-3 扳手扳动六角螺母

3. 力的图示法

用一个带有箭头的直线段表示力的三要素的方法称为力的图示法。如图 1-4 所示。

1) 线段的长度表示力的大小（按一定的比例画出）；

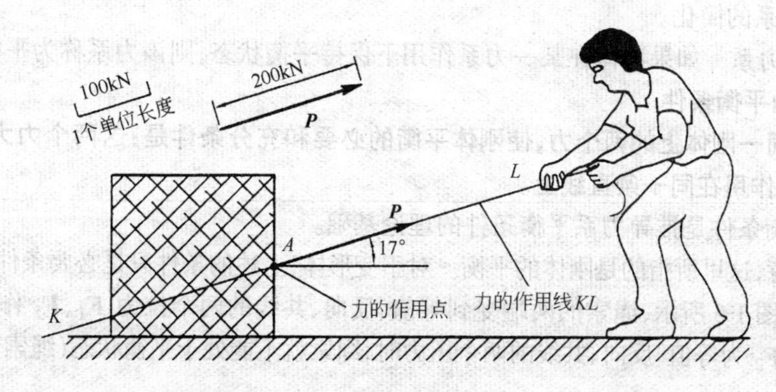

图 1-4 力的图示法

2) 线段与参考线的夹角表示线段的方位，箭头的指向表示力的方向；

3) 线段的起点或终点表示力的作用点。

通过力的作用点 A 沿力的方向画出一直线（如图 1-4 中的 KL），KL 称为力的作用线。图 1-4 中选定 1 个单位长度表示 100kN，按比例量出 **P** 的大小是 200kN，力的方向与水平线成 17°角，指向右上方，作用在物体的 A 点上。用字母符号表示矢量时，常用黑体字 **F**、**P** 表示，而 F、P 只表示该矢量的大小。

二、刚体的概念

刚体是指在任何外力作用下，大小和形状始终保持不变的物体，即不会变形的物体。或者说，是物体内任意两个点之间的距离都不因外力的作用而改变的物体。这是一个理想化的力学模型。实际上，许多物体（例如梁、柱、受压的桥梁等）在力的作用下，都会产生不同程度的变形，通常都非常微小。例如，桥梁在车辆、人群等荷载作用下的最大竖直变形一般不超过桥梁跨度的 1/700～1/900。架空管道的最大竖直变形不大于管道长度的 1/500。在研究物体的平衡问题时，这些微小变形的影响不大，可以忽略不计，因而可以将物体看成是不变形的，即刚体。但当进一步研究物体在力作用下变形和强度问题时，变形将成为主要因素而不能忽略，也就不能再把物体当作刚体，而要把物体看做变形体。

三、平衡的概念

物体相对于地球处于静止或做匀速直线运动状态时，物体处于平衡状态。

事实上,一切物体无时不在运动着,平衡只是相对的、暂时的、有条件的。工程实际中的平衡主要是指物体相对于地球表面处于静止状态。

第二节　力的基本性质

为了便于以后叙述,首先介绍几个基本定义:

1. 力系　作用在物体上的一群力或一组力称为力系。

2. 等效力系　作用在物体上的一个力系,如果可用另一个力系来代替,而不改变原力系对物体的作用效果,则这两个力系称为等效力系。

3. 合力　若一个力和一个力系对物体的作用效果等效,则称这个力是该力系的合力;而力系中的各个力都是其合力的分力。

4. 力系的简化　在研究力系的替换时,如果用一个简单力系等效地替换一个复杂的力系,则称为力系的简化。

5. 平衡力系　如果物体在某一力系作用下保持平衡状态,则该力系称为平衡力系。

一、二力平衡条件

作用在同一刚体上的两个力,使刚体平衡的必要和充分条件是:这两个力大小相等,方向相反,并且作用在同一条直线上。

二力平衡条件是推导力系平衡条件的理论基础。

必须注意,这里所指的是刚体的平衡。对于变形体,上述的条件只是必要条件而不是充分条件。例如,图 1-5 所示,绳索的两端受到等值、反向、共线的两个拉力 $\boldsymbol{F}_1$、$\boldsymbol{F}_2$ 作用时处于平衡;但如 $\boldsymbol{F}_1$、$\boldsymbol{F}_2$ 为等值、反向、共线的两个压力时,绳索就不能处于平衡状态(绳索弯曲)。

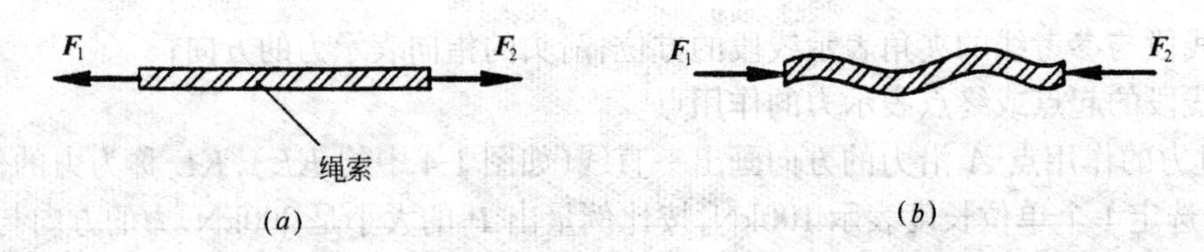

图 1-5　二力平衡条件适用于刚体,不适用于变形体

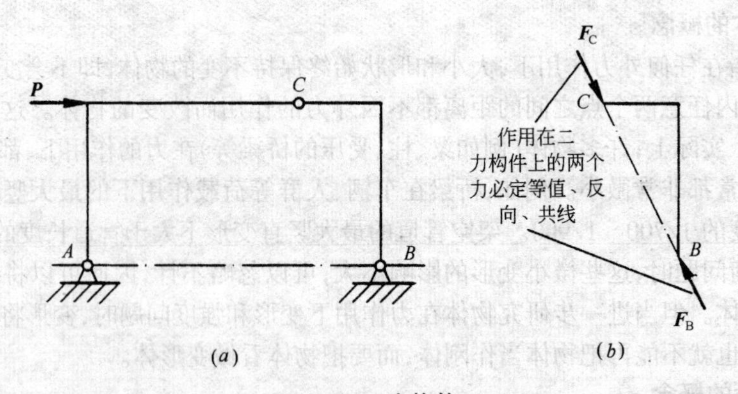

图 1-6　二力构件

工程上经常遇到只受两个力的作用而平衡的构件，称为二力构件；如果上述构件是杆件则称为二力杆。根据二力平衡条件可知，作用在二力构件上的两个力必定等值、反向、共线。因此可以确定这两个力的方位，即一定沿着两个力作用点的连线，而指向未定。例如，图1-6(a)所示的三铰刚架，其中 BC 构件当不计自重时，就可以看成是只受两个力作用而平衡的二力构件，力的方向必沿 B、C 两点连线。否则，BC 构件就不平衡。

二、加减平衡力系公理

在作用于刚体上的任意力系中，加上或去掉任何一个平衡力系，并不改变原力系对刚体的作用效果。

该公理说明平衡力系对刚体的运动状态没有影响，它是力系简化的重要理论依据。

推论　力的可传性原理

作用在刚体上的力可沿其作用线移至刚体上的任意一点，而不改变该力对此刚体的作用效应。

证明　如图 1-7(a)所示。力 $\boldsymbol{F}$ 作用于刚体上的 A 点，B 为其作用线上任意一点，今在点 B 沿直线 AB 加上等值、反向的两个力 $\boldsymbol{F}_1$ 和 $\boldsymbol{F}_2$，并令 $F_1=F_2=F$，如图 1-7(b)所示。由于力 $\boldsymbol{F}_1$ 和 $\boldsymbol{F}_2$ 组成平衡力系，所以，根据加减平衡力系公理，加上这两个力以后，并不改变力 $\boldsymbol{F}$ 对刚体的效应。但是在力 $\boldsymbol{F}$、$\boldsymbol{F}_1$、$\boldsymbol{F}_2$ 组成的力系中，力 $\boldsymbol{F}$ 和 $\boldsymbol{F}_2$ 也组成一个平衡力系。因此，去掉 $\boldsymbol{F}$ 和 $\boldsymbol{F}_2$ 这两个力，不会改变原来三个力对刚体的效应，如图 1-7(c)所示。由于力 $\boldsymbol{F}_1$ 和 $\boldsymbol{F}$ 等效，这样就把作用在 A 点的力 $\boldsymbol{F}$ 沿其作用线移到了该刚体上的任意点 B，而没有改变它对刚体的作用效果。

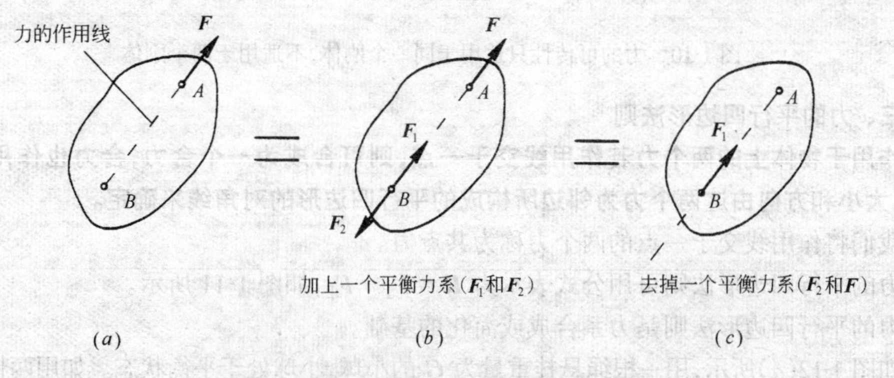

图 1-7　力的可传性原理

【实例】　如图 1-8 所示，用同样力 $\boldsymbol{F}$ 在车后 A 点推车（见图 1-8(a)）和在车前 B 点拉车（见图 1-8(b)），对车产生的作用效果相同。

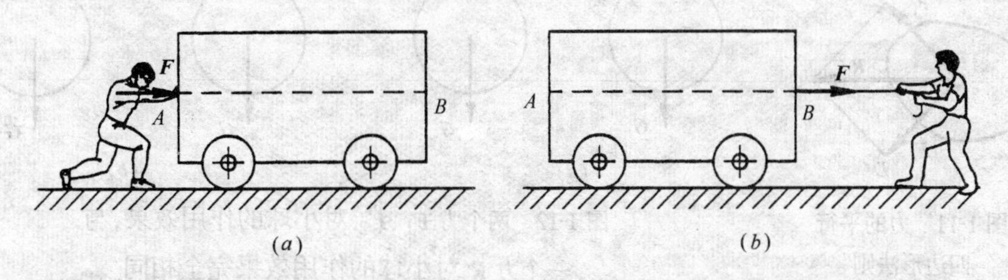

图 1-8　用同样力 $\boldsymbol{F}$ 在车后 A 点推车和在车前 B 点拉车，对车产生的作用效果相同

在应用中应当注意：

1. 力的可传性不适用于变形体。当一个变形体（如铜棒）受 $\boldsymbol{F}_1$ 和 $\boldsymbol{F}_2$ 的拉力作用时，变形体将产生伸长变形（拉长），如图 1-9（a）所示（虚线框表示变形体原来大小）；若将 $\boldsymbol{F}_1$ 和 $\boldsymbol{F}_2$ 沿其作用线移到另一端，$\boldsymbol{F}_1$ 和 $\boldsymbol{F}_2$ 将变成压力，物体将产生压缩变形（压短），如图 1-9（b）所示。变形的形式发生了变化，即力的作用效果发生改变。

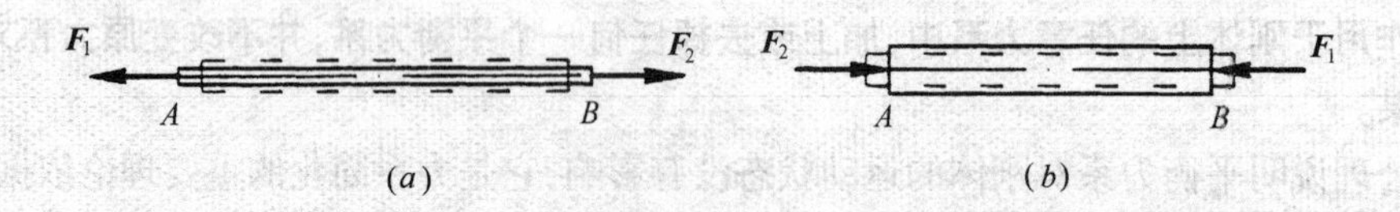

图 1-9　力的可传性不适用于变形体

2. 力的可传性只适用于同一个刚体，不适用于两个刚体（不能将作用于一个刚体上的力随意沿作用线移至另一个刚体上）。如图 1-10（a）所示，两平衡力 $\boldsymbol{F}_1$、$\boldsymbol{F}_2$ 分别作用在两物体 A、B 上，能使物体保持平衡（此时物体之间有压力）。但是，如果将各沿其作用线移动成为图 1-10（b）所示的情况，则两物体各受一个拉力而将被拆散失去平衡。

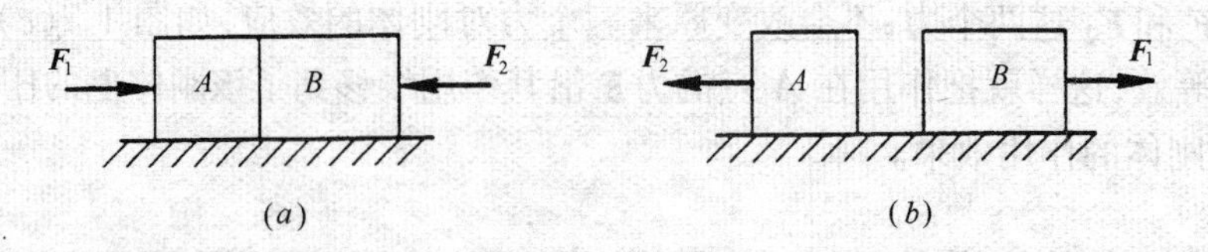

图 1-10　力的可传性只适用于同一个刚体，不适用于两个刚体

三、力的平行四边形法则

作用于物体上的两个力若作用线交于一点，则可合成为一个合力，合力也作用于该点上，其大小和方向由这两个力为邻边所构成的平行四边形的对角线来确定。

我们将作用线交于一点的两个力称为共点力。

力的平行四边形法则可用公式表示为 $\boldsymbol{R}=\boldsymbol{F}_1+\boldsymbol{F}_2$，如图 1-11 所示。

力的平行四边形法则是力系合成或简化的基础。

如图 1-12（a）所示，用一根绳悬挂重量为 $\boldsymbol{G}$ 的小球，小球处于平衡状态。如用两根绳悬挂

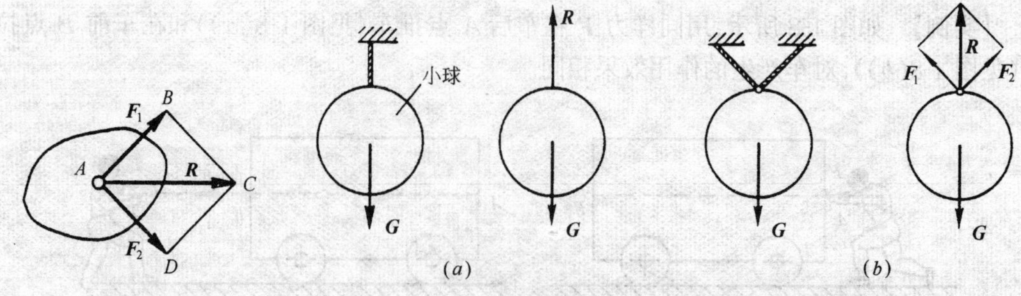

图 1-11　力的平行四边形法则

图 1-12　两个力 $\boldsymbol{F}_1$、$\boldsymbol{F}_2$ 对小球的作用效果，与一个力 $\boldsymbol{R}$ 对小球的作用效果完全相同

小球(图 1-12(b)),或将图 1-12(b)改为角度不同的两绳,也可以使小球平衡。也就是说,两个力 $\boldsymbol{F}_1$、$\boldsymbol{F}_2$ 对小球的作用效果,与一个力 $\boldsymbol{R}$ 对小球的作用效果完全相同。按等效力系定义,我们称 $\boldsymbol{R}$ 是 $\boldsymbol{F}_1$、$\boldsymbol{F}_2$ 的合力,$\boldsymbol{F}_1$、$\boldsymbol{F}_2$ 是 $\boldsymbol{R}$ 的两个分力。

两个共点力可以合成为一个力,反之,一个已知力也可以分解为两个力。但是,将一个已知力分解为两个分力可得无数的解答。因为以一个力的矢量为对角线的平行四边形,可作无数个。如图 1-13(a)所示,力 $\boldsymbol{F}$ 既可以分解为力 $\boldsymbol{F}_1$ 和 $\boldsymbol{F}_2$(平行四边形为 $aecf$),也可以分解为力 $\boldsymbol{F}_3$ 和 $\boldsymbol{F}_4$(平行四边形为 $abcd$)等等。要得出惟一的解答,必须给出限制条件。如给定两分力的方向求其大小或给定一分力的大小和方向求另一分力,等等。

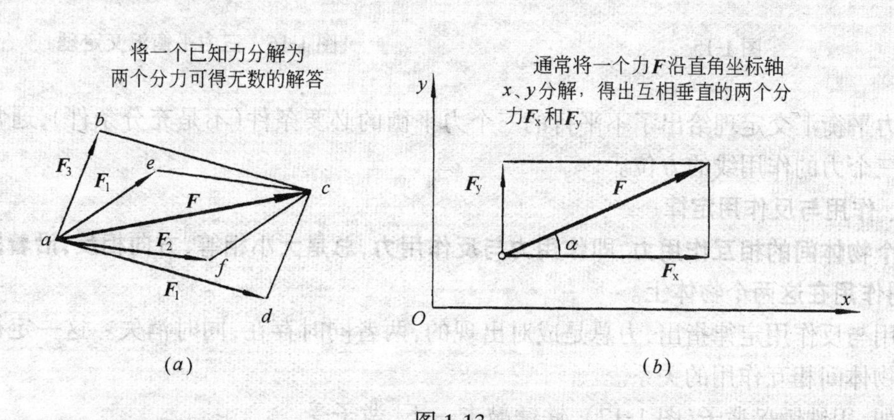

图 1-13

为了计算方便,在工程实际中通常将一个力 $\boldsymbol{F}$ 沿直角坐标轴 x、y 分解,得出互相垂直的两个分力 $\boldsymbol{F}_x$ 和 $\boldsymbol{F}_y$,如图 1-13(b)所示。这样可以用简单的三角函数关系求得每个分力的大小:

$$F_x = F\cos\alpha$$

$$F_y = F\sin\alpha$$

式中 α 为 $\boldsymbol{F}$ 和 x 轴之间的夹角。

例如,沿斜面下滑的物体(图 1-14),有时就把重力 $\boldsymbol{G}$ 分解为两个分力,一个与斜面平行的分力 $\boldsymbol{F}$,这个力使物体沿斜面下滑,另一个是与斜面垂直的分力 $\boldsymbol{N}$,这个力使物体下滑时紧贴斜面,从图上可得:

$$N = G\cos\alpha$$

$$F = G\sin\alpha$$

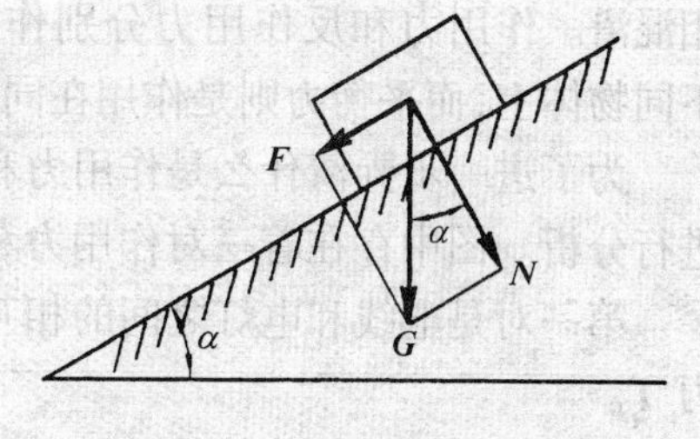

图 1-14

推论　三力平衡汇交定理

一刚体受共面不平行的三力作用而平衡时,此三力的作用线必汇交于一点。

三力平衡汇交定理也可从实践中得到验证。例如,小球搁置在光滑的斜面上,并用绳子拉住,这时小球受到重力 $\boldsymbol{G}$、绳子的拉力 $\boldsymbol{T}$ 和斜面的支承力 $\boldsymbol{N}$ 的作用。如果这三个力的作用线不汇交于一点(图 1-15),则此小球不会平衡(小球会逆时针滚动),只有当小球滚动到如图 1-16 所示的三力汇交于一点的情况下,小球才能处于平衡状态。

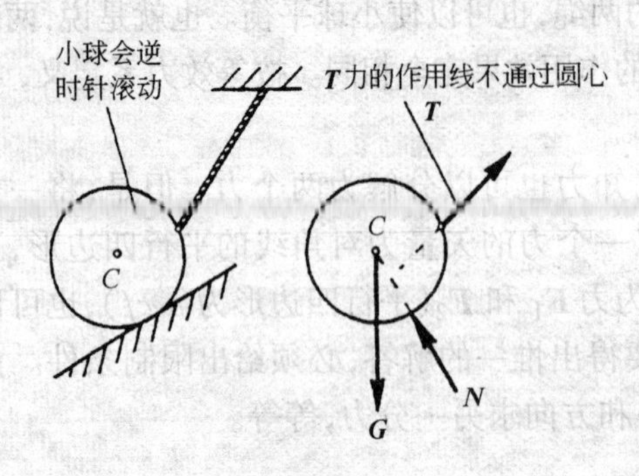

图 1-15

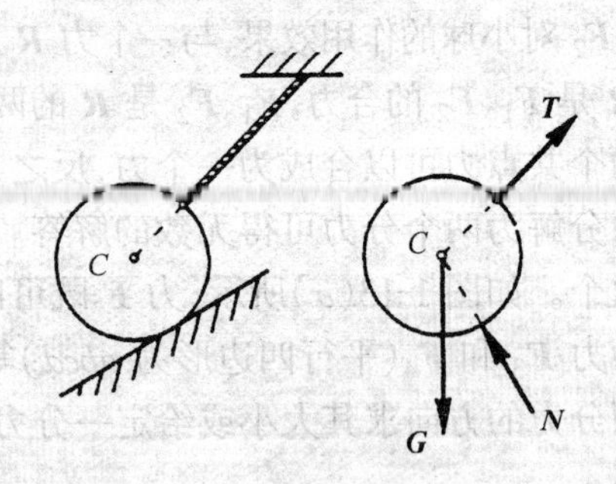

图 1-16　三力平衡汇交定理

三力平衡汇交定理给出了不平行的三个力平衡的必要条件(不是充分条件)，通常用来确定第三个力的作用线的方位。

四、作用与反作用定律

两个物体间的相互作用力，即作用力与反作用力，总是大小相等，方向相反，沿着同一直线，分别作用在这两个物体上。

作用与反作用定律指出，力总是成对出现的，两者同时存在，同时消失。这一定律揭示了两个物体间相互作用的关系。

例如，用铁锤敲凿子(图 1-17)，铁锤敲击一下，凿子受到一个力的作用，同时铁锤也会振动一次，这就说明铁锤也受到一个力的作用。铁锤对凿子的力 $\boldsymbol{P}$ 就是作用力，凿子使铁锤回振的力 $\boldsymbol{P}'$ 就是反作用力。这两个力是同时出现的。没有 $\boldsymbol{P}$ 的作用，也就没有 $\boldsymbol{P}'$ 的反作用。并且铁锤的敲击力(作用力)愈大，凿子回振(反作用力)也愈大。铁锤用力过大，很可能使工作者手发痛就是这个道理。

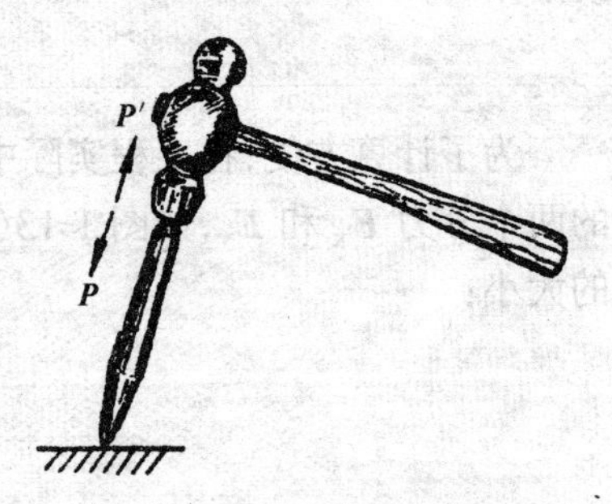

图 1-17　用铁锤敲凿子

必须注意，不能把作用与反作用定律和二力平衡条件相混淆。作用力和反作用力分别作用在相互作用的两个不同物体上，而平衡力则是作用在同一个物体上。

为了进一步弄清什么是作用力和反作用力，下面我们以电灯挂在顶棚上为例(图 1-18)进行分析。图中存在着三对作用力和反作用力。

第一对是电线和电灯之间的相互作用，电灯对电线的作用力 $\boldsymbol{T}'$ 和电线对电灯的反作用力 $\boldsymbol{T}$。

第二对是电线和顶棚之间的相互作用，电线对顶棚的作用力 $\boldsymbol{S}$ 和顶棚对电线的反作用力 $\boldsymbol{S}'$。

第三对是地球吸引电灯的作用力 $\boldsymbol{P}$(即电灯的重力)和电灯吸引地球的反作用力 $\boldsymbol{P}'$。$\boldsymbol{P}$ 作用在灯上，$\boldsymbol{P}'$ 作用在地球上。$\boldsymbol{P}$ 和 $\boldsymbol{P}'$ 等值、反向、共线并作用在不同物体上。

$\boldsymbol{T}'$ 和 $\boldsymbol{T}$、$\boldsymbol{S}$ 和 $\boldsymbol{S}'$ 以及 $\boldsymbol{P}$ 和 $\boldsymbol{P}'$ 都是等值反向共线，并分别作用在不同物体上的作用力和反作用力。

现在再来看电灯上的 $\boldsymbol{P}$ 和 $\boldsymbol{T}$ 力，由于这两力都作用在电灯上，而使电灯保持静止。所

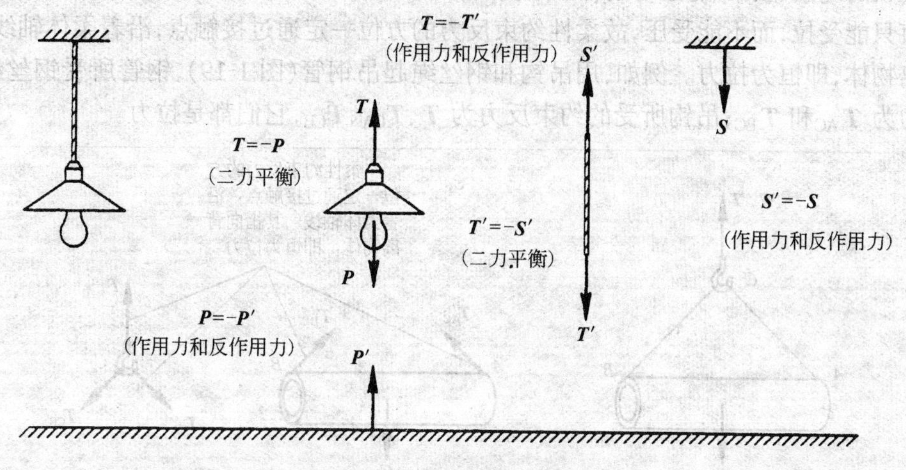

图 1-18 作用与反作用定律

以它们不是作用力与反作用力,而是二力平衡。同样,电线上的 T' 和 S' 力也是二力平衡。

第三节 约束的基本类型和约束反力

一、约束和约束反力的概念

1. 自由体与非自由体

可以在空间自由运动的物体称为自由体,如飞行中的飞机。由于其他物体的阻碍,某些方向的运动受到限制的物体称为非自由体或被约束体,如地面上的房屋、轨道上的火车(垂直方向的运动受到限制)、拴在绳上的气球等。

2. 约束

限制某个物体运动的周围其他物体称为约束。例如,书放在光滑的桌面上,桌面就是书的约束,它阻碍书沿垂直方向向下运动。又如悬挂着的电灯(图 1-18),电线就是灯的约束,它阻碍灯沿垂直方向向下运动。

3. 约束反力

当物体沿着约束所阻碍的方向运动或物体有运动趋势时,约束就对物体产生一种阻碍力,以限制物体运动,这种阻碍力称为约束反力,简称反力。因为约束反力是限制物体运动的,所以它的作用点应在约束与被约束物体相互接触之处,它的方向应与约束所能限制的运动方向相反。这是我们确定约束反力方向的准则。至于约束反力的大小,将由平衡条件求出。

4. 主动力(荷载)

使物体产生运动或有运动趋势的力称为主动力,在工程中通常称主动力为荷载。例如重力、电磁力、气体压力等。

在一般情况下,约束反力是由主动力的作用所引起的,所以约束反力也称“被动力”,它随主动力的改变而改变。一般主动力是已知的,而约束反力却是未知的。

二、几种基本类型的约束及其约束反力

1. 柔性约束

柔软的绳索、胶带、链条等物体(柔体),用于阻止某物体运动时称为柔性约束。由于柔性约束只能受拉,而不能受压,故柔性约束反力的方位一定通过接触点,沿着柔体轴线,其指向背离物体,即恒为拉力。例如,用吊钩和钢丝绳起吊钢管(图 1-19),钢管所受钢丝绳的约束反力为 $\boldsymbol{T}'_{AC}$和 $\boldsymbol{T}'_{BC}$;吊钩所受的约束反力为 $\boldsymbol{T}$、$\boldsymbol{T}_{CA}$、$\boldsymbol{T}_{CB}$,它们都是拉力。

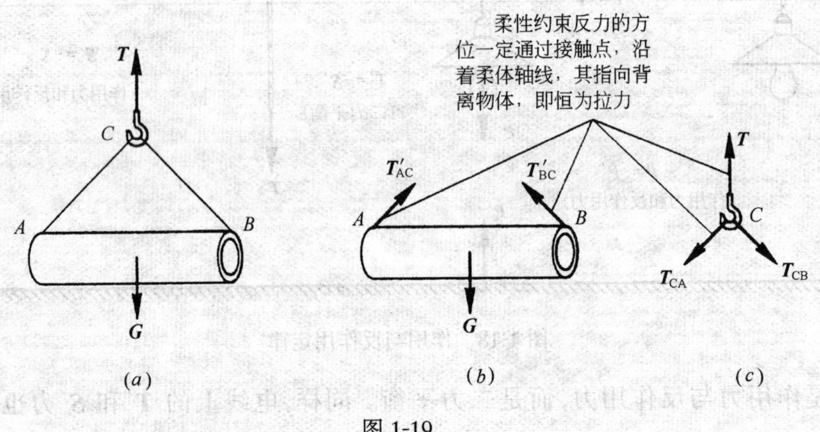

图 1-19

2. 光滑面约束

物体与另一物体相互接触时,当接触处的摩擦力很小而略去不计时,两物体彼此的约束就是光滑面约束。

如图 1-20 所示,路面对车轮(a)、地面对人字梯(b)的约束,就是光滑面约束。这种约束不论接触面的形状如何,都不能限制物体沿光滑面的公切线方向的运动或离开光滑面,只能限制物体沿着接触面的公法线指向光滑面内的运动,所以光滑面约束反力是通过接触点,沿着接触面的公法线指向被约束的物体,只能是压力。光滑面约束反力,通常以 $\boldsymbol{N}$ 表示。例如,图 1-21(a)所示的地面给球 O 的约束反力 $\boldsymbol{N}$,图 1-21(b)所示的半圆柱形支承面在 A、B 两点给直杆的约束反力 $\boldsymbol{N}_A$、$\boldsymbol{N}_B$。它们都是指向研究对象,均为压力。

3. 圆柱铰链约束

圆柱形铰链简称铰链或铰,用于将两个或两个以上的物体联结在一起。如门窗的合页、活塞销、机器上的轴承等都是圆柱铰链的实例。理想的圆柱铰链是由一个圆柱销插入两个物体的圆孔中构成的,且认为圆柱销与圆孔的表面很光滑。圆柱销不能限制物体绕圆柱销轴线的转动和平行于圆柱销轴线的移动,只能限制物体在垂直于圆柱销轴线的平面内的沿任意方向的运动,即可以转动而不能移动,如图 1-22 所示。当物体有运动趋势时,圆柱销与

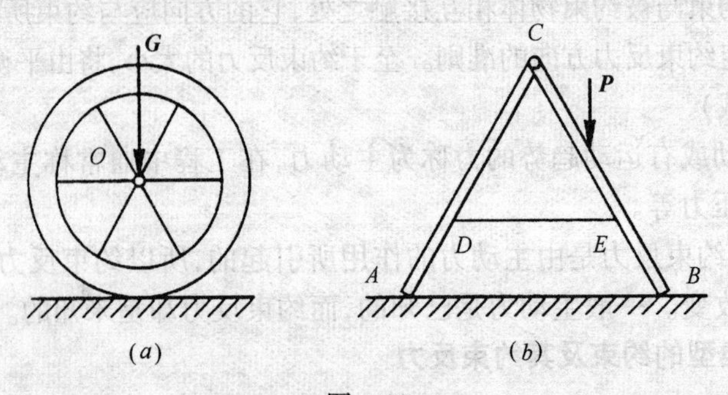

图 1-20

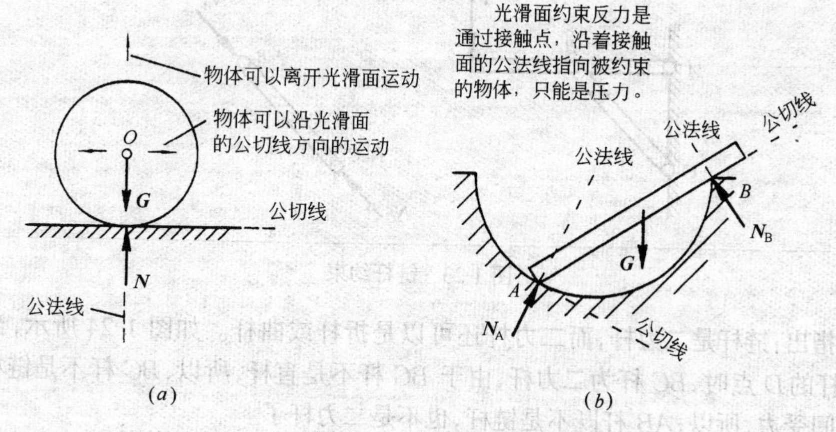

图 1-21 光滑面约束

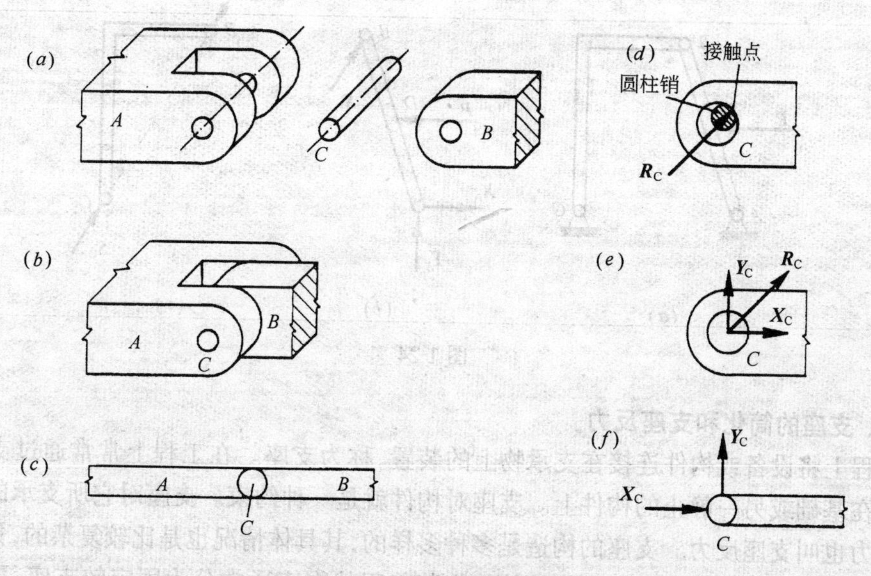

图 1-22 圆柱铰链约束

圆孔壁将必然在某处接触,约束反力一定通过这个接触点,这个接触点的位置往往是不能预先确定的,因此约束反力的方向是未知的。也就是说,**圆柱铰链的约束反力作用于接触点,垂直于圆柱销轴线,通过圆柱销中心**(如图 1-22(*d*)中所示的 $\boldsymbol{R}_C$),**而方向未定**。由于圆柱销和圆孔的间隙很小,可以认为圆柱销与圆孔的中心重合,因而通常可将 $\boldsymbol{R}_C$ 的作用点移至圆孔中心,如图 1-22(*e*)所示。因为圆柱铰链的约束反力有大小和方向两个未知量,所以,通常用两个互相垂直的分力 $\boldsymbol{X}_C$ 和 $\boldsymbol{Y}_C$ 来表示,如图 1-22(*e*)或(*f*)所示,且 $\boldsymbol{R}_C = \boldsymbol{X}_C + \boldsymbol{Y}_C$。

4. 链杆约束

链杆就是两端铰接、自重不计、中间不受力且平衡的刚性直杆,如图 1-23 所示的 *BC* 杆。在管道支架中,*AB* 杆在 *A* 端用铰链与墙连接,在 *B* 处与 *BC* 杆铰链连接,这 *BC* 杆就可以看成是 *AB* 杆的链杆约束。这种约束只能限制物体(*AB* 杆)沿链杆(*BC* 杆)的轴线方向运动。链杆可以受拉或者受压,但不能限制物体沿其他方向的运动,所以,链杆的约束反力沿着链杆的轴线,其指向不定。

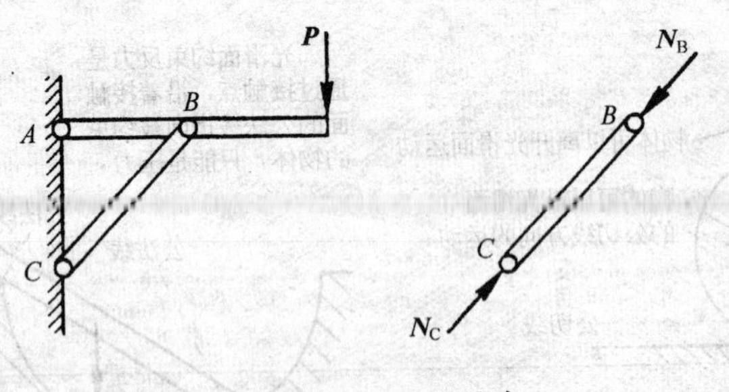

图 1-23　链杆约束

顺便指出：链杆是二力杆，而二力杆还可以是折杆或曲杆。如图 1-24 所示，当力 **P** 作用在 AB 杆的 D 点时，BC 杆为二力杆，由于 BC 杆不是直杆，所以，BC 杆不是链杆；而 AB 杆由于中间受力，所以，AB 杆既不是链杆，也不是二力杆了。

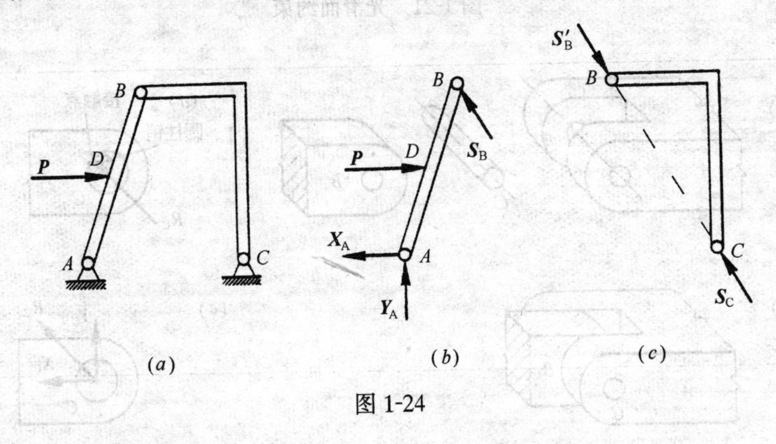

图 1-24

三、支座的简化和支座反力

工程上将设备或构件连接在支承物上的装置，称为支座。在工程上常常通过支座将构件支承在基础或另一静止的构件上。支座对构件就是一种约束。支座对它所支承的构件的约束反力也叫支座反力。支座的构造是多种多样的，其具体情况也是比较复杂的，只有加以简化，归纳成几个类型，才方便分析计算。安装工程的支座通常分为固定铰支座、可动铰支座和固定(端)支座三类。

1．固定铰支座(铰链支座)

用铰链连接的两个构件中，如果其中一个构件是底座，被固定在基础上，便称此底座为固定铰支座。图 1-25(a)所示是固定铰支座的示意图。图 1-25(b)为固定铰支座几种不同型式的计算简图。

由于固定铰支座的构造和圆柱铰链相同，所以，固定铰支座的约束反力通常也用两个相互垂直的水平分力和垂直分力来表示。如图 1-25(c)所示。

2．可动铰支座(铰支座)

工程上有时要求物体不仅可以绕某轴转动，还可以沿支承面切线方向移动。因此在固定铰支座下面，装上一排辊轴(滚柱)或类似的物体，就构成了可动铰支座，便可达到这一目的。图 1-26(a)所示是可动铰支座的示意图。图 1-26(b)为可动铰支座几种不同型式的计算简图。

可动铰支座约束反力的作用点就是约束与被约束物体的接触点，约束反力通过销钉的

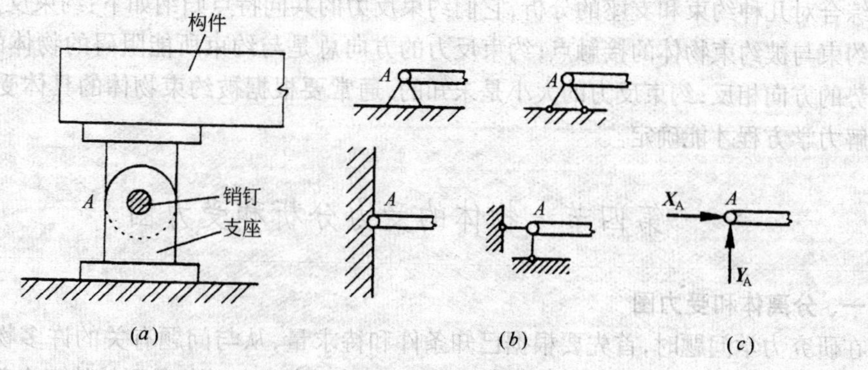

图 1-25　固定铰支座（铰链支座）

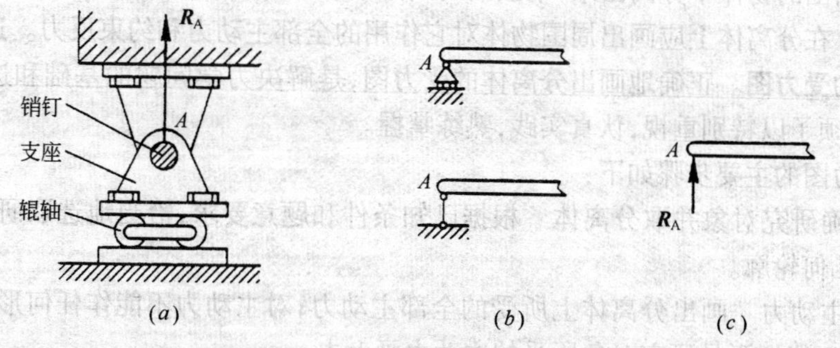

图 1-26　可动铰支座（铰支座）

中心，垂直于支承面，方向可能指向构件，也可能背离构件，要视主动力情况而定。如图 1-26(c)所示。

在热力管道、大跨度的屋架等，由于温度、荷载等原因发生变形时，为保证其能自由地胀缩，一端采用可动铰支座，另一端采用固定铰支座。

3．固定端支座

埋入墙中的管道支架，它的一端完全嵌固在墙中，一端悬空，如图 1-27(a)所示，这样的支座叫固定（端）支座。在嵌固端，既不能沿任何方向移动，也不能转动，所以固定（端）支座除产生水平和竖直方向的约束反力外，还有一个约束反力偶 $\boldsymbol{M}_{\mathrm{A}}$（力偶将在第三章讨论）。这种支座简图如图 1-27(b)所示，其支座反力如图 1-27(c)所示。

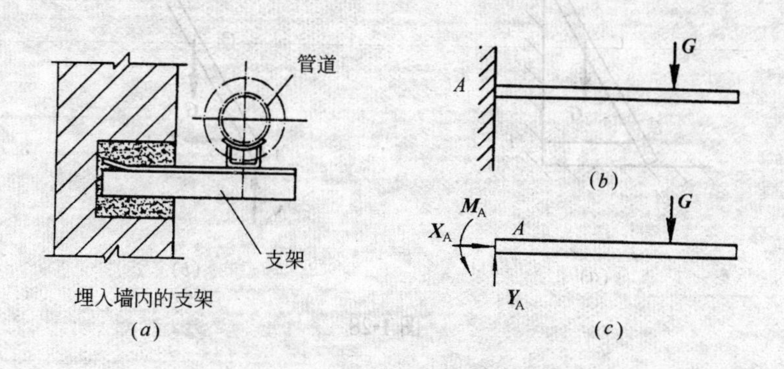

图 1-27　固定端支座

综合对几种约束和支座的分析，它们约束反力的共同特点归纳如下：约束反力的作用点就是约束与被约束物体的接触点；约束反力的方向总是与约束所能阻碍的物体的运动或运动趋势的方向相反；约束反力的大小是未知的，通常要根据被约束物体的具体受力情况，通过求解力学方程才能确定。

第四节　物体的受力分析和受力图

一、分离体和受力图

在研究力学问题时，首先要根据已知条件和待求量，从与问题有关的许多物体中，选择适当的物体为研究对象，并对它进行受力分析。设想将研究对象受到的约束全部予以解除，即把它从周围的物体中分离出来，单独画出其简单的几何形状，这种被解除了约束的物体称为**分离体**。在分离体上应画出周围物体对它作用的全部主动力和约束反力。这样的简图称为分离体的**受力图**。正确地画出分离体的受力图，是解决力学问题的基础和进行力学计算的依据，必须予以特别重视，认真实践，熟练掌握。

画受力图的主要步骤如下：

1) 明确研究对象并取分离体　根据已知条件和题意要求，恰当地选取研究对象，画出其简明的几何轮廓。

2) 画主动力　画出分离体上所受的全部主动力；对主动力不能作任何形式的改动，不能遗漏，也不能把不是研究对象所受的主动力画上去。

3) 画约束反力　在去掉约束的地方，必须严格地按照约束的类型及其反力的特点，画出约束反力，并用惯用的字母标明。画约束反力，一定要有正确的依据，绝对不能随意画出，切实做到不多画，不漏画，不错画。

二、单个物体的受力图

【例 1-1】　重量为 $\boldsymbol{G}$ 的均质梯子 AB，一端搁在水平地面上，另一端搭在墙上。在 E 点用水平绳索 EF 与墙相连，如图 1-28(a)所示。略去梯子与地面、墙面的摩擦，试画出梯子的受力图。

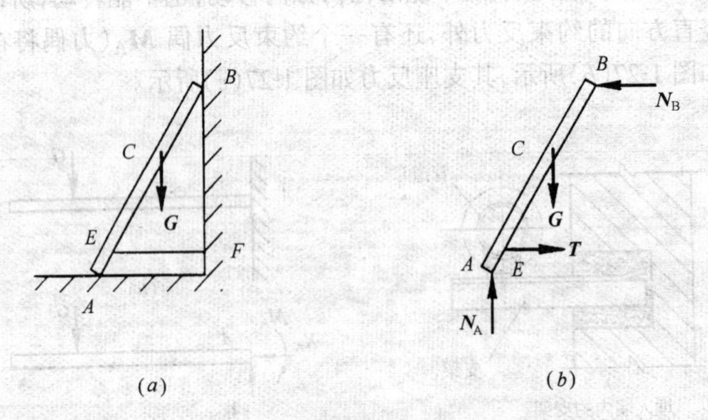

图 1-28

【解】　1) 将梯子从周围物体中分离出来，按着其倾斜状况，单独画出其几何轮廓。

2) 梯子所受的主动力只有一个重力 $\boldsymbol{G}$,作用在重心 C 点,竖直向下。

3) 梯子所受的约束反力有三个:梯子与地面光滑接触的约束反力 $\boldsymbol{N}_{\mathrm{A}}$ 沿接触面在 A 点处的公法线,指向梯子;由于在B点处光滑接触面的公法线垂直于墙面,故约束反力 $\boldsymbol{N}_{\mathrm{B}}$ 如图1-28(b)所示;E 处受柔体约束,反力 $\boldsymbol{T}$ 沿 EF 背离梯子。

图1-28(b)为梯子的受力图。

【例1-2】 重量为 $\boldsymbol{G}$ 的钢管用绳子牵引并处于平衡状态,如图1-29(a)所示。试画出钢管的受力图。

【解】 1) 根据题意取钢管为研究对象。

2) 钢管受到主动力为钢管所受重力 $\boldsymbol{G}$,作用于钢管中心竖直向下。

3) 钢管受到的约束反力有两个:绳子的约束反力 $\boldsymbol{T}$,作用于接触点 A,沿绳子的方向,背离钢管;光滑面的约束反力 $\boldsymbol{N}_{\mathrm{B}}$ 作用于钢管表面的 B 点,沿着接触点的公法线(沿半径,过钢管中心)指向钢管。

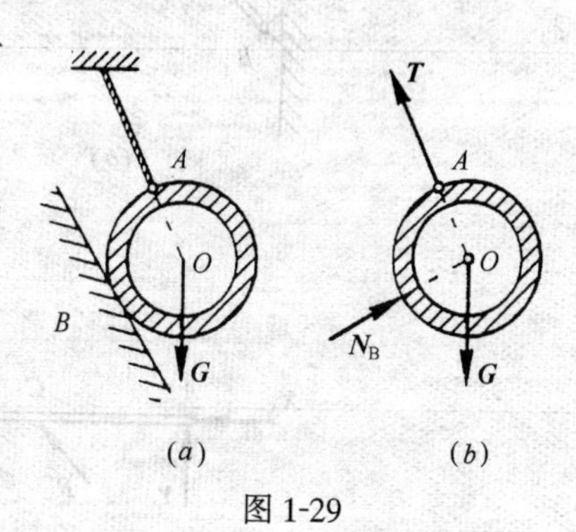

图1-29

把 $\boldsymbol{G}$、$\boldsymbol{T}$、$\boldsymbol{N}_{\mathrm{B}}$ 全部画在钢管上,就得到钢管的受力图,如图1-29(b)所示。

三、物体系统的受力图

由多个物体通过一定的约束组成的系统,称作物体系统。画物体系统的受力图的方法,基本上与画单个物体受力图的方法相同,只是研究对象可能是整个物体系统或系统的某一部分或某一物体。画整体的受力图时,只需把整体作为单个物体一样对待;画系统的某一部分或某一物体的受力图时,要注意被拆开的相互联系处,有相应的约束反力,且约束反力是相互间的作用,一定遵循作用与反作用定律。

【例1-3】 管道支架 ABC 如图1-30所示,A、B、C 处都是铰链连接。管道重力 $\boldsymbol{P}$ 作用在水平杆 AB 上的 D 点,各杆自重不计。试画水平杆 AD、斜杆 BC 及整体的受力图。

【解】 (1) 取斜杆 BC 为研究对象。BC 杆只在两端各受到一个约束反力 $\boldsymbol{R}_{\mathrm{B}}$、$\boldsymbol{R}_{\mathrm{C}}$ 作用而平衡,所以 BC 杆是二力杆,$\boldsymbol{R}_{\mathrm{B}}$、$\boldsymbol{R}_{\mathrm{C}}$ 的作用线必定沿 BC 连线。BC 杆的受力图如图1-30(b)所示。

(2) 取水平杆 AD(包含销钉 C)为研究对象。水平杆 AD 受主动力 $\boldsymbol{P}$、约束反力 $\boldsymbol{X}_{\mathrm{A}}$、$\boldsymbol{Y}_{\mathrm{A}}$ 和 $\boldsymbol{R}'_{\mathrm{C}}$作用,$\boldsymbol{R}'_{\mathrm{C}}$是 $\boldsymbol{R}_{\mathrm{C}}$ 的反作用力。AD 杆的受力图如图1-29(c)所示。

(3) 取整个管道支架为研究对象。管道支架受主动力 $\boldsymbol{P}$、约束反力 $\boldsymbol{X}_{\mathrm{A}}$、$\boldsymbol{Y}_{\mathrm{A}}$ 和 $\boldsymbol{R}_{\mathrm{B}}$ 作用。约束反力 $\boldsymbol{X}_{\mathrm{A}}$、$\boldsymbol{Y}_{\mathrm{A}}$ 和 $\boldsymbol{R}_{\mathrm{B}}$ 的指向假设要与图1-30(b)、(c)一致。整体的受力图如图1-29(d)所示。

小　结

一、力学的基本概念

1. 力　物体间相互的机械作用,这种作用使物体的运动状态改变(外效应)或使物体变形(内效应)。力对物体的作用效果取决于力的三要素:大小、方向和作用点(或作用

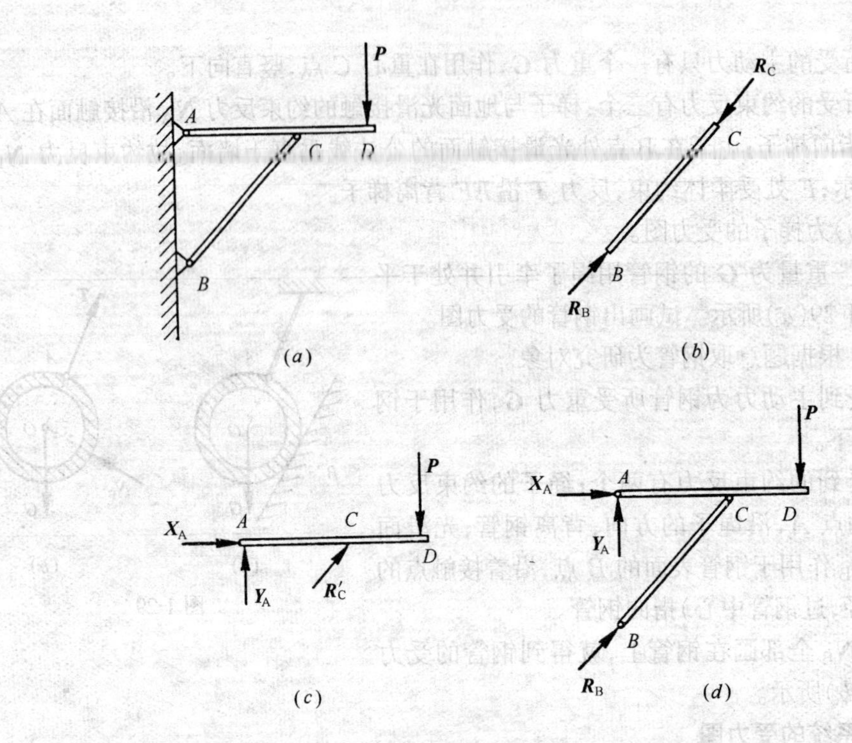

图 1-30

线)。

2. 刚体　在任何外力作用下,大小和形状保持不变的物体。

3. 平衡　物体相对于地球保持静止或做匀速直线运动的状态。

4. 约束　阻碍物体运动的限制物。约束阻碍物体运动趋向的力,称为约束反力。约束反力的方向根据约束的类型来决定,它总是与约束所能阻碍物体的运动方向相反。

二、力的基本性质

1. 二力平衡条件说明了作用在一个刚体上的两个力使刚体平衡的充分必要条件。

2. 加减平衡力系公理是力系等效代换的基础。

3. 力的平行四边形法则反映了两个共点力合成的规律。

4. 作用与反作用定律说明了物体间相互作用的关系。

三、物体受力分析的基本方法——画受力图

在分离体上画出周围物体对它作用的全部主动力和约束反力的图形称为分离体的受力图。

画受力图的主要步骤如下:

1) 明确研究对象并取分离体;

2) 画主动力;

3) 画约束反力。

标准化练习题

一、判断题

1. 刚体受到等值、反向、共线的两个力作用就能保持平衡。(　　)

2. 若力 $\boldsymbol{F}_1$ 和 $\boldsymbol{F}_2$ 作用在同一刚体上,且 $\boldsymbol{F}_1=\boldsymbol{F}_2$,则力 $\boldsymbol{F}_1$ 和 $\boldsymbol{F}_2$ 等效。(　　)

3. 对刚体而言,力是滑动矢量,可沿其作用线移动。(　　)

4. 二力构件指的是只在两点受力的构件。(　　)

5. 刚体就是硬度非常大的物体。(　　)

6. 作用力与反作用力分别作用于相互作用的两个物体上。(　　)

7. 二力杆都是直杆。(　　)

8. 如果作用在同一平面内的三个力汇交于一点,则这三个力是一平衡力系。(　　)

二、填空题

1. 设有两个力 $\boldsymbol{F}_1$ 和 $\boldsymbol{F}_2$,说明下列三种情况的意义。

(a) $\boldsymbol{F}_1=\boldsymbol{F}_2$ 说明____;

(b) $\boldsymbol{F}_1=\boldsymbol{F}_2$ 说明____;

(c) 力 $\boldsymbol{F}_1$ 等效于力 $\boldsymbol{F}_2$ 说明____。

2. 一物体受两个力作用,其平衡的必要条件是____________________。

3. 一刚体受同一平面内三个不平行的力作用,其平衡的必要条件是__________。

4. 力对物体的作用效果会使物体的________发生改变或使物体________;力使物体________发生改变的效应称为力的运动效应(或外效应)。

5. 使物体________或使物体有________的力称为主动力。

6. 限制某一物体运动的周围其他物体称为________。

7. 从周围物体中分离出来的研究对象称为________。

8. 受力图是指____。

9. 力的三要素是(a)________;(b)________;(c)________。

10. 下列四个图中能正确表示关系式 $\boldsymbol{R}=\boldsymbol{F}_1+\boldsymbol{F}_2$ 的是________。

(a)　　(b)　　(c)　　(d)

填空题　第10题图

三、选择题

1. 关于约束反力与主动力关系的说法,正确的是(　　)。

　a. 约束反力和主动力是一对平衡力;

　b. 约束反力和主动力互为作用与反作用力;

　c. 约束反力和主动力分别作用在不同物体上;

　d. 约束反力和主动力作用在同一物体上。

2. 下列命题正确的是(　　)。

　a. 各种约束的约束反力方向都可以假设;

　b. 大人能拉动小孩,而小孩却拉不动大人,说明他们之间的作用力与反作用力不相等;

c. 约束反力的方向总是指向被约束的物体；

d. 作用于物体上的力是定位矢量，而作用于刚体上的力是滑动矢量；

e. 约束反力的作用点就在约束与被约束物体的接触点。

3. 下述各概念中与分离体概念含义不相同的是(　　)。

a. 隔离体；　　　　b. 自由体；　　　　c. 脱离体

4. 二力平衡条件适用于(　　)。

a. 刚体；　　　　b. 非刚体；　　　　c. 变形体

5. 力是物体相互之间的机械作用，这种作用能够改变物体的(　　)。

a. 形状；　　　　b. 运动状态；　　　　c. 形状和运动状态

6. 某刚体上作用有汇交于一点、且互不平行的三个力，则该刚体(　　)状态。

a. 一定处于平衡；　　　　b. 一定处于不平衡；　　　　c. 可能处于平衡

7. 作用力与反作用力是(　　)。

a. 平衡的两力；　　　　b. 物体间的相互作用力；　　c. 不一定处于平衡

8. 约束反力的方向必与(　　)的方向相反。

a. 主动力；　　　　b. 物体被限制的运动；　　　　c. 重力

习　　题

1-1　画出下列物体 A 的受力图。未画重力的物体重量均不计。

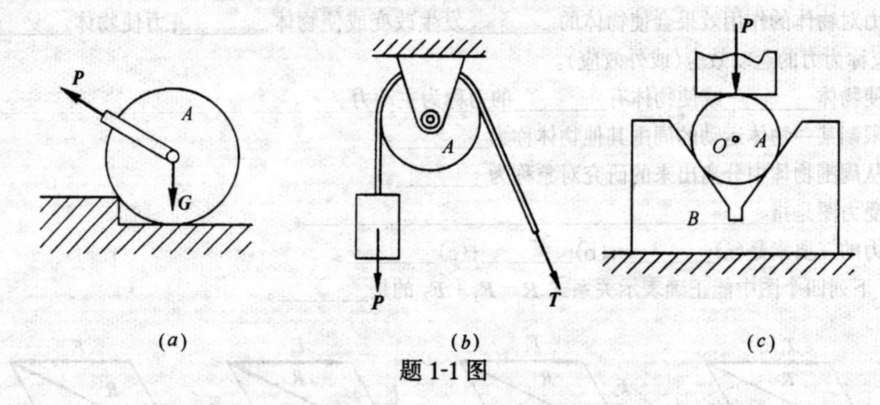

题 1-1 图

1-2　画出下列杆件 AB 的受力图。未画重力的物体重量均不计。

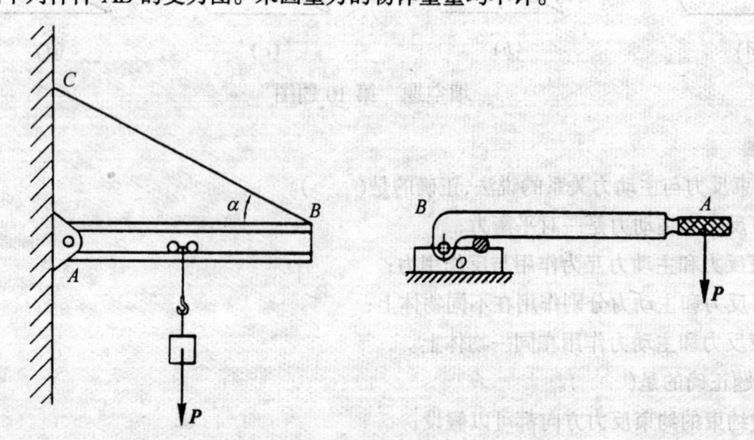

题 1-2 图

1-3　画出下列杠杆 OAB 的受力图。未画重力的物体重量均不计。

1-4　分别画出下列物体 A、B、C 的受力图。未画重力的物体重量均不计。

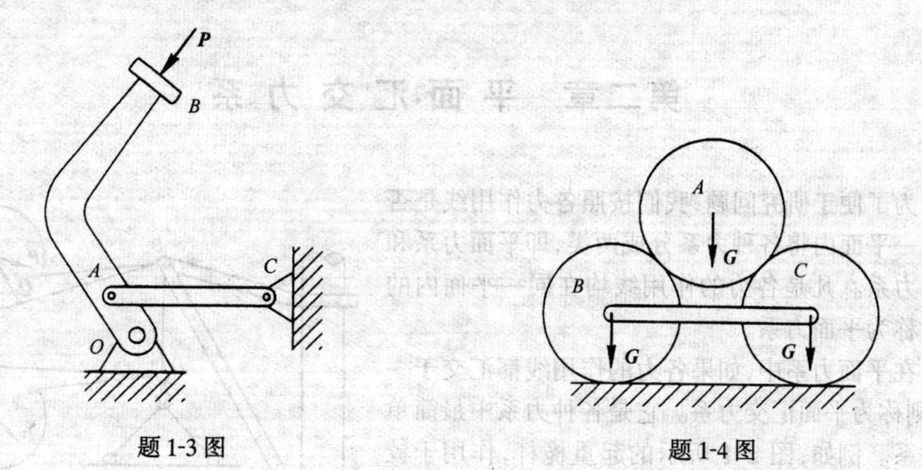

题 1-3 图　　　　题 1-4 图

第二章　平面汇交力系

为了便于研究问题，我们按照各力作用线是否在同一平面内将各种力系分成两类，即平面力系和空间力系。凡是各力的作用线均在同一平面内的力系称为平面力系。

在平面力系中，如果各力的作用线都汇交于一点，则称为平面汇交力系。它是各种力系中最简单的力系。例如，图 2-1 所示的起重桅杆，作用于铰接点 B 上的两个二力杆的约束反力 $\boldsymbol{P}$、$\boldsymbol{Q}$ 和绳索的拉力 $\boldsymbol{T}'$ 都在同一平面内，组成平面汇交力系；作用于吊钩 D 上的两根斜拉索 $\boldsymbol{S}_1$、$\boldsymbol{S}_2$ 和绳索的拉力 $\boldsymbol{T}$ 都在同一平面内，组成平面汇交力系。

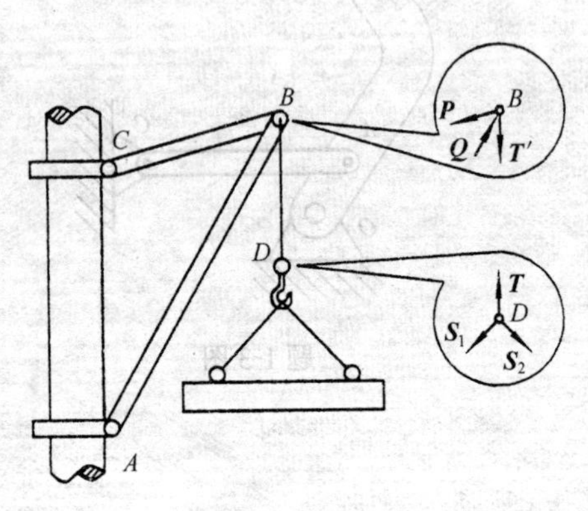

图 2-1　起重桅杆

第一节　平面汇交力系合成的几何法及平衡的几何条件

一、两个汇交力的合成

设两个力 $\boldsymbol{F}_1$ 和 $\boldsymbol{F}_2$ 作用在物体上，并汇交于 A 点，按力的平行四边形法则求出这两个力的合力 $\boldsymbol{R}$，如图 2-2(a)所示。可用式子表示为：$\boldsymbol{R}=\boldsymbol{F}_1+\boldsymbol{F}_2$。它是一个矢量等式，即两个汇交力的合力等于这两个力的矢量和。它与代数等式 $R=F_1+F_2$ 的意义不一样，不能混淆。

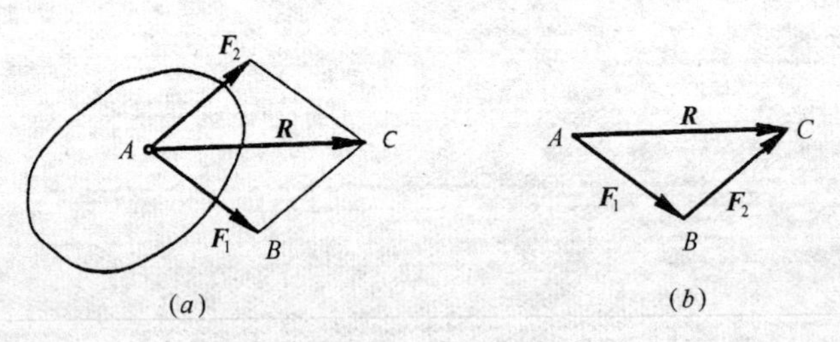

图 2-2　力三角形法则

为了作图简便，往往不必画出整个平行四边形，如图 2-2(b)所示，画出一个 A 点，从 A 点作一个与力 $\boldsymbol{F}_1$ 大小相等，方向相同的矢量 $\boldsymbol{AB}$，过 B 点作一个与力 $\boldsymbol{F}_2$ 大小相等，方向相同的矢量 $\boldsymbol{BC}$。将 A 点、C 点连接起来，则矢量 $\boldsymbol{AC}$ 则代表 $\boldsymbol{F}_1$ 和 $\boldsymbol{F}_2$ 的合力 $\boldsymbol{R}$，合力 $\boldsymbol{R}$ 的大小及方向，可以用比例尺和量角器从图上量出。这种通过作图求合力的方法叫**力三角形法则**，$\triangle ABC$ 称为力三角形。但应注意，力三角形只表明力的大小和方向，它不表示力的作用点或作用线。

二、任意个汇交力的合成

如果有四个力 $\boldsymbol{F}_1$、$\boldsymbol{F}_2$、$\boldsymbol{F}_3$、$\boldsymbol{F}_4$ 汇交于 A 点(图 2-3(a)),如何求它们的合力呢?重复应用力的三角形法则就可解决这一问题。具体步骤如下:

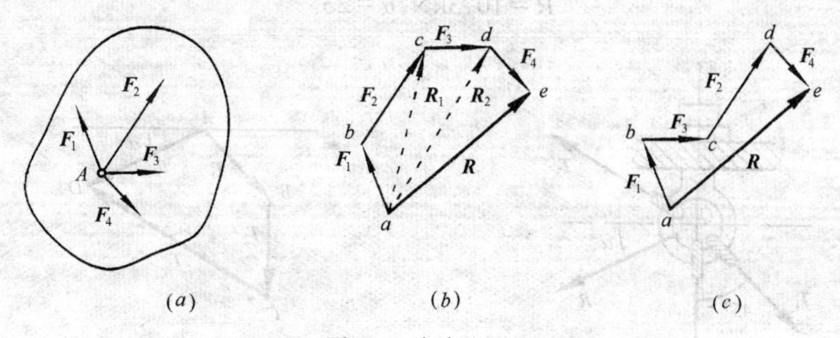

图 2-3 力多边形法

先由任一点 a 画出矢量 $\boldsymbol{ab}$,平行且等于 $\boldsymbol{F}_1$,再从点 b 画出矢量 $\boldsymbol{bc}$,平行且等于 $\boldsymbol{F}_2$,得到力三角形 abc,于是矢量 $\boldsymbol{ac}$ 表示力 $\boldsymbol{F}_1$ 与 $\boldsymbol{F}_2$ 的合力 $\boldsymbol{R}_1$,即 $\boldsymbol{R}_1=\boldsymbol{F}_1+\boldsymbol{F}_2$。同样方法,再从点 c 画出矢量 $\boldsymbol{cd}$,平行且等于 $\boldsymbol{F}_3$,得到力三角形 acd,于是矢量 $\boldsymbol{ad}$ 表示力 $\boldsymbol{R}_1$ 与 $\boldsymbol{F}_3$ 的合力 $\boldsymbol{R}_2$,即 $\boldsymbol{R}_2=\boldsymbol{R}_1+\boldsymbol{F}_3$。最后,从点 d 画出矢量 $\boldsymbol{de}$,平行且等于 $\boldsymbol{F}_4$,得到力三角形 ade,于是矢量 $\boldsymbol{ae}$ 表示力 $\boldsymbol{R}_2$ 与 $\boldsymbol{F}_4$ 的合力 $\boldsymbol{R}$,即 $\boldsymbol{R}=\boldsymbol{R}_2+\boldsymbol{F}_4=\boldsymbol{F}_1+\boldsymbol{F}_2+\boldsymbol{F}_3+\boldsymbol{F}_4$,也就是力 $\boldsymbol{F}_1$、$\boldsymbol{F}_2$、$\boldsymbol{F}_3$ 和 $\boldsymbol{F}_4$ 的合力 $\boldsymbol{R}$ 的大小和方向,如图 2-3(b)。合力 $\boldsymbol{R}$ 的作用线通过点 A。用矢量式表示,即 $\boldsymbol{R}=\boldsymbol{F}_1+\boldsymbol{F}_2+\boldsymbol{F}_3+\boldsymbol{F}_4$。

在图 2-3(b)所示的合成过程中,每次求两个力的合力时,须画出这两个力的力三角形,但是,如果目的只在于求出合力矢量 $\boldsymbol{R}$,则作图过程中表示 $\boldsymbol{R}_1$、$\boldsymbol{R}_2$ 的虚线完全可以不画。欲求四个力的合力,只要将表示各力矢量的各边,首尾相接的画出一个开口多边形 $abcde$,最后将第一个力 $\boldsymbol{F}_1$ 的始点 a 与最末一个力 $\boldsymbol{F}_4$ 终点 e 相连,所得矢量 $\boldsymbol{ae}$(ae 称为力多边形的封闭边),即为该力系合力的大小和方向。这样作出的多边形 $abcde$,称为**力多边形**。这种力多边形求合力的作图方法,称为**力多边形法**,**即几何法**。

必须注意力多边形的矢量顺序规则:各分力矢量沿环绕多边形边界的某一方向首尾相接,而合力矢量的指向是从第一个分力的始点指向最后一个分力的终点。

不难看出,如图 2-3(c)所示,若改变各分力的合成顺序,则力多边形的形状将不相同,但不会影响合力 $\boldsymbol{R}$ 的最后结果。

上述方法可以推广到汇交力系有 n 个力的情形。

结论:平面汇交力系合成的结果是一个合力,合力的大小由力多边形的封闭边来表示,合力作用线通过各力的汇交点。合力的指向必须由起点指向终点,且所构成的多边形必须是封闭图形。合力也可用矢量式表示为:

$$\boldsymbol{R}=\boldsymbol{F}_1+\boldsymbol{F}_2+\cdots+\boldsymbol{F}_{\mathrm{n}}=\Sigma\boldsymbol{F} \tag{2-1}$$

即平面汇交力系的合力等于各分力的矢量和。

【例 2-1】 在螺栓下端的吊环上,受到三根共面绳索的拉力,大小分别为 $\boldsymbol{T}_1=5\mathrm{kN}$、$\boldsymbol{T}_2=8\mathrm{kN}$、$\boldsymbol{T}_3=15\mathrm{kN}$;各力的方向如图 2-4($a$)所示。试用几何法求它们的合力。

【解】 由于三个拉力的作用线交于吊环的中心,可见三个力组成平面汇交力系。选定力比例尺为 1cm 表示 5kN;按力多边形法则,取任一点 A,作 $AB=\boldsymbol{T}_1$,$BC=\boldsymbol{T}_2$,$CD=\boldsymbol{T}_3$。连接 $\boldsymbol{T}_1$ 的始端 A 和 $\boldsymbol{T}_3$ 的终端 D,则矢量 $\boldsymbol{AD}$ 即为合力 $\boldsymbol{R}$ 的大小和方向,如图 2-4(b)所示。根据力的比例尺量出合力的大小,并用量角器测出合力的方位角分别为

$$R=10.3\text{kN}, \alpha=23°$$

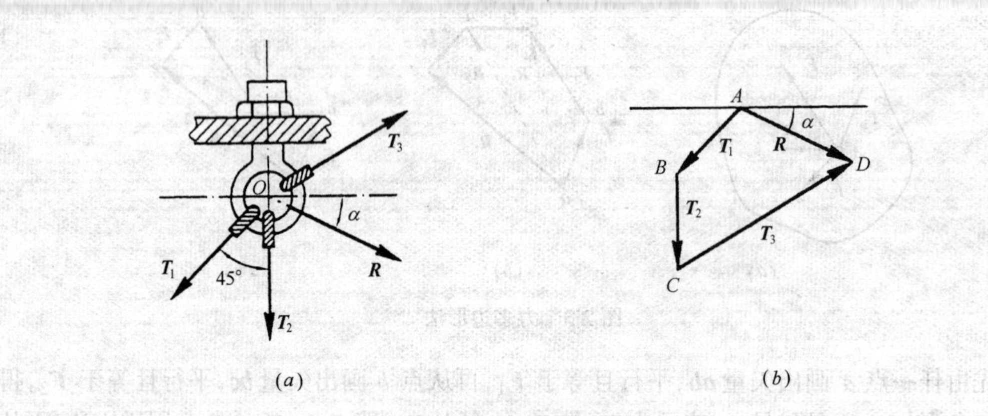

图 2-4 各种力的方向

合力作用线通过原来各力的汇交点 O。合力 $\boldsymbol{R}$ 如图 2-4(a)所示。

三、平面汇交力系平衡的几何条件

我们做下面的实验。把四根细绳一端结在一起,另一端各挂一个弹簧秤,同时拉四个弹簧秤,并使连接点 O 在 $\boldsymbol{F}_1$、$\boldsymbol{F}_2$、$\boldsymbol{F}_3$、$\boldsymbol{F}_4$ 四个力作用下保持平衡状态,如图 2-5(a)所示,此时 $\boldsymbol{F}_1$、$\boldsymbol{F}_2$、$\boldsymbol{F}_3$、$\boldsymbol{F}_4$ 组成一个平面汇交力系。从秤上读出拉力 $\boldsymbol{F}_1$、$\boldsymbol{F}_2$、$\boldsymbol{F}_3$、$\boldsymbol{F}_4$ 数值。然后,用力多边形法将 $\boldsymbol{F}_1$、$\boldsymbol{F}_2$、$\boldsymbol{F}_3$、$\boldsymbol{F}_4$ 依次合成,我们发现最后一个力 $\boldsymbol{F}_4$ 的终点与第一个力 $\boldsymbol{F}_1$ 的始点相重合,四个力首尾相接构成一个自行封闭的力多边形,如图 2-5(b)所示。即:如平面汇交力系平衡,则合力为零。

反之,如果力多边形自行闭合,起点与终点重合(图 2-5(b)),合力必等于零,则在该力

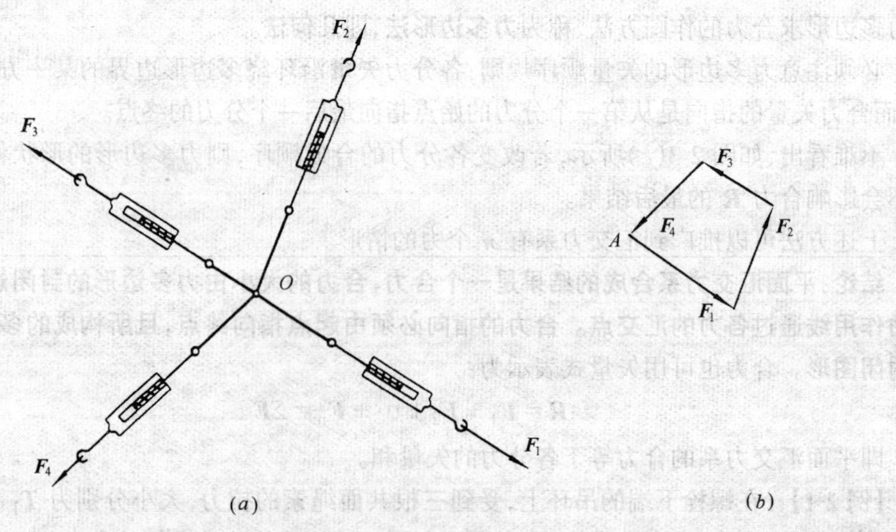

图 2-5 平面汇交力

系作用下的物体处于平衡状态。所以,平面汇交力系平衡的必要和充分的几何条件是:力多边形自行闭合——原力系中各力画成一个首尾相接的封闭的力多边形。用矢量式表示为:

$$\boldsymbol{R}=0, \quad 或 \quad \Sigma \boldsymbol{F}=0 \tag{2-2}$$

应用平面汇交力系平衡的几何条件求解问题的方法称为几何法,其解题步骤是:

(1) 分析题意,选取研究对象。

(2) 画受力图　用几何法解题时,不但要求分离体的尺寸成比例,而且主动力和约束反力的方位必须准确。

(3) 做封闭的力多边形　选定力的比例尺,先画已知的力,应用力多边形自行封闭的条件,按力的已知方向,做出力多边形。

(4) 确定未知力的大小和方向　按力的比例尺量出力多边形中未知力的大小,其方位角用量角器测出。未知力的指向由力多边形确定。力多边形可在计算机上绘制,精度较高。

【例 2-2】 图 2-6(a)所示,某起重机起吊构件的自重 $G=20\text{kN}$,两钢丝绳与构件间的水平夹角 $\alpha=45°$。当匀速起吊构件时,两钢丝绳的拉力是多少?

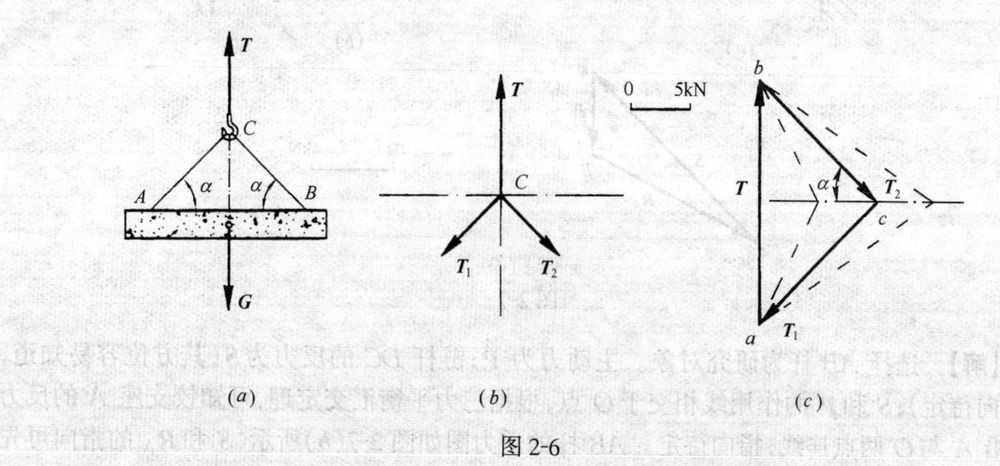

图 2-6

【解】 当构件悬吊在空中不动或匀速直线运动时,处于平衡状态。

选取物体系统为研究对象,构件的自重 $\boldsymbol{G}$ 和钢丝绳的拉力 $\boldsymbol{T}$ 构成平衡力系,$T=G=10\text{kN}$。选取吊钩为研究对象,吊钩 C 则受到汇交于 C 点的拉力 $\boldsymbol{T}$、$\boldsymbol{T}_1$ 和 $\boldsymbol{T}_2$ 的作用而平衡,并可利用平面汇交力系平衡的几何条件进行求解。这里的 $\boldsymbol{T}_1$ 和 $\boldsymbol{T}_2$ 的方向是已知的,而 $\boldsymbol{T}_1$ 和 $\boldsymbol{T}_2$ 的大小是欲求的两个未知量。吊钩 C 的受力图,如图 2-6(b)所示。

选定长度 10mm 代表 5kN。作矢量 $\boldsymbol{ab}$ 等于 $\boldsymbol{T}$($T=10\text{kN}$),过 a、b 两点分别作 $\boldsymbol{T}_1$ 和 $\boldsymbol{T}_2$ 的平行线,两线相交于 c,于是得到力多边形 abc,如图 2-6(c)所示。在封闭的力多边形 abc 中,各力必须依次首尾相接,由已知力 $\boldsymbol{T}$ 的方向定出力 $\boldsymbol{T}_1$ 和 $\boldsymbol{T}_2$ 的指向。在这个力多边形中,$\boldsymbol{bc}$ 和 $\boldsymbol{ca}$ 分别表示拉力 $\boldsymbol{T}_1$ 和 $\boldsymbol{T}_2$ 的大小和方向。图中量得 $bc=ca=28.28\text{mm}$,则:

$$T_1=T_2=28.28\text{mm}\times 5\text{kN}/10\text{mm}=14.14\text{kN}$$

从图 2-6(c)可见,钢丝绳与构件间的水平夹角 α 增大,则钢丝绳的拉力(以虚线表示)就逐渐减小;而当钢丝绳与构件间的水平夹角 α 减小,则钢丝绳的拉力就增大,并对构件产生很大的水平压力。所以,在吊装各类结构构件时,钢丝绳和构件间应保持适当水平夹角,一般以 45°～60°为宜,不要小于 30°。尤其是吊装某些大尺寸的薄壁梁型构件,如折板、大型平板等，钢丝绳与构件间的水平夹角过小，产生很大的水平压力，甚至有可能导致构件的破坏。

由上例，我们可以得到三力平衡汇交定理：**物体受平面内三个互不平行力的作用，而处于平衡时，该三力作用点必汇交于一点**。当物体受到平面内三个互不平行的力的作用处于平衡时，可应用三力平衡汇交定理确定其未知力的作用线，并按平衡条件求解。

【例 2-3】 设备支架的连接及尺寸如图 2-7(*a*)所示，各杆重量不计，荷载 $P=4\text{kN}$。求铰支座 A 和链杆 CD 对于 AB 杆约束反力。

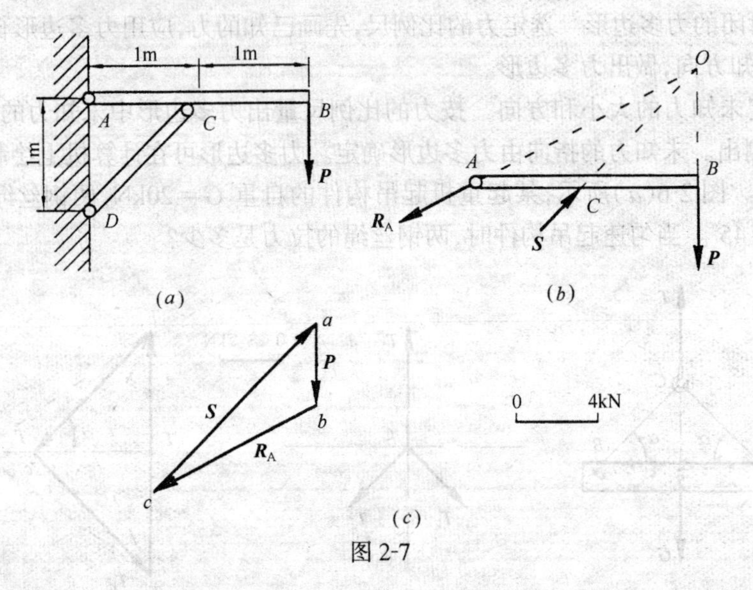

图 2-7

【解】 选择 AB 杆为研究对象。主动力为 $\boldsymbol{P}$；链杆 DC 的反力为 $\boldsymbol{S}$(其方位容易知道，但指向待定)；$\boldsymbol{S}$ 和 $\boldsymbol{P}$ 的作用线相交于 O 点，根据三力平衡汇交定理，可知铰支座 A 的反力 $\boldsymbol{R}_A$，沿 A 与 O 两点连线，指向待定。AB 杆的受力图如图 2-7(*b*)所示($\boldsymbol{S}$ 和 $\boldsymbol{R}_A$ 的指向可先不画出，待做出封闭的力多边形后确定)。

选择力的比例尺，先画已知力 $\boldsymbol{P}$，再从力 $\boldsymbol{P}$ 的 ab 点分别作直线平行于 $\boldsymbol{S}$、$\boldsymbol{R}_A$ 得交点 c，按力 $\boldsymbol{P}$ 的方向做出自行闭合的力三角形 abc，如图 2-7(*c*)所示。约束反力的大小，按力比例尺量得：

$$S=11.4\text{kN}, \quad R_A=8.9\text{kN}$$

根据力多边形自行闭合的条件，可确定力 $\boldsymbol{S}$ 指向右上方，力 $\boldsymbol{R}_A$ 指向左上方。

由上面例子可知，应用平面汇交力系平衡的几何条件，可以求出两个未知量。

第二节　力在坐标轴上的投影、合力投影定理

使用几何法求平面汇交力系的合力，具有直观、简捷的优点，但是，手工绘图精度低。在力学计算中，还可采用解析法，这种方法的关键是如何将力的矢量转化为代数量来表达。因此，我们需要先研究力在坐标轴上的投影。

一、力在坐标轴上的投影

力的投影，来源于平行光照射下物体影子的概念。图 2-8(*a*)中，ab 表示线段 AB 在 x

轴上的影子。

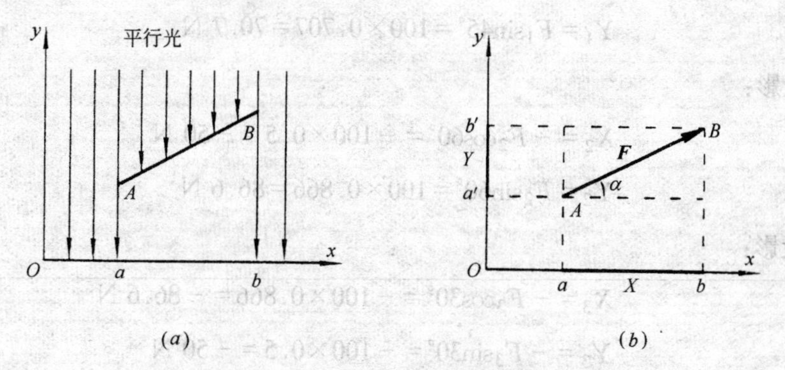

图 2-8　力在坐标轴上的投影

设力 $\boldsymbol{F}$ 在任取的坐标系 Oxy 平面上(图 2-8(b))。从力 $\boldsymbol{F}$ 的两端 A 和 B 分别做垂线，与 x 轴相交得 a 和 b，则线段 ab 称为力 $\boldsymbol{F}$ 在 x 轴上的投影。同理，从力 $\boldsymbol{F}$ 的两端 A 和 B 分别向 y 轴做垂线得 a' 和 b'，则线段 $a'b'$ 称为力 $\boldsymbol{F}$ 在 y 轴的投影。通常用 X(或 F_x)表示力在 x 轴上的投影，用 Y(或 F_y)表示力在 y 轴上的投影。

投影 X 和 Y 的数值，可按三角公式计算，即

$$\left.\begin{aligned} X &= \pm F\cos\alpha \\ Y &= \pm F\sin\alpha \end{aligned}\right\} \tag{2-3}$$

力在轴上的投影是一个代数量(图 2-8(b)用粗实线表示)，其正负号规定如下：若由 a 到 b 方向与 x 轴正向一致以及由 a' 到 b' 方向与 y 轴正向一致时，力的投影取正值，反之取负值。

如已知力 $\boldsymbol{F}$ 在坐标轴 x 和 y 上的投影 X 和 Y，从图 2-8 中的几何关系可知该力的大小和方向为

$$F = \sqrt{X^2 + Y^2} \tag{2-4}$$

$$\mathrm{tg}\alpha = \left|\frac{Y}{X}\right|$$

式中，α 为力 $\boldsymbol{F}$ 与 x 轴所夹的锐角，力 $\boldsymbol{F}$ 的具体指向由 X、Y 的正负号来确定。

必须注意：力的投影与分力是两个不同的概念，力的投影是一个代数值，而分力是矢量。

【例 2-4】　试求图 2-9 中各力在 x 轴与 y 轴上的投影，$F_1 = F_2 = F_3 = F_4 = F_5 = F_6 = 100\text{N}$，投影的正负号按规定观察判断。

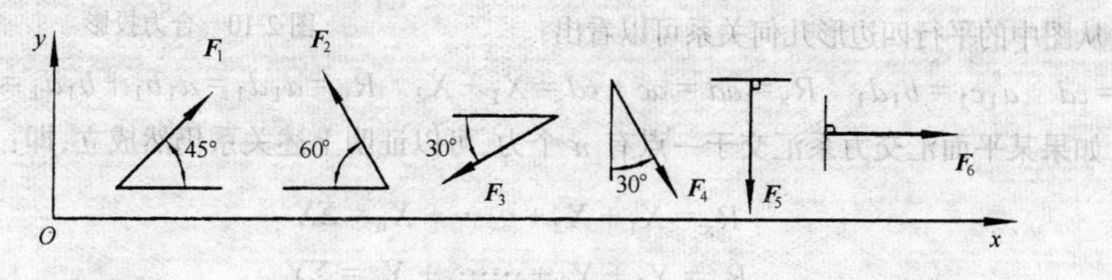

图 2-9

【解】　$\boldsymbol{F}_1$ 的投影：

$$X_1 = F_1\cos45° = 100 \times 0.707 = 70.7\ \text{N}$$

$$Y_1 = F_1\sin45° = 100 \times 0.707 = 70.7\ \text{N}$$

$\boldsymbol{F}_2$ 的投影：

$$X_2 = -F_2\cos60° = -100 \times 0.5 = -50\ \text{N}$$

$$Y_2 = F_2\sin60° = 100 \times 0.866 = 86.6\ \text{N}$$

$\boldsymbol{F}_3$ 的投影：

$$X_3 = -F_3\cos30° = -100 \times 0.866 = -86.6\ \text{N}$$

$$Y_3 = -F_3\sin30° = -100 \times 0.5 = -50\ \text{N}$$

$\boldsymbol{F}_4$ 的投影：

$$X_4 = F_4\sin30° = 100 \times 0.5 = 50\text{N}$$

$$Y_4 = -F_4\cos30° = -100 \times 0.866 = -86.6\ \text{N}$$

$\boldsymbol{F}_5$ 的投影：

$$X_5 = F_5\cos90° = 100 \times 0 = 0$$

$$Y_5 = -F_5\sin90° = -100 \times 1 = -100\text{N}$$

$\boldsymbol{F}_6$ 的投影：

$$X_6 = F_6\cos0° = 100 \times 1 = 100\text{N}$$

$$Y_6 = F_6\sin0° = 100 \times 0 = 0$$

二、合力投影定理

图 2-10 表示作用于物体上某一点 A 的两个力 $\boldsymbol{P}_1$ 和 $\boldsymbol{P}_2$，用力的平行四边形法则求出它们的合力为 $\boldsymbol{R}$。在力的作用面内作一直角坐标系 xoy，力 $\boldsymbol{P}_1$ 和 $\boldsymbol{P}_2$ 及合力 $\boldsymbol{R}$ 在坐标轴上的投影分别为

$$X_1 = ab;\ Y_1 = a_1b_1$$

$$X_2 = ac;\ Y_2 = a_1c_1$$

$$R_x = ad;\ R_y = a_1d_1$$

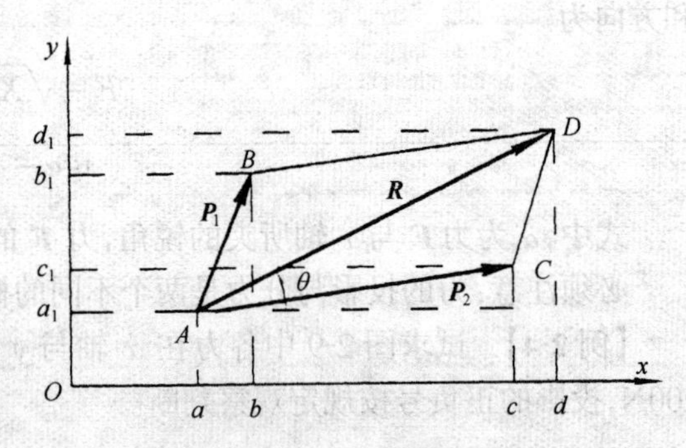

图 2-10　合力投影

从图中的平行四边形几何关系可以看出：

$$ab = cd \quad a_1c_1 = b_1d_1 \quad R_x = ad = ac + cd = X_1 + X_2 \quad R_y = a_1d_1 = a_1b_1 + b_1d_1 = Y_1 + Y_2$$

如果某平面汇交力系汇交于一点有 n 个力，可以证明上述关系仍然成立，即：

$$R_x = X_1 + X_2 + \cdots\cdots + X_n = \Sigma X$$

$$R_y = Y_1 + Y_2 + \cdots\cdots + Y_n = \Sigma Y$$

由此可见，合力在任一轴上的投影，等于各分力在同一轴上投影的代数和。这就是**合力投影定理**。式中“Σ”表示求代数和。必须注意式中各投影的正、负号。

第三节　平面汇交力系合成的解析法及平衡方程

一、平面汇交力系合成的解析法

对给定的平面汇交力系，在力系所在平面内选定以一组力汇交点 O 为原点，建立直角坐标系 Oxy，如图 2-11 所示。先求出力系中各力分别在 x、y 轴上的投影，再根据合力投影定理求出合力 $\boldsymbol{R}$ 在 x、y 轴上的投影 R_x、R_y，则合力 $\boldsymbol{R}$ 的大小和方向为：

$$R=\sqrt{R_x^2+R_y^2}=\sqrt{(\Sigma X)^2+(\Sigma Y)^2} \tag{2-5}$$

$$\mathrm{tg}\alpha=\left|\frac{R_y}{R_x}\right|=\left|\frac{\Sigma Y}{\Sigma X}\right| \tag{2-6}$$

式中 α 为合力 $\boldsymbol{R}$ 与 x 轴所夹的锐角，合力 $\boldsymbol{R}$ 的具体指向由 ΣX、ΣY 的正负号来确定。合力的作用线通过力系的汇交点 O。

应用式(2-5)和式(2-6)计算合力的大小和方向的方法，称为平面汇交力系合成的**解析法**。

【例 2-5】 求图 2-12 所示支架点 A 的三个力的合力。已知 $F_1=600\text{N}$，$F_2=700\text{N}$，$F_3=500\text{N}$。

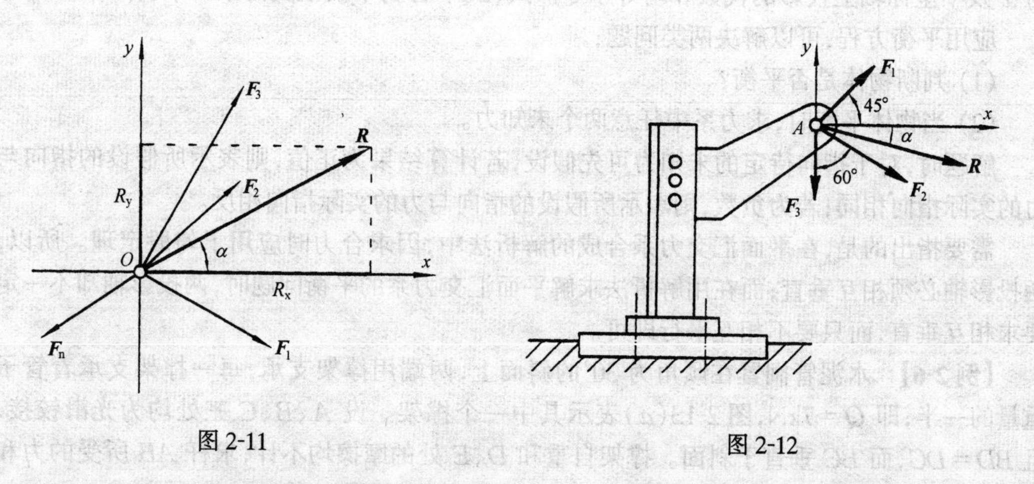

图 2-11　　　　图 2-12

【解】 先取坐标系 Axy，如图 2-12 所示。再求各力在 x 轴及 y 轴上的投影。

$$X_1=F_1\cos45^\circ=600\times0.707=424.2\text{N}$$

$$X_2=F_2\cos30^\circ=700\times0.866=606.2\text{N}$$

$$X_3=0$$

$$Y_1=F_1\sin45^\circ=600\times0.707=424.2\text{N}$$

$$Y_2=-F_2\sin30^\circ=-700\times0.5=-350\text{N}$$

$$Y_3=-F_3=-500\text{N}$$

于是合力在 x 轴及 y 轴上的投影为：

$$R_x=\Sigma X=424.2+606.2+0=1030.4\text{N}$$

$$R_y=\Sigma Y=424.2-350-500=-425.8\text{N}$$

根据式(2-5)、(2-6)即可求出合力 **R** 的大小和方向：

$$R=\sqrt{R_x^2+R_y^2}=\sqrt{(1030.4)^2+(-425.8)^2}=1114.9\text{N}$$

$$\text{tg}\alpha=\left|\frac{R_y}{R_x}\right|=\left|\frac{\Sigma Y}{\Sigma X}\right|=\left|\frac{-425.8}{1030.4}\right|=0.4132$$

故
$$\alpha=22.45^\circ$$

因为 R_x 为正，R_y 为负，故合力 **R** 在第四象限，指向如图 2-12 所示。

二、平面汇交力系的平衡方程及其应用

从平面汇交力系平衡的几何条件知道：平面汇交力系平衡的必要和充分条件是力系的合力等于零，根据(2-6)式可知，必须也只须：

$$R=\sqrt{(\Sigma X)^2+(\Sigma Y)^2}=0$$

即
$$\left.\begin{array}{l}\Sigma X=0\\ \Sigma Y=0\end{array}\right\} \tag{2-7}$$

由此得到，平面汇交力系平衡的必要和充分的解析条件是：力系中所有各力在作用面内的 x 及 y 坐标轴上投影的代数和均等于零。式(2-7) 称为平面汇交力系的平衡方程。

应用平衡方程，可以解决两类问题：

(1) 判断物体是否平衡？

(2) 当物体平衡时，求力系中任意两个未知力。

解题时，对于指向待定的未知力可先假设，若计算结果为正值，则表示所假设的指向与力的实际指向相同；若为负数，则表示所假设的指向与力的实际指向相反。

需要指出的是，在平面汇交力系合成的解析法中，因求合力时应用了勾股定理。所以，两投影轴必须相互垂直；而在用解析法求解平面汇交力系的平衡问题时，两投影轴却不一定要求相互垂直，而只要不相互平行即可。

【例 2-6】 水泥管搁置在倾角为 30°的斜面上，两端用撑架支承，每一撑架支承着管子重量的一半，即 $Q=7\text{kN}$，图 2-13(a)表示其中一个撑架。设 A、B、C 三处均为光滑铰接，且 $BD=DC$，而 BC 垂直于斜面。撑架自重和 D、E 处的摩擦均不计，求杆 AB 所受的力和铰 C 的约束反力。

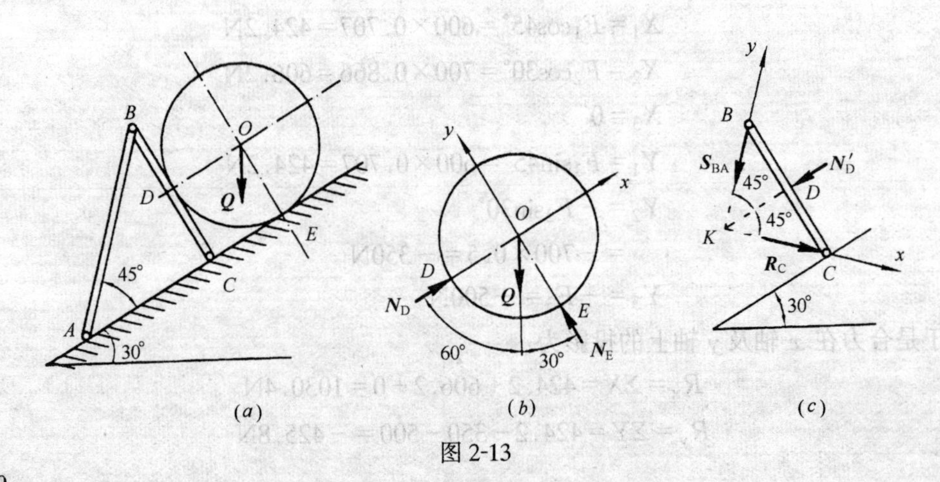

图 2-13

【解】 首先，取水泥管为研究对象，其受力图和选取的坐标系 Oxy，如图 2-13(b)所示。列平衡方程并求解：

$$\Sigma X = 0, N_D - Q\cos 60° = 0$$

得 $$N_D = Q\cos 60° = 7 \times 0.5 = 3.5\text{kN}$$

其次，取杆 BC 为研究对象。杆 BC 受水泥管的压力为 $\boldsymbol{N}'_D$。$\boldsymbol{N}_D$ 与 $\boldsymbol{N}'_D$ 是作用力与反作用力关系；$\boldsymbol{S}_{BA}$ 为二力杆的约束反力，设为拉力；根据三力平衡汇交定理，铰支座 C 的反力 $\boldsymbol{R}_C$ 通过 $\boldsymbol{N}'_D$ 与 $\boldsymbol{S}_{BA}$ 作用线的交点 K；杆 BC 的受力图及所取投影轴 x、y，如图 2-13(c)。列平衡方程并求解：

$$\Sigma X = 0, R_C - N'_D\cos 45° = 0$$

得 $$R_C = N'_D\cos 45° = 3.5 \times 0.707 = 2.47\text{kN}$$

由 $$\Sigma Y = 0 - S_{BA} - N'_D\cos 45° = 0$$

得 $$S_{BA} = -N'_D\cos 45° = -2.47\text{kN}$$

从而得杆 AB 所受的压力为 2.47kN。

【例 2-7】 工人师傅在搬运很重物体时，通常运用一些简单的力学规律，图 2-14(a)所示是用钢丝绳拉汽车的情况，绳的一端 B 与汽车相连，另一端 C 与木桩连接，然后在绳的中间部分 A 点沿图示方向用 $\boldsymbol{P}$ 力拉。不计钢丝绳重量，若人力 $P = 2500\text{N}$。求当 $\alpha = 6°$ 时，汽车所受的拉力。

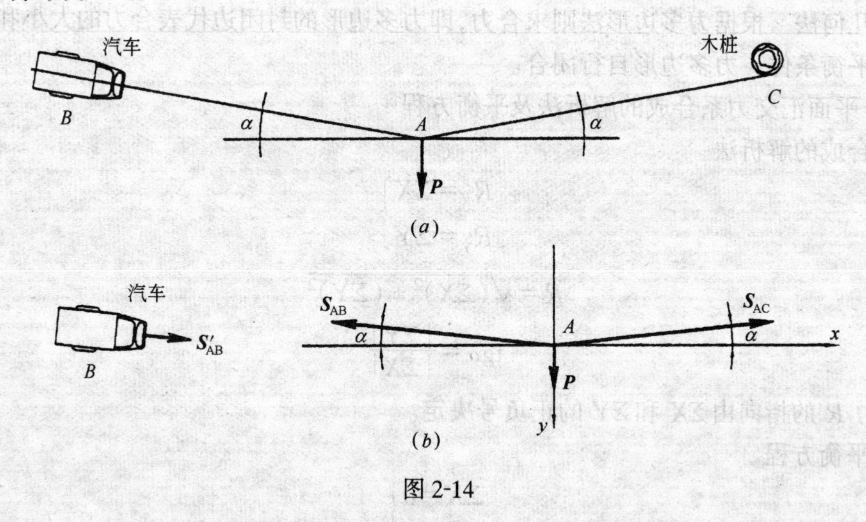

图 2-14

【解】 求解此物体系统的平衡问题，需取两次分离体。可判断出 AB、AC 两段绳子受拉力作用，并处于平衡状态。

首先，取点 A 为研究对象。反力 $\boldsymbol{S}_{AB}$、$\boldsymbol{S}_{AC}$ 指向为背离 A 点，受力图如图 2-14(b)所示。选取坐标系 Oxy。

列平衡方程并求解：

$$\Sigma X = 0 \qquad S_{AC}\cos 6° - S_{AB}\cos 6° = 0$$

得 $$S_{AB} = S_{AC}$$

$$\Sigma Y = 0 \qquad -S_{AB}\sin 6° - S_{AC}\sin 6° + P = 0$$

得 $$S_{AB} = S_{AC} = \frac{P}{2}\sin 6° = \frac{2500}{2\sin 6°} = 11958\text{N}$$

其次，取汽车处的 B 点为研究对象。$\boldsymbol{S}'_{AB}$ 为 $\boldsymbol{S}_{AB}$ 的反作用力；所以，$S'_{AB}=S_{AB}=$ 11958N。即汽车所受的拉力为11958N，它是人力 $\boldsymbol{P}$ 的四倍以上。

由上述几个例题可以看出，用解析法求解平面汇交力系平衡问题的一般步骤为：

(1) 分析题意，选取研究对象。

(2) 正确地画出受力图　若约束反力的指向待定可先假设。

(3) 选取坐标轴　坐标轴最好与某一未知力垂直，以避免解联立方程，但也应注意各力的作用线与轴的夹角是否容易确定。

(4) 列平衡方程求解未知量　建立平衡方程时各力的投影要正确；若求出的未知力为负值，则该力的实际指向与受力图中假设的指向相反。

小　结

凡是各力的作用线均在同一平面内且汇交于一点的力系称为平面汇交力系。

本章用几何法和解析法研究平面汇交力系的合成和平衡问题。

平面汇交力系合成的结果为一个作用线通过各力汇交点的合力；如果合力为零，则力系平衡。

一、平面汇交力系合成的几何法及平衡的几何条件

1. 几何法　根据力多边形法则求合力，即力多边形的封闭边代表合力的大小和方向。

2. 平衡条件　力多边形自行闭合。

二、平面汇交力系合成的解析法及平衡方程

1. 合成的解析法

$$\left.\begin{aligned}R_x=\Sigma X\\R_y=\Sigma Y\end{aligned}\right\}$$

$$R=\sqrt{(\Sigma X)^2+(\Sigma Y)^2}$$

$$\mathrm{tg}\alpha=\frac{|\Sigma Y|}{|\Sigma X|}$$

合力 R 的指向由 ΣX 和 ΣY 的正负号决定。

2. 平衡方程

$$\left.\begin{aligned}\Sigma X=0\\\Sigma Y=0\end{aligned}\right\}$$

标准化练习题

一、填空题

1. 求两个汇交力的合力的几何法有_______法则和_______法则两种方法。后一种方法是前一种方法的简化。在应用后一方法时，需要做一线段代表力的大小和方向。这样的线段所表示的量称为_______。

2. 平面_______力系平衡的_______和_______的几何条件是：力多边形_______闭合。原力系中各力画成一个_______封闭的力多边形。应用平面_______力系平衡的几何条件，可以求出_______个

未知量。

3. 力多边形的________规则:各分力沿环绕多边形边界的某一方向________相接,而合力的指向是从________分力的________点指向________分力的________点。

4. 平面汇交力系的平衡方程是 $\Sigma X=0$ 和 $\Sigma Y=0$,其中

$\Sigma X=0$ 的含义是________________________________;

$\Sigma Y=0$ 的含义是________________________________。

该组方程能求解________个未知量的力系平衡问题。

5. 图示两个汇交力 $\boldsymbol{P}_1$、$\boldsymbol{P}_2$($P_1=P_2=P$)的合力为 $\boldsymbol{R}$,两力之间的夹角为 α。试分析当 α 在 $0°\sim180°$ 之间变化时,合力 R 与 P 的关系。

(a) 当 $\alpha=0°$时,$R=$________;

(b) 当 $\alpha=90°$时,$R=$________;

(c) 当 $\alpha=120°$时,$R=$________;

(d) 当 $\alpha=180°$时,$R=$________;

(e) 当 $R\geqslant P$ 时,________$\leqslant\alpha\leqslant$________;

(f) 当 $R<P$ 时,________$<\alpha<$________。

填空题 5 图

二、选择题

1. 应用力多边形法则求合力时,若按不同顺序画各分力,力多边形的形状________,但合力的大小和方向________。

a. 将不同;　　b. 仍相同

2. 作用在刚体同一平面上的三个不平行的力,其作用线汇交于一点,则此刚体(　　)。

a. 一定平衡;　　b. 不平衡;　　c. 不一定平衡;　　d. 相对平衡

3. 如图所示吊钩悬挂重物,AC 和 BC 是绳索,下列三种情况时,绳索受力较大的 α 角为(　　)。

a. 30°;　　b. 90°;　　c. 120°

4. 如图所示为力多边形,则 $\boldsymbol{F}_5$ 表示这四个力 $\boldsymbol{F}_1$、$\boldsymbol{F}_2$、$\boldsymbol{F}_3$、$\boldsymbol{F}_4$ 的(　　)。

a. 合力;　　b. 平衡力;　　c. 无关的力

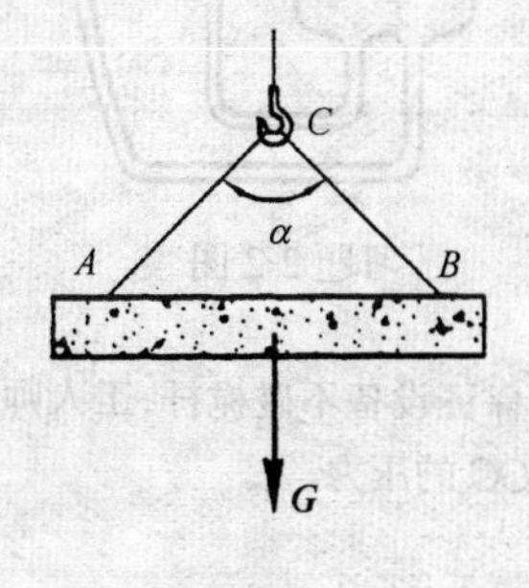

选择题 3 图

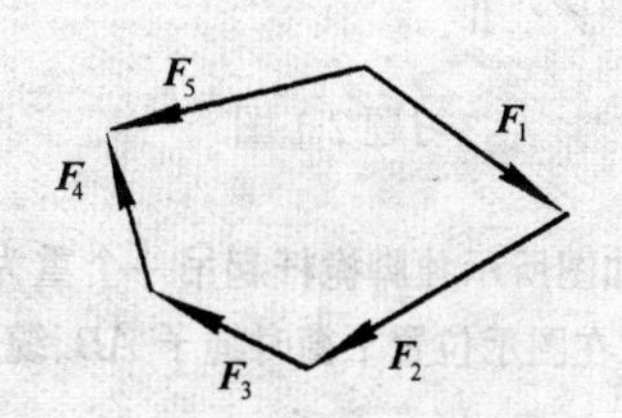

选择题 4 图

5. 已知共面两个力 $\boldsymbol{P}_1$、$\boldsymbol{P}_2$ 在同一轴上的投影相等,则这两个力(　　)。

a. 相等;　　b. 不一定相等;　　c. 共线;　　d. 汇交

三、判断题

1. 当两坐标轴互相垂直时,力投影的绝对值和分力的大小相等,所以用解析法求解平面汇交力系的平衡问题时,两投影轴一定要相互垂直。(　　)

2. 用解析法求解平面汇交力系的平衡问题时,坐标轴可以任意选取,所以这种情况下可以多求出几个未知量。(　　)

3. 如果作用在刚体上的三个力作用线汇交于一点,则该刚体平衡。(　　)

4. 合力投影可以与一个分力的投影相等。(　　)

5. 若两个力在同一轴上的投影相等,则该两个力的大小相等。(　　)

6. 三力共点成平衡,则三力必在同一平面内。(　　)

7. 力多边形闭合的平面力系,必定是平衡力系。(　　)

8. 若两个力的大小相等,其在同一轴上的投影一定相等。(　　)

习　题

2-1　图示起重设备,吊杆 BC 与井架在 C 点用铰链连接,顶端 B 用钢丝绳 AB 维持平衡,卷扬机的钢丝绳跨过滑轮 B 起吊重物。ABC 平面可绕 AC 轴转动。已知长度 $AB=BC$,重物 $G=5\text{kN}$。试用图解法和解析法求钢丝绳 AB 的拉力及吊杆 BC 的压力。吊杆自重不计。

2-2　图示为管子调直台的夹钳,旋转手柄螺杆可调节夹紧力的大小。设夹钳作用一个垂直力 $F=800\text{N}$ 在 V 形块上的 A 点,试求:(1)V 形块作用在钢管上 C、D 处的力;(2)钢管对底板 E 的作用力。V 形块和钢管的重量不计。

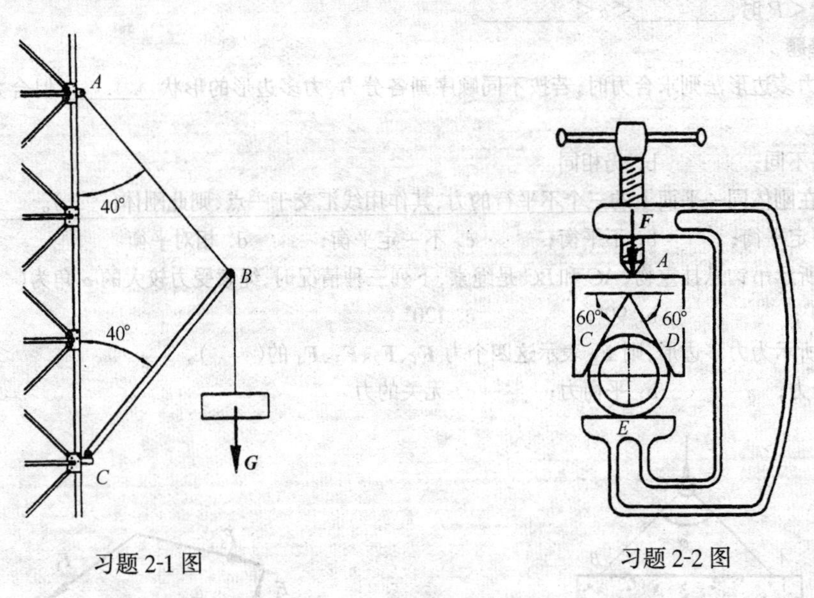

习题 2-1 图　　　　习题 2-2 图

2-3　如图所示独脚桅杆起吊一个重为 $G=5\text{kN}$ 的设备,为了保证设备不碰桅杆,工人师傅用绳子牵引设备。求在图示位置平衡时绳子 AB、缆风绳 CD 的拉力和桅杆 OC 的压力。

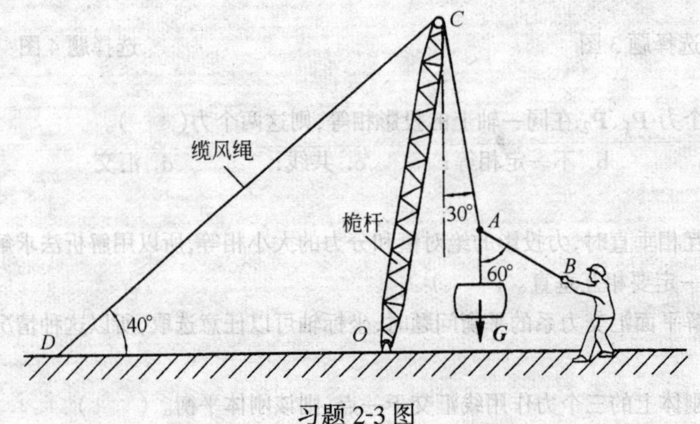

习题 2-3 图

第三章　力矩与平面力偶系

第一节　力对点的矩及合力矩定理

一、力对点的矩

一个力作用在具有固定点的物体上，如果力的作用线不过该固定点，那么物体将会产生转动。例如用钉锤拔钉子(图 3-1)，用扳手转动螺母(图 3-2)，以及用撬棍撬动重物(图 3-3)等都是力使物体产生转动的例子。

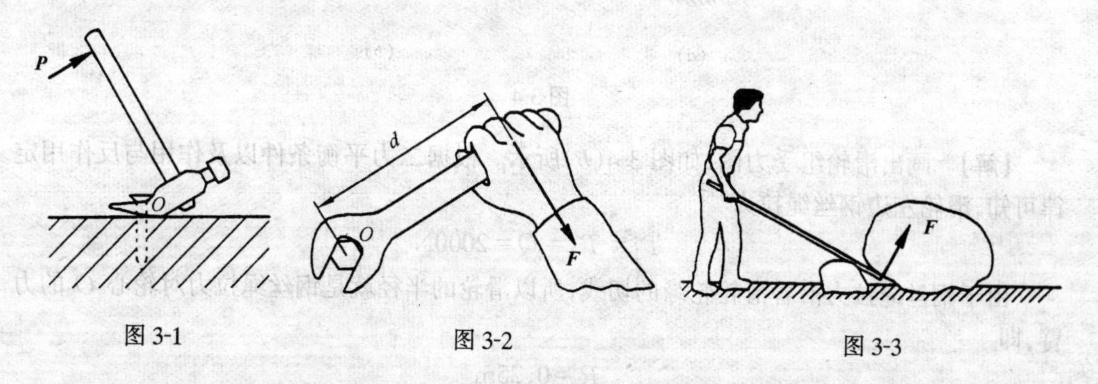

图 3-1　　图 3-2　　图 3-3

从经验得知，力作用在物体上，使物体绕某点转动的效应有大有小。例如用扳手转动螺母时(如图 3-2)，力 $\boldsymbol{F}$ 使扳手绕螺母中心 O 转动的效应不仅与力的大小成正比，而且还与螺母中心 O 到该力作用线的垂直距离 d 成正比。此外，扳手的转向可能是顺时针方向，也可能是逆时针方向。因此，我们用 F 与 d 的乘积再冠以正号(+)或负号(−)来表示力 $\boldsymbol{F}$ 使物体绕 O 点转动的效应，并称为力 $\boldsymbol{F}$ 对 O 点的矩，简称力矩，以符号 $m_O(\boldsymbol{F})$ 表示，即

$$m_O(\boldsymbol{F}) = \pm Fd \tag{3-1}$$

点 O 称为力矩中心，简称矩心；d 称为力臂；乘积 Fd 称为力矩的大小；而正负号用来区别力使物体绕矩心转动的方向，并规定：若力使物体绕矩心做逆时针方向转动，力矩取正号，反之取负号。若 $m_O(\boldsymbol{F})$ 为正号(+)时，可以不写正号。

通过以上分析，可得如下结论：

(1) 力 $\boldsymbol{F}$ 对 O 点之矩不仅取决于力 $\boldsymbol{F}$ 的大小，同时还与矩心 O 的位置有关。

(2) 力 $\boldsymbol{F}$ 对任一点之矩，不会因该力沿其作用线移动而改变(因为 d 不变)。

(3) 力的作用线通过矩心时，力矩等于零(因为 $d=0$)。

(4) 互相组成平衡的二力对同一点之矩的代数和等于零。

在国际单位制中，力矩的常用单位为牛·米(N·m)或者千牛·米(kN·m)。

应该指出：力矩必须与矩心相对应，不指明矩心来谈力矩是没有意义的。前面由力对物

体上转动轴心的作用所引出的力矩概念，可以推广到普遍情形。在具体应用时，对于矩心的选择无任何限制，作用于物体上的力可以对平面内任一点取矩。

【例 3-1】 图 3-4(a)所示使用滑轮组提起 $Q=2000$N 的重物，所需拉力 $T_2=2200$N，轮子半径 $R=0.25$m，试求滑轮两边钢丝绳拉力分别对轮心 O 的力矩，及其力矩和。

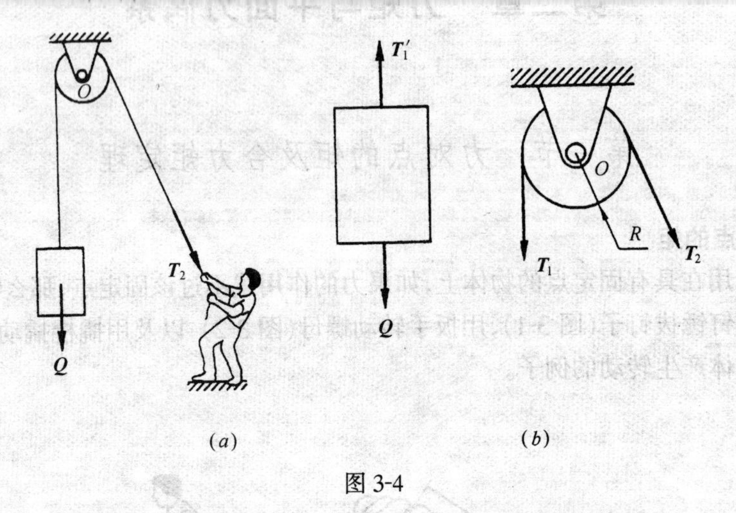

图 3-4

【解】 画出滑轮组受力图，如图 3-4(b)所示。根据二力平衡条件以及作用与反作用定律可知，滑轮左边钢丝绳拉力

$$T_1=T'_1=Q=2000\text{N}$$

由于钢丝绳拉力沿着滑轮轮缘的切线，所以滑轮的半径就是钢丝绳拉力对轮心 O 的力臂，即

$$R=0.25\text{m}$$

(1) 拉力 $\boldsymbol{T}_1$ 对轮心 O 的力矩为

$$m_{\text{O}}(\boldsymbol{T}_1)=T_1\cdot R=2000\times0.25=500\text{N}\cdot\text{m}$$

因为拉力 $\boldsymbol{T}_1$ 使滑轮逆时针方向转动，故其力矩为正值。

(2) 拉力 $\boldsymbol{T}_2$ 对轮心 O 的力矩为

$$m_{\text{O}}(\boldsymbol{T}_2)=-T_2\cdot R=-2200\times0.25=-550\text{N}\cdot\text{m}$$

因为拉力 $\boldsymbol{T}_2$ 使滑轮顺时针方向转动，故其力矩为负值。

(3) $\boldsymbol{T}_1$、$\boldsymbol{T}_2$ 的力矩和，以 $\Sigma m_{\text{O}}(\boldsymbol{T})$ 表示，即

$$\Sigma m_{\text{O}}(\boldsymbol{T})=500-550=-50\text{N}\cdot\text{m}$$

因为力矩和为负值(－)；

所以滑轮顺时针转动。

二、合力矩定理

在计算力对点的矩时，有些时候往往力臂不易求出，因而直接按定义求力矩难以计算。此时，通常采用的方法是将这个力分解为两个便于求出力臂的分力，再由两个分力力矩的代数和求出合力的力矩。这一有效方法的理论根据是合力矩定理：平面汇交力系的合力 $\boldsymbol{R}$ 对平面内任一点的矩，等于力系中各分力($\boldsymbol{F}_1,\boldsymbol{F}_2,\cdots\cdots,\boldsymbol{F}_{\text{n}}$)对同一点的矩的代数和。

用式子可表示为

$$m_O(\boldsymbol{R}) = m_O(\boldsymbol{F}_1) + m_O(\boldsymbol{F}_2) + \cdots\cdots + m_O(\boldsymbol{F}_n) = \Sigma m_O(\boldsymbol{F}) \tag{3-2}$$

下标 O 表示各力矩的矩心为 O 点。

合力矩定理常常可以用来确定物体的重心位置；也可以用来简化力矩的计算。

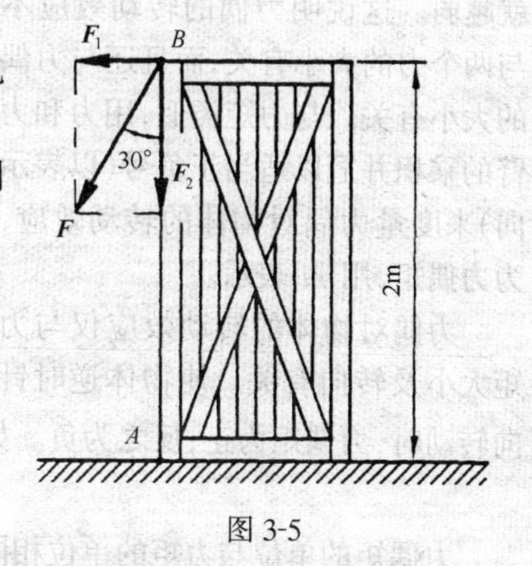

图 3-5

【例 3-2】 放在地面上的板条箱如图 3-5 所示，受到一个合力 $F=120\text{N}$ 的作用。试求该力对点 A 的矩。

【解】 将力 F 在点 B 分解为两个分力 $\boldsymbol{F}_1$、$\boldsymbol{F}_2$

$$F_1 = F\sin30° = 120 \times 0.5 = 60\text{N}$$

$$F_2 = F\cos30° = 120 \times 0.866 = 104\text{N}$$

由式(3-2)可得

$$m_A(\boldsymbol{R}) = \Sigma m_A(\boldsymbol{F}) = m_A(\boldsymbol{F}_1) + m_A(\boldsymbol{F}_2)$$
$$= 60 \times 2 + 104 \times 0 = 120\text{N}\cdot\text{m}$$

第二节 力偶的概念及平面力偶的性质

一、力偶的概念

在生产实践和日常生活中，经常会遇到两个大小相等、方向相反、不共线的平行力($\boldsymbol{F}$ 和 $\boldsymbol{F}'$)作用在同一物体上。例如，汽车司机两手加在方向盘上的力(图 3-6(a))，工人用丝锥攻螺纹时，两手作用在丝锥扳手上的力(图 3-6(b))，以及用两个手指拧动水龙头、用钥匙开锁所加的力等等。

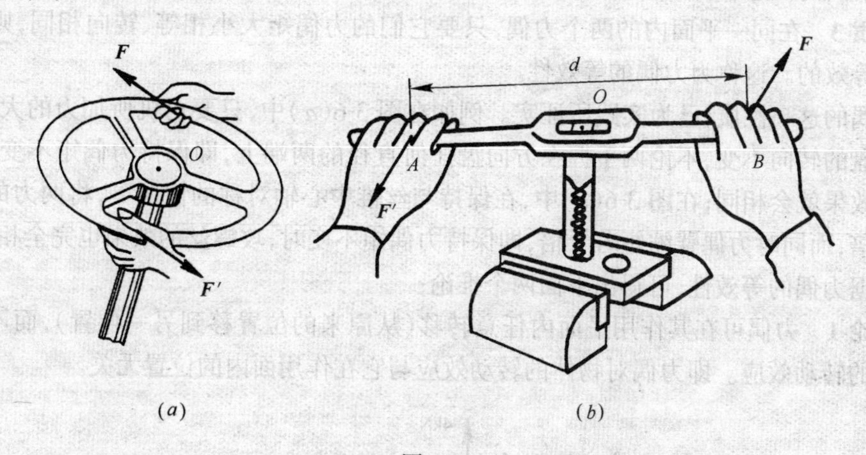

图 3-6

$\boldsymbol{F}$、$\boldsymbol{F}'$两个力虽然大小相等、方向相反，但不共线，故不能平衡。事实上，这两个力能使物体(方向盘和丝锥)发生转动。

对于大小相等、方向相反、不共线的两个平行力所组成的特殊力系，称为力偶。如图 3-7 所示，用符号($\boldsymbol{F}$、$\boldsymbol{F}'$)表示。两个相反力 $\boldsymbol{F}$、$\boldsymbol{F}'$之间垂直距离 d 叫力偶臂，两个力的作用平面称为力偶作用面。力偶的力 $\boldsymbol{F}$、$\boldsymbol{F}'$必须是成对出现。力偶不能再简化成更简单的形式，所以力偶与力一样被看成是组成力系的基本元素。

如何度量力偶对物体的作用效果呢？由实践可知，组成力偶的力越大，或力偶臂越大，则力偶使物体转动的效应越强；反之，就越弱。这说明力偶的转动效应不仅与两个力的大小有关，而且还与力偶臂的大小有关。与力矩类似，用力和力偶臂的乘积并冠以适当正负号(以表示转向)来度量力偶对物体的转动效应，称为力偶矩，用 m 表示。

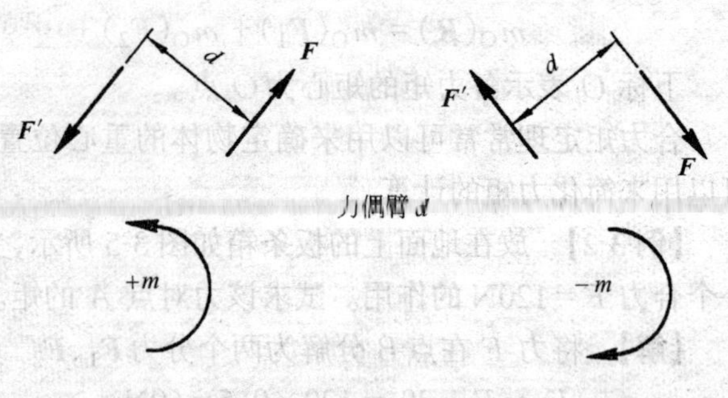

图 3-7

力偶对物体的转动效应仅与力偶矩大小及转向有关。使物体逆时针方向转动时，力偶矩为正；反之为负。如图 3-7 所示。力偶矩是代数量，即

$$m_O = \pm Fd \tag{3-3}$$

力偶矩的单位与力矩的单位相同，常用牛顿·米(N·m)。

二、平面力偶的性质

性质 1　力偶没有合力，本身又不平衡，是一个基本的力素。

由于力偶中的两个力大小相等、方向相反，故力偶在任一轴上投影的代数和恒等于零。因此，力偶对于物体只有转动效应，没有移动效应；通过物体重心的一个力对于物体只有移动效应；而不通过物体重心的一个力对于物体则有移动和转动两种效应。

力偶既然不能合成为一个力，因而也不能和一个力相平衡，力偶只能和力偶平衡。

性质 2　力偶对其作用平面内任一点的矩恒等于力偶矩，而与矩心位置无关。它可以在同一平面内任意移转。

性质 3　在同一平面内的两个力偶，只要它们的力偶矩大小相等、转向相同，则这两个力偶是等效的。这称为力偶的等效性。

力偶的这一性质，已为实践所证实。例如在图 3-6(a)中，只要司机所加力的大小不变，使方向盘的转向不变，不论两手握在方向盘任何直径的两端上，即保持力偶矩不变，转动方向盘的效果就会相同；在图 3-6(b)中，在保持与丝锥中心轴对称的情况下，将两力的大小放大若干倍，而同时力偶臂缩短若干倍，即保持力偶矩不变时，攻螺丝的效果也完全相同。

根据力偶的等效性，可得出下面两个推论：

推论 1　力偶可在其作用平面内任意转移(从原来的位置移到另一位置)，而不改变它对物体的转动效应。即力偶对物体的转动效应与它在作用面内的位置无关。

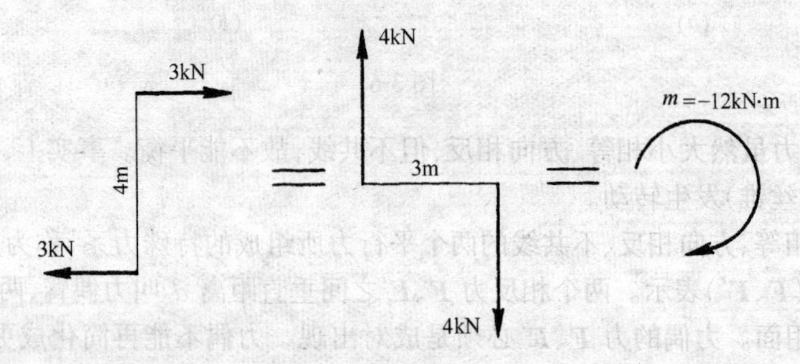

图 3-8

推论 2　只要保持力偶矩的大小和力偶的转向不变,可任意改变力偶中力的大小和力偶臂的长短,而不改变它对物体的转动效应。

在平面问题中,由于力偶对于物体的作用完全取决于力偶矩的大小和力偶的转向,所以力偶除了能用两个等值反向的力和力偶臂表示外,也可用一带箭头的弧线并注以力偶矩的大小来表示 。如图 3-8 中所示,力偶的三种表示方法是等同的。值得注意的是,在后一种表示情况下,计算时在数字前需要冠以相应的正负号。

应当指出,力偶的等效条件及其推论只适用于刚体,即只适用于研究物体的外效应。与力具有三要素类似,力偶矩的大小、力偶的转动方向和力偶的作用面,称为力偶的三要素。

第三节　平面力偶系的合成与平衡条件

一、平面力偶系的合成

作用在物体同一平面内的一群力偶或一组力偶称为平面力偶系。如图 3-9 所示,多头钻床在水平工件上钻孔时,工件就受到平面力偶系的作用。

因为力偶对物体的作用效果是转动,所以同一平面上的多个力偶对物体的作用效果也是转动,作用在同一物体多个力偶的合成的结果必然也应该是一个力偶,并且这个力偶的力偶矩等于各个分力偶的力偶矩之和。即作用在同一平面上的力偶,其合力偶等于各分力偶矩的代数和:

即
$$M = m_1 + m_2 + \cdots\cdots + m_n = \Sigma m \tag{3-4}$$

【例 3-3】　在工件上要钻四个相同的孔,估计每个孔所需的切削力偶矩 $m_1 = m_2 = m_3 = m_4 = 15\text{N·m}$,当用多轴钻床同时钻这四个孔时(图 3-9),求工件受到的总切削力偶矩有多大?

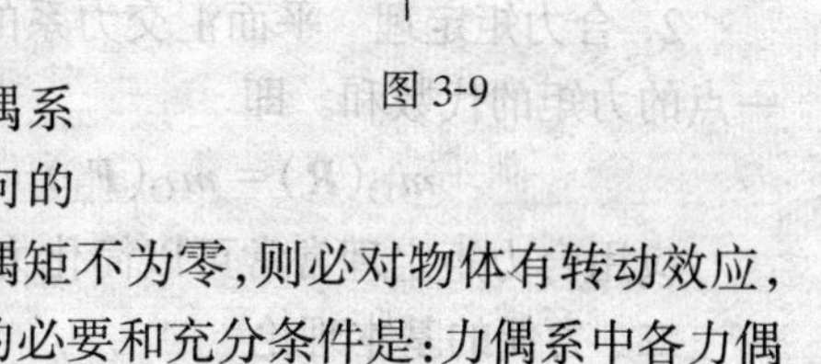

图 3-9

【解】　作用在工件上的力偶有四个,各力偶矩大小相等,转向相同,又作用在同一平面,其合力偶矩为

$$M = m_1 + m_2 + m_3 + m_4 = 60\text{N·m}$$

二、平面力偶系的平衡条件

平面力偶系的合成中,若合力偶矩等于零,则力偶系中各力偶使物体顺时针方向的转动效应和逆时针方向的转动效应相互抵消,物体处于平衡状态;反之,若合力偶矩不为零,则必对物体有转动效应,从而物体不能处于平衡状态。因此,平面力偶系平衡的必要和充分条件是:力偶系中各力偶矩的代数和等于零,即

$$\Sigma m = 0$$

这就是平面力偶系的平衡方程式。可见力偶不能用力来平衡,力偶只能和力偶相平衡。

【例 3-4】　用多轴钻床在水平放置的工件上钻孔时,每个钻头给工件施加一个力偶如图 3-10(a)所示。已知:$m_1 = m_2 = 10\text{N·m}$,$m_3 = 20\text{N·m}$,定位销间距 $l = 200\text{mm}$,试求两定位销所受到的水平力。

【解】　取工件为研究对象。工件在水平面受三个主动力偶和两个定位销的水平反力作用。

由于三个力偶可以合成为一个合力偶,因此反力 $\boldsymbol{N}_\text{A}$、$\boldsymbol{N}_\text{B}$ 必构成一个力偶才能与它平

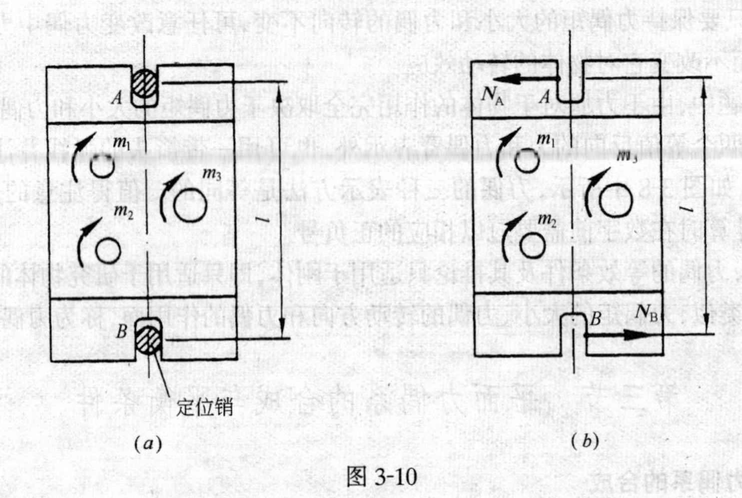

图 3-10

衡(图 3-10(b)),根据平面力偶系的平衡条件:

$$\Sigma m = 0$$

即
$$N_A l - m_1 - m_2 - m_3 = 0$$

得
$$N_A = N_B = \frac{m_1 + m_2 + m_3}{l} = \frac{10 + 10 + 20}{0.2} = 200\text{N}$$

小　结

一、力矩及其计算

1. 力矩的概念　力矩是力使物体绕矩心转动效应的度量。它等于力的大小与力臂的乘积,在平面问题中它是代数量,一般规定力使物体绕矩心逆时针方向转动为正,反之为负。即

$$m_O(\boldsymbol{F}) = \pm Fd$$

可见力矩的大小和转向与矩心的位置有关。

2. 合力矩定理　平面汇交力系的合力对平面内任一点的力矩,等于力系中各分力对同一点的力矩的代数和。即

$$m_O(\boldsymbol{R}) = m_O(\boldsymbol{F}_1) + m_O(\boldsymbol{F}_2) + \cdots\cdots + m_O(\boldsymbol{F}_n) = \Sigma m_O(\boldsymbol{F})$$

应用合力矩定理常常可以简化力矩的计算。

二、力偶的基本理论

1. 力偶

由等值、反向、作用线平行而不重合的两个力组成的力系,称为力偶。

2. 力偶的性质

力偶不能简化为一个力,也不能和一个力平衡,力偶只能与力偶平衡。

力偶对物体的转动效应取决于力偶的作用面、力偶矩的大小和力偶的转向。

在同一平面内的两个力偶,如果它们力偶矩的代数值相等,则这两个力偶是等效的。或者说,只要保持力偶矩的代数值不变,力偶可在其作用面内任意移转,也可以改变组成力偶的力的大小和力偶臂的长短。

3．力偶的基本运算

力偶在任一轴上的投影等于零。

力偶中的两个力对其作用面内任一点的矩都等于力偶矩，而与矩心的位置无关。

4．力偶的合成与平衡

平面力偶系可合成为一个合力偶，合力偶矩等于各分力偶矩的代数和。即

$$M = m_1 + m_2 + \cdots\cdots + m_n = \Sigma m$$

平面力偶系的平衡条件是各力偶矩的代数和等于零。即

$$\Sigma m = 0$$

标准化练习题

一、填空、选择题

1．________是力对物体的转动效应的度量，其大小为________，一般以________为负。

2．求图中力 $\boldsymbol{F}$ 对 A、B、C、D 各点的力矩。

$m_A(\boldsymbol{F}) =$ ________________

$m_B(\boldsymbol{F}) =$ ________________

$m_C(\boldsymbol{F}) =$ ________________

$m_D(\boldsymbol{F}) =$ ________________

填空、选择题 2 图

3．下列命题正确的是________。

(a) 互成平衡的两个力对同一点的力矩相等；

(b) 力 $\boldsymbol{F}$ 对任一点 A 的力矩，不因力 $\boldsymbol{F}$ 沿其作用线的移动而改变。

(c) 只要保持力偶矩的大小和力偶转向不变，力偶可以在同一刚体的各平行平面上任意移转；

(d) 力偶矩等于力偶中任一力的大小与两力作用线之间的距离的乘积再冠以相应的正负号。

4．力偶的三要素是________、________和________。

5．作用在同一刚体上的等值、反向、共线的两个力是________；两个物体间的等值、反向、共线的相互作用力是________；作用在同一物体上的等值、反向、不共线的两个平行力是________。

6．作用在刚体上的一个力偶，若使其在作用平面内转移，以下结论正确的是________。

(a) 使刚体转动；

(b) 使刚体平移；

(c) 不改变对刚体的作用效果；

(d) 将改变力偶矩的大小。

7．图中半径为 R 的刚性轮在力偶矩为 m 和作用于轮缘 A 点的力 $\boldsymbol{P}$ 保持平衡。

(1) 轮的状态表明________。

a．力偶只能用力偶来平衡；　　b．力偶可用一个力平衡；

c．力偶可用力对任一点的矩平衡

(2) 轮的半径 r 与 m、$\boldsymbol{P}$ 有________的关系。

a．$r = Pm$；　　b．$r = m/P$；　　c．$r = P/m$

8．矩形钢板 $a = 520$mm，$b = 300$mm，当需将其转动一个角度时，在 B、D 两点各加垂直于 AB 边、CD 边的力 $\boldsymbol{F}$ 和 $\boldsymbol{F}'$，已知 $\boldsymbol{F} = \boldsymbol{F}' = 200$N，试回答下列问题：

(1) 图上的加力方法________（省力，不省力），转动力偶矩 $m =$ ________(N·m)。

(2) 若要力偶矩不变而加力数值为最小，力 $\boldsymbol{F}$、$\boldsymbol{F}'$ 的作用线应垂直于________连线。

a. AB 或 CD；　　　　b. AC 或 BD；　　　　c. AD 或 BC

(3) 最小力的大小为：$F_{min} = F'_{min} =$ ________ (N)。

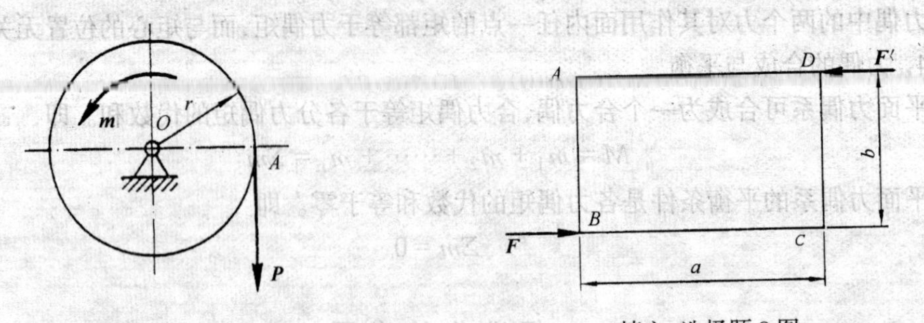

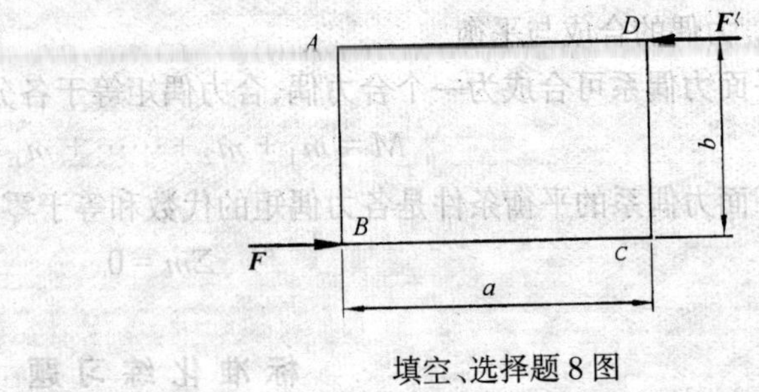

填空、选择题 7 图　　　　填空、选择题 8 图

习　题

3-1　用扳手拧螺母与用起子拧螺钉，所用的力有什么区别。

3-2　如图所示，已知作用于手柄的力 $P = 50N$，$d = 300mm$，钉子到支点的距离 OA 为 30mm，问拔钉子的力有多大？

3-3　如图所示，操作人员启闭闸门时，为了省力，常将一根杆子穿入手轮中，并在杆的一端 C 加力，以转动手轮。设杆长 $l = 1.2m$，手轮直径 $D = 0.6m$。以 C 端加力 $P = 100N$ 能将闸门开启，如不用杆子而直接在手轮的 A、B 处施加力偶($\boldsymbol{F}$、$\boldsymbol{F}'$)，问 $\boldsymbol{F}$ 至少多大才能开启闸门？

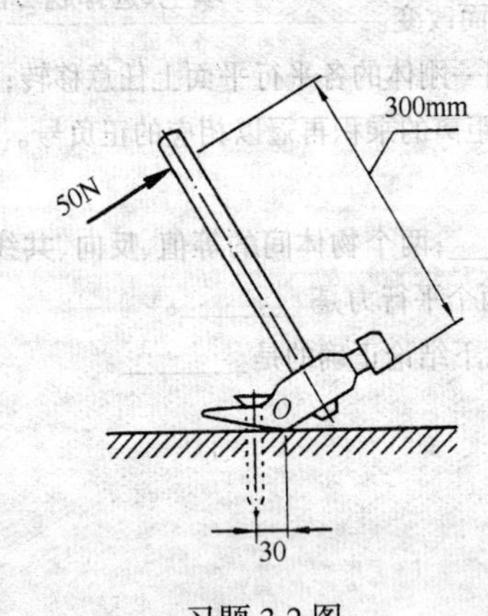

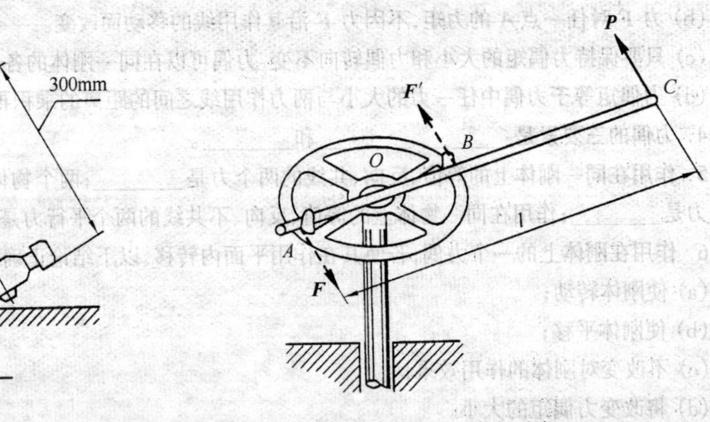

习题 3-2 图　　　　习题 3-3 图

第四章　平 面 一 般 力 系

作用线位于同一平面内，但不全相交于一点，也不全互相平行的一些力所组成的力系，称为平面一般力系，简称为平面力系。显然，前述平面汇交力系及平面力偶系，都是平面力系的特殊情况。

在工程中有很多结构，其厚度远小于其他两个方向上的尺寸，以致可忽略其厚度而将它们视为平面结构。在平面结构上作用的各力，一般都在同一平面内，如图 4-1 所示的三角形屋架，受到屋面传来的竖向荷载 $\boldsymbol{P}$、风荷载 $\boldsymbol{Q}$ 和两端支座的约束反力 $\boldsymbol{X}_{\mathrm{A}}$、$\boldsymbol{Y}_{\mathrm{A}}$、$\boldsymbol{R}_{\mathrm{B}}$ 的作用，这些力都在屋架平面内，组成平面一般力系。

还有些结构的受力虽然并不在同一平面内，但只要结构本身(包括支座)及其所承受的荷载具有一个共同的纵向对称面，那么，作用在结构上的力系也可以简化为在其纵向对称面内的平面力系。例如，如图 4-2 所示沿直线行驶的汽车，受到的重力 $\boldsymbol{G}$、空气阻力 $\boldsymbol{F}$ 以及地面对前、后两轮约束反力的合力 $\boldsymbol{R}_{\mathrm{A}}$ 和 $\boldsymbol{R}_{\mathrm{B}}$，就可简化到汽车的纵向对称面内作为平面一般力系来研究。

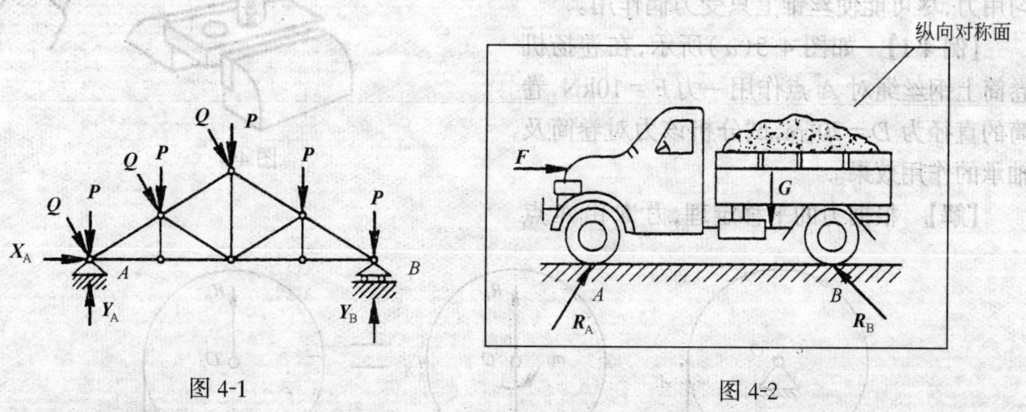

图 4-1　　　　图 4-2

平面一般力系是工程实际中最常见也是最重要的一种力系。因此，分析和解决平面一般力系问题的方法，具有实际而普遍的重要意义。

本章主要研究平面一般力系的简化和平衡问题。对于平面一般力系的简化，同样可以采用几何法；但常用的方法是通过下面介绍的力的平移定理，先将平面一般力系简化为平面汇交力系和平面力偶系两个简单力系，进而再将这两个力系分别合成，以求得原力系的简化结果。利用力的平移定理对力系进行简化的方法不仅适用于平面力系，同样也适用于空间力系。

第一节　力的平移定理

力的平移定理是平面一般力系简化的理论依据。

力的平移定理：作用于刚体上的力，可以平行移动到同一刚体上的任一点，但必须同时附加一个力偶，其力偶矩等于原来的力对新作用点之矩。如图 4-3 所示。

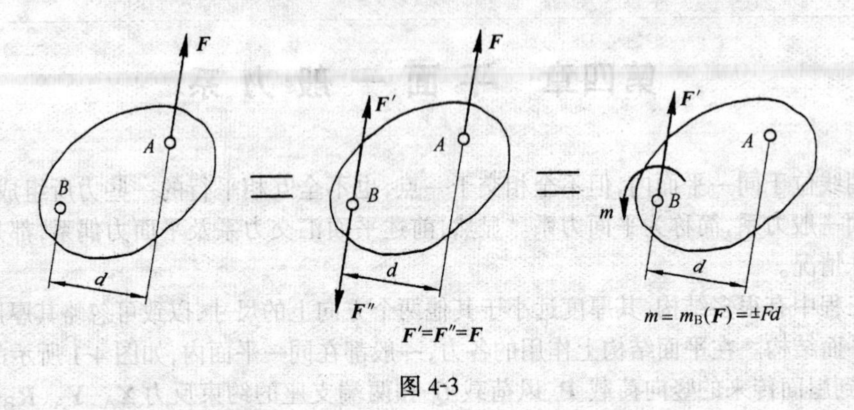

图 4-3

应用：如果只在铰杠的一端施力（图 4-4），可将 $\boldsymbol{F}$ 力平移到丝锥中心 O 点，但必须同时附加一力偶 $m = Fd$，显然力偶 m 使丝锥转动，而力 $\boldsymbol{F}'$ 则可能使丝锥因弯曲而折断。在用丝锥攻丝时，必须在铰杠的两端均匀用力，尽可能使丝锥上只受力偶作用。

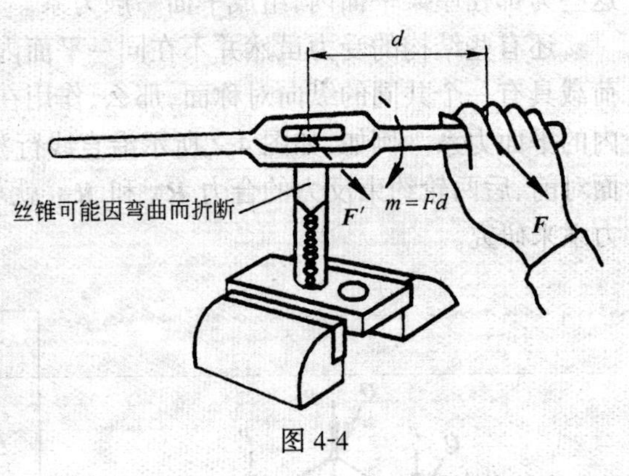

图 4-4

【例 4-1】 如图 4-5(a)所示，在卷扬机卷筒上钢丝绳对 A 点作用一力 $F = 10\text{kN}$，卷筒的直径为 $D = 20\text{cm}$，试分析该力对卷筒及轴承的作用效果。

【解】 根据力的平移定理，力 $\boldsymbol{F}$ 由 A 点

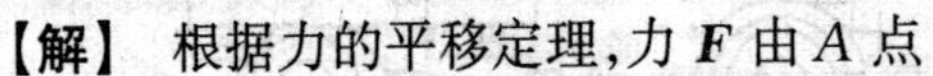

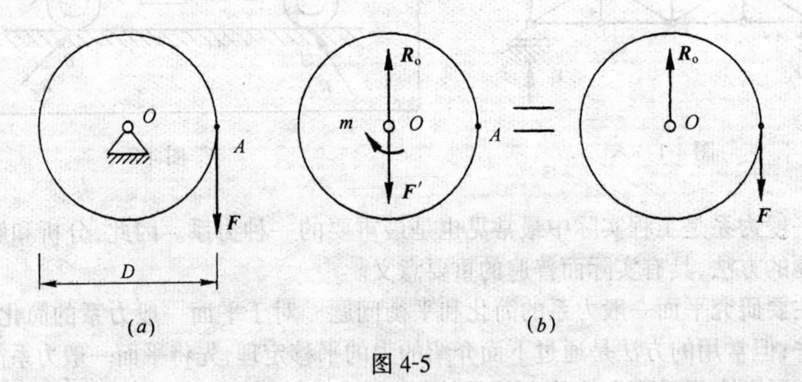

图 4-5

平移到轮心 O 点得力 $\boldsymbol{F}'$，同时还须附加一个力偶 m，如图 4-5(b)所示，其力偶矩等于原力 $\boldsymbol{F}$ 对 O 点的矩，即

$$m = m_O(\boldsymbol{F}) = -F \cdot \frac{D}{2} = -10 \times \frac{0.2}{2} = -1\text{kN} \cdot \text{m}$$

负号表示附加力偶的转向是顺时针方向。可见，力 $\boldsymbol{F}$ 不仅可以使卷筒在力偶的作用下产生顺时针方向的转动趋势，同时还对轴承有一个因 $\boldsymbol{F}'$ 产生的压力，其值为

$F' = F = 10$ kN,$\boldsymbol{F}'$有使卷筒沿 $\boldsymbol{F}'$方向移动的趋势。但由于轴承 O 的支座反力 $\boldsymbol{R}_O$ 与之相平衡,才没有使卷筒产生移动。综上可知:卷筒受力偶 m 即($\boldsymbol{F},\boldsymbol{R}_O$)作用发生转动,且力 $\boldsymbol{F}'$对轴承产生压力作用。

第二节　平面一般力系向作用面内任一点简化

一、简化方法和结果

设在某一物体上作用着平面一般力系 $\boldsymbol{F}_1$、$\boldsymbol{F}_2$、…、$\boldsymbol{F}_n$,如图 4-6(a)所示。为了将这一力系简化,在其作用面内任取一点 O,称为简化中心。根据力的平移定理,将力系中各力都平移到 O 点,就得到平面汇交力系 $\boldsymbol{F}'_1$、$\boldsymbol{F}'_2$、…、$\boldsymbol{F}'_n$ 和力偶矩为 m_1、m_2、…、m_n 的附加的平面力偶系,如图 4-6(b)、图 4-6(c)所示,且有

$$\boldsymbol{F}'_1 = \boldsymbol{F}_1 \qquad m_1 = m_O(\boldsymbol{F}_1)$$

$$\boldsymbol{F}'_2 = \boldsymbol{F}_2 \qquad m_2 = m_O(\boldsymbol{F}_2)$$

……

$$\boldsymbol{F}'_n = \boldsymbol{F}_n \qquad m_n = m_O(\boldsymbol{F}_n)$$

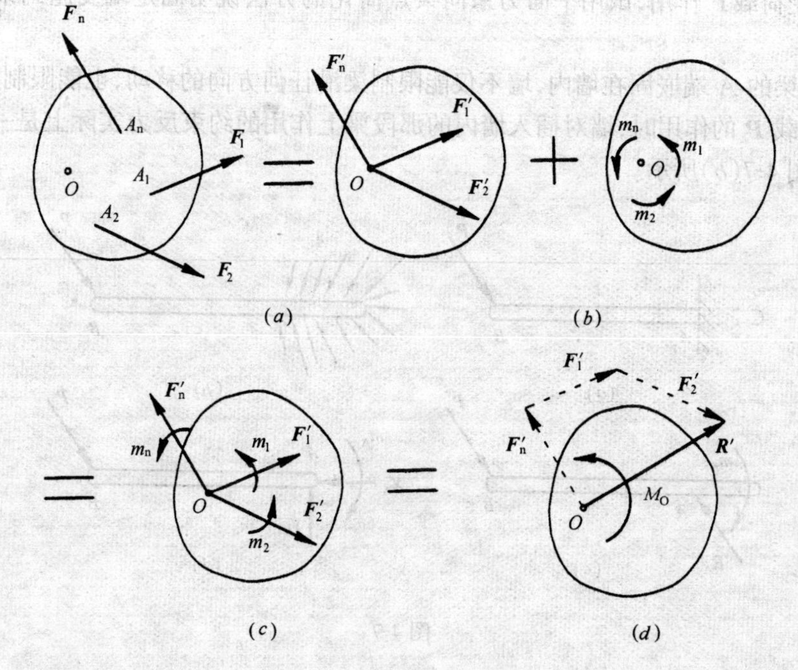

图 4-6

然后将平面汇交力系及平面力偶系分别合成。这样,原力系便简化为作用于 O 点的一个力 R'和力偶矩为 M_O 的一个力偶,如图 4-6(c)、图 4-6(d)所示。这就是平面一般力系向作用面内任一点的简化结果。

二、主矢和主矩

由平面汇交力系合成的力多边形法则可知,$\boldsymbol{F}'_1$、$\boldsymbol{F}'_2$、…、$\boldsymbol{F}'_n$ 可合成为一个作用于 O 点的力 $\boldsymbol{R}'$,并称为原力系的主矢量(简称主矢),即

$$R' = F'_1 + F'_2 + \cdots + F'_n = F_1 + F_2 + \cdots + F_n = \Sigma F_i \quad (4\text{-}1)$$

求主矢 $\boldsymbol{R}'$的大小和方向,可应用解析法。显然,主矢与简化中心的位置无关,即不论取哪一点为简化中心,主矢都是一样的。

由平面力偶系的合成可知,M_O 等于所有各附加力偶矩的代数和,即

$$M_O = m_1 + m_2 + \cdots + m_n = m_O(F_1) + m_O(F_2) + \cdots + m_O(F_n) = \Sigma m_O(F_i) \quad (4\text{-}2)$$

力偶矩 M_O 称为原力系对于简化中心 O 的主矩。因改变简化中心位置时,各附加力偶的力偶臂将相应地改变,所以主矩一般与简化中心的位置有关,故主矩必须标明简化中心。例如,用 M_O 或 M_A 来分别表示以 O 点或 A 点为简化中心的主矩。

综上所述可知:平面一般力系向作用面内任一点简化的结果是一个力和一个力偶。这个力作用在简化中心,称为原力系的主矢,并等于原力系中各力的矢量和;这个力偶的力偶矩称为原力系对简化中心的主矩,并等于原力系各力对简化中心的力矩的代数和。

应该注意,主矢和主矩二者的作用总和才能代表原力系对物体的作用。因此,主矢 $\boldsymbol{R}'$一般不是原力系的合力,主矩 M_O 也不是原力系的合力偶矩,只有主矢 $\boldsymbol{R}'$和主矩 M_O 二者联合作用,才与原平面一般力系等效。

【例 4-2】 由图 1-27 管道支架简化为图 4-7(a)所示,管道支架简化为梁 AB,A 端是固定端,B 端受荷载 $\boldsymbol{P}$ 作用,试用平面力系向某点简化的方法说明固定端支座约束反力的情况。

【解】 梁的 A 端嵌固在墙内,墙不仅能限制梁沿任何方向的移动,也能限制梁的转动。当梁受到荷载 $\boldsymbol{P}$ 的作用时,墙对插入墙内的那段梁上作用的约束反力实际上是一个平面一般力系,如图 4-7(b)所示。

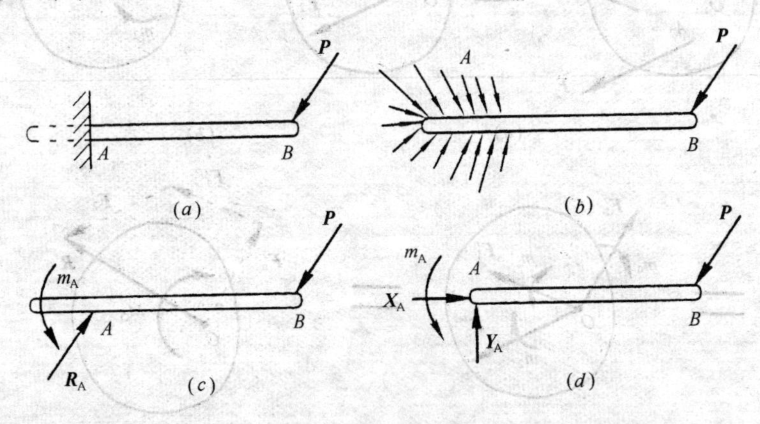

图 4-7

将该力系向梁上 A 点简化,就得到一个力 $\boldsymbol{R}_A$ 和一个力偶矩为 m_A 的力偶,如图 4-7(c)。一般情况下,反力的大小和方向以及力偶矩 m_A 的大小和转向都是未知量,对 $\boldsymbol{R}_A$ 可用两个相互垂直的未知分力 $\boldsymbol{X}_A$、$\boldsymbol{Y}_A$ 来代替。因此,在平面力系情况下,固定端支座的约束反力可用两个约束反力 $\boldsymbol{X}_A$、$\boldsymbol{Y}_A$ 和一个力偶矩为 m_A 的约束反力偶来表示,它们的指向都是假定的,如图 4-7(d)所示。

在工程上,有的柱子下端用地脚螺栓与基础连接时,若基础坚实,变形很小,都可看做固定端支座。

如果梁端部插入墙内很浅(与梁全长相比较),墙对梁不能起嵌固作用,则不能当作固定端支座,而应看成固定铰支座或活动铰支座。

三、平面一般力系简化结果的讨论

将平面一般力系向任一点简化后,其简化结果可能出现下列四种情况。

1. 如果 $\boldsymbol{R}'=0, M_O \neq 0$,则原力系简化为一力偶,其力偶矩等于主矩。

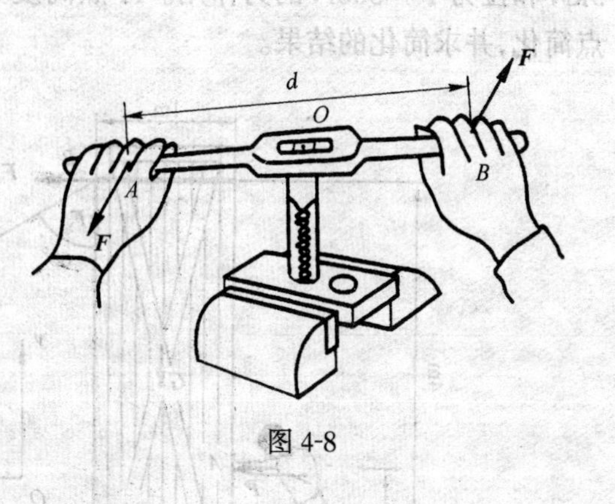

图 4-8

图 4-8 所示在用丝锥攻丝时,在铰杠的两端均匀用力,$F=F'$,$\boldsymbol{F}$ 和 $\boldsymbol{F}'$ 组成一个平面力系。当 $\boldsymbol{F}$ 和 $\boldsymbol{F}'$ 向点 O 简化时,其主矢 $\boldsymbol{R}'=F-F'=0$,力偶 $m=F\times d/2+F'\times d/2=F\times d$。若 $\boldsymbol{F}$ 和 $\boldsymbol{F}'$ 向点 A 简化时,其主矢 $\boldsymbol{R}'=F-F'=0$,力偶 $m=F\times 0+F'\times d=F\times d$。

因此,简化结果($m=F\times d$)与简化中心的位置无关。也就是说,无论向哪一点简化,都是一个力偶,而且力偶矩保持不变。

2. 如果 $\boldsymbol{R}'\neq 0, M_O=0$,则主矢 $\boldsymbol{R}'$ 就是原力系的合力。合力的作用线通过简化中心。

3. 如果 $\boldsymbol{R}'\neq 0, M_O\neq 0$,则原力系可以合成一个合力 $\boldsymbol{R}$,合力的作用线不通过简化中心。图 4-9 所示,$\boldsymbol{R}'=\boldsymbol{R}$,合力的作用线与简化中心 O 的距离为

$$d=\frac{|M_O|}{R'}$$

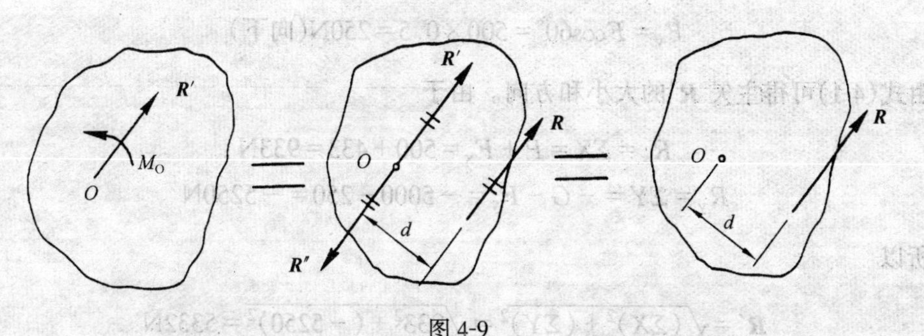

图 4-9

由图 4-9 可知,合力 R 对 O 点之矩为

$$m_O(\boldsymbol{R})=Rd$$

另一方面 M_O 又是力系向 O 点简化的主矩,即

$$M_O=m_O(\boldsymbol{F})$$

所以
$$m_O(\boldsymbol{R})=m_O(\boldsymbol{F}) \tag{4-3}$$

上式表明平面一般力系合力 $\boldsymbol{R}$ 对于 O 点之矩,等于各力对于同一点之矩的代数和。这就是**合力矩定理**。以后我们常用到它。

4. 如果 $\boldsymbol{R}'=0, M_O=0$,则力系处于平衡状态。

综上所述,平面一般力系在不平衡时的最终合成结果只有两种情况:可能是一个合力,也可能是一个合力偶。

应该指出,不论最终合成结果是哪种情况,最终结果均与简化中心无关。

【例 4-3】 放在地面上的设备箱如图 4-10 所示,受到推力 $P=500\text{N}$、设备箱重力 $G=5\text{kN}$ 和拉力 $F=500\text{N}$ 的力作用。A 点高度为 1m,B 点高度为 4m。试将三个力向底面 O 点简化,并求简化的结果。

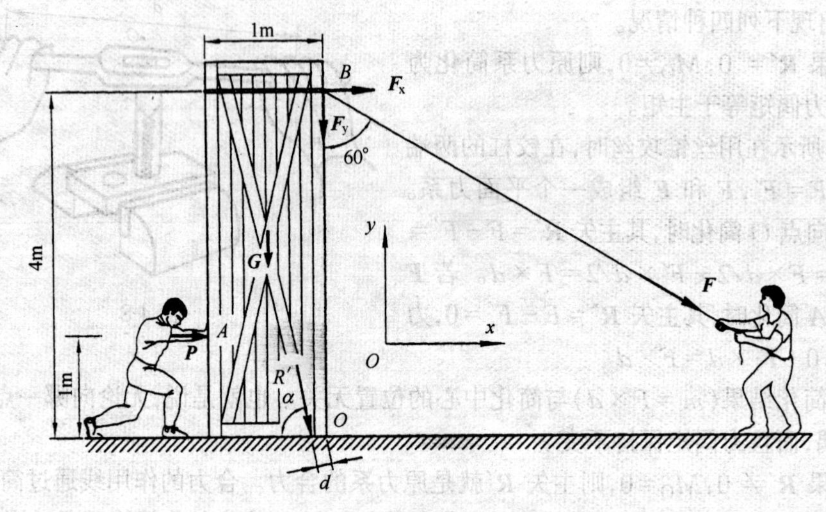

图 4-10

【解】 将力 $\boldsymbol{F}$ 在点 B 分解为两个分力 $\boldsymbol{F}_x$、$\boldsymbol{F}_y$:

$$F_x = F\sin60° = 500 \times 0.866 = 433\text{N}(\text{向右})$$

$$F_y = F\cos60° = 500 \times 0.5 = 250\text{N}(\text{向下})$$

由式(4-1)可得主矢 $\boldsymbol{R}'$ 的大小和方向。由于

$$R_x = \Sigma X = P + F_x = 500 + 433 = 933\text{N}$$

$$R_y = \Sigma Y = -G - F_y = -5000 - 250 = -5250\text{N}$$

所以

$$\boldsymbol{R}' = \sqrt{(\Sigma X)^2 + (\Sigma Y)^2} = \sqrt{933^2 + (-5250)^2} = 5332\text{N}$$

$$\text{tg}\alpha = \left|\frac{\Sigma Y}{\Sigma X}\right| = \left|\frac{-5250}{933}\right| = 5.627$$

$$\alpha = 79.92°$$

再由式(4-2)可得主矩为

$$M_O = \Sigma m_O(\boldsymbol{F}) = m_O(\boldsymbol{F}_x) + m_O(\boldsymbol{F}_y) + m_O(\boldsymbol{G}) + m_O(\boldsymbol{P})$$

$$= -433 \times 4 - 250 \times 0 + 5 \times 10^3 \times 0.5 - 500 \times 1$$

$$= 268\text{N}\cdot\text{m}$$

因为 $\boldsymbol{R}' \neq 0, M_O \neq 0$,所以还可以进一步将主矢 $\boldsymbol{R}'$ 和主矩 M_O 合成为一个合力 $\boldsymbol{R}$。$\boldsymbol{R}$ 的大小、方向与主矢 $\boldsymbol{R}'$ 相同,它的作用线与 O 点距离为

$$d = \frac{|M_O|}{R'} = \frac{268}{5332} = 0.05\text{m}$$

第三节　平面一般力系平衡方程及其应用

一、平面一般力系的平衡条件

前一节曾讨论过，当 $\boldsymbol{R}'=0, M_O=0$ 时，平面一般力系一定是平衡力系。所以 $\boldsymbol{R}'=0$，且 $M_O=0$ 是平面一般力系平衡的充分条件。

反之，如果力系平衡，则必然有 $\boldsymbol{R}'=0, M_O=0$，所以 $\boldsymbol{R}'=0$ 和 $M_O=0$，也是平面一般力系平衡的必要条件。

因此，平面一般力系平衡的必要和充分条件是力系的主矢和力系对作用面内任一点的主矩都等于零。即

$$R'=0, M_O=0$$

二、平衡方程的三种形式

1．平衡方程的基本形式

由式(4-1)可知，欲使 $R'=0$，必须且只需 $\Sigma X=0$ 和 $\Sigma Y=0$

由式(4-2)可知，欲使 $M_O=0$，必须且只需 $\Sigma m_O(F)=0$

从而平面一般力系的平衡条件可表达为

$$\left.\begin{array}{l}\Sigma X=0\\ \Sigma Y=0\\ \Sigma m_O(F)=0\end{array}\right\} \qquad (4\text{-}4)$$

于是，平面一般力系平衡的必要与充分条件可表述为：力系中所有各力在两个坐标轴中每一轴上的投影的代数和都等于零；力系中所有各力对平面上任一点的力矩的代数和等于零。

式(4-4)称为**平面一般力系平衡方程的基本形式**。其中前两式称为投影方程，第三式称为力矩方程。对于投影方程可以理解为：物体在力系作用下沿 x 轴和 y 轴方向不可能移动；对于力矩方程可以理解为：物体在力系作用下不可能绕任一矩心转动。当物体所受的力满足这三个平衡方程时，物体既不能移动，也不能转动，这就只能处于平衡状态。以上三个方程彼此独立，用这组方程可求解三个未知量。在此，x 轴和 y 轴只要不相平行即可，不一定要相互垂直。

2．二矩式平衡方程

在力系作用面内任取两点 A、B 及 x 轴，如图 4-11 所示，可以将平面一般力系的平衡方程可改写成两个力矩方程和一个投影方程的形式，即

$$\left.\begin{array}{l}\Sigma m_A(\boldsymbol{F})=0\\ \Sigma m_B(\boldsymbol{F})=0\\ \Sigma x=0\end{array}\right\} \qquad (4\text{-}5)$$

式中 x 轴不与 A、B 两点的连线垂直。

3．三力矩式的平衡方程

在力系作用面内任意取三个不在一直线上的点 A、B、C，如图 4-12 所示，则

$$\left.\begin{array}{l}\Sigma m_A(\boldsymbol{F})=0\\ \Sigma m_B(\boldsymbol{F})=0\\ \Sigma m_C(\boldsymbol{F})=0\end{array}\right\} \qquad (4\text{-}6)$$

式中 A、B、C 三点不在同一直线上。

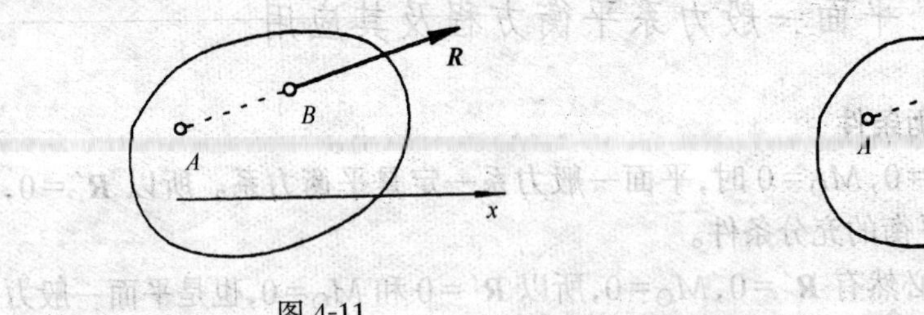

图 4-11

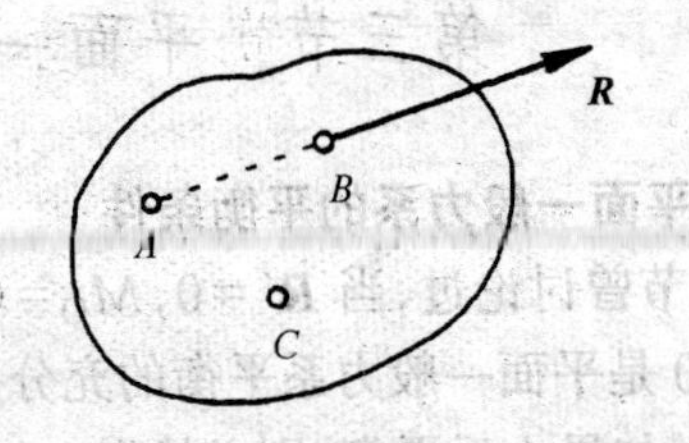

图 4-12

综上所述，(4-4)、(4-5)、(4-6)三组平衡方程，每一组都是平面一般力系平衡的必要与充分条件。然而，灵活地选用适当形式的平衡方程，可简化解题的计算过程。应该明确，对一个平衡的平面一般力系，只能建立三个独立的平衡方程，求解三个未知量。

求解平面一般力系平衡问题的解题步骤与平面汇交力系平衡问题的求解相仿，一般为：

(1) 选取适当的研究对象。

(2) 画出正确的受力图。

(3) 建立合适的坐标系。选坐标轴时应尽量使之与较多的未知力的作用线垂直或平行，以便于求解。

(4) 列出平衡方程求解。选择合适的平衡方程形式、投影轴和矩心，列出相应的平衡方程式，求解未知量。选取何种形式的平衡方程，完全取决于计算的方便与否。在应用投影方程时，投影轴最好与较多未知力的作用线相垂直；应用力矩方程时，矩心往往取在两个未知力的交点上。计算力矩时，要善于灵活地运用合力矩定理，以简化计算。

(5) 校核。一般可利用非独立的平衡方程对计算结果进行校核。

三、平面平行力系的平衡方程

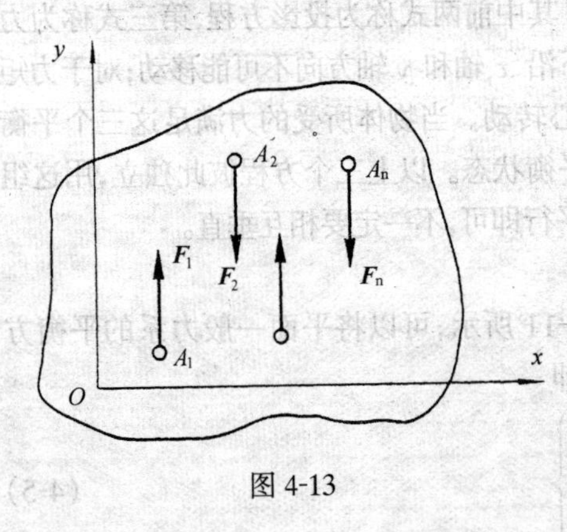

图 4-13

各力的作用线在同一平面内且相互平行的力系称为平面平行力系，显然它是平面一般力系的特殊情况。它的平衡方程可从平面一般力系的平衡方程直接导出。

如图 4-13 所示，设物体上作用的是一个平面平行力系。如果取各力的作用线垂直于 x 轴，各力平行于 y 轴，则各力在 x 轴上的投影恒为零，即 $\Sigma X=0$，则平衡方程只剩下两个独立方程

$$\left.\begin{aligned}\Sigma Y=0\\ \Sigma m_{\mathrm{O}}(\boldsymbol{F})=0\end{aligned}\right\}\tag{4-7}$$

若采用二力矩式(4-5)，可得

$$\left.\begin{aligned}\Sigma m_{\mathrm{A}}(\boldsymbol{F})=0\\ \Sigma m_{\mathrm{B}}(\boldsymbol{F})=0\end{aligned}\right\}\tag{4-8}$$

式中 A、B 两点的连线不与各力作用线平行。

平面平行力系只有两个独立的平衡方程，只能求解两个未知量。

【例 4-4】 已知作用于管道 AB 上的荷载 $F_1=F_2=1\mathrm{kN}$，$F_3=3\mathrm{kN}$，如图 4-14 所示，求管道上荷载的合力大小及其作用线的位置。

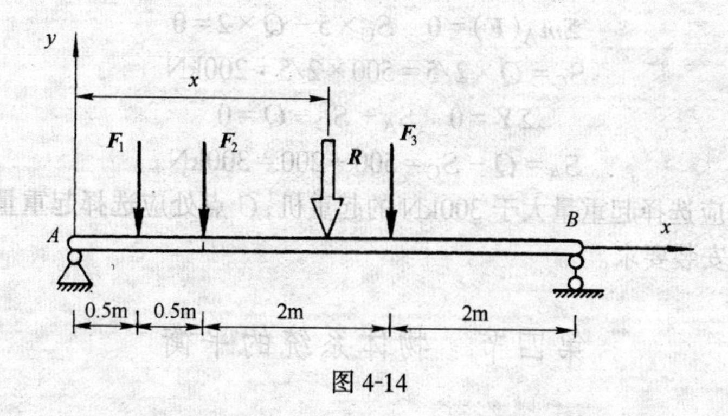

图 4-14

【解】 图中所示各力的指向相同,此平面平行力系肯定有合力。取坐标系如图所示,由于

$$R_x = \Sigma X = 0$$

$$R_y = \Sigma Y = -1-1-3 = -5\text{kN}$$

故合力的大小 $R = 5\text{kN}$,方向竖直向下。

设合力作用线至 A 端的距离为 x,$\boldsymbol{F}_1$、$\boldsymbol{F}_2$、$\boldsymbol{F}_3$ 力作用线至 A 端的距离分别为 x_1、x_2、x_3。根据合力矩定理有

$$-Rx = -F_1x_1 - F_2x_2 - F_3x_3$$

得

$$x = \frac{F_1x_1 + F_2x_2 + F_3x_3}{R} = \frac{1\times0.5 + 1\times1 + 3\times3}{5} = 2.1\text{m}$$

此例所述,即是平面平行力系合成的方法。

【例 4-5】 使用两台起重机通过横梁上两处吊点提升 $Q = 500\text{kN}$ 的设备(如图 4-15(a)所示),横梁 B 点悬挂设备,$AB = 2\text{m}$,$BC = 3\text{m}$,试确定 A、B 吊点处需要多大起重量的起重机才能提升设备。

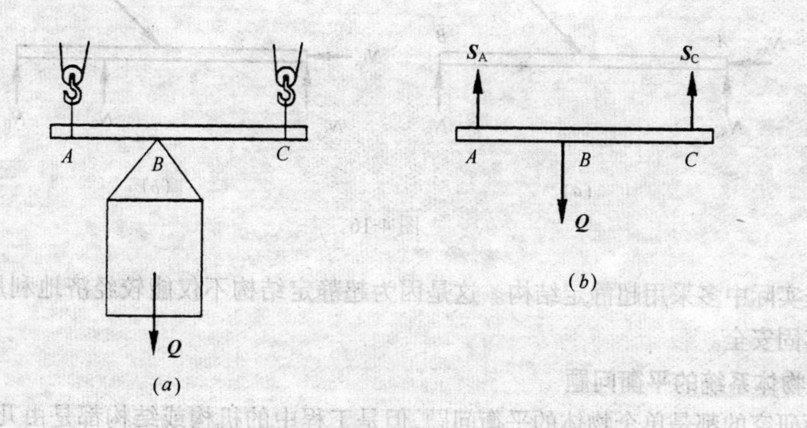

图 4-15

【解】 提升设备时,横梁处于平衡状态。A、C 两点的约束反力 $\boldsymbol{S}_A$、$\boldsymbol{S}_C$ 为两台起重机的吊钩起重量。取横梁 ABC 为研究对象,画出其受力图(见图 4-15(b)),并取坐标系。

由 $$\Sigma m_A(\boldsymbol{F})=0 \quad S_C\times5-Q\times2=0$$

得 $$S_C=Q\times2/5=500\times2/5=200\text{kN}$$

由 $$\Sigma Y=0 \quad S_A+S_C-Q=0$$

得 $$S_A=Q-S_C=500-200=300\text{kN}$$

所以，A 点处应选择起重量大于 300kN 的起重机，C 点处应选择起重量大于 200kN 的起重机，才能满足安装要求。

第四节　物体系统的平衡

一、静定和静不定概念

对于一个物体，如能列出的独立平衡方程式个数与未知量个数相同，全部未知量可通过静力平衡方程求出，这类问题称为静定问题。

工程上有许多构件或结构，为了提高其强度和刚度，往往增加约束，因而未知量个数超过平衡方程个数，单用静力平衡方程式不可能求出所有的未知量，这类问题称为静不定问题或超静定问题。

在图 4-16(a)所示的热力管道中，管道在平面任意力系作用下处于平衡状态，有三个未知力，能够列出的独立的平衡方程式也是三个($\boldsymbol{N}_{Ax}$、$\boldsymbol{N}_{Ay}$、$\boldsymbol{N}_B$)，因而是静定问题。但为了减小支架的距离，在图 4-16(a)中再添加一个活动铰支座 C(图 4-16(b))，则未知力总共有四个($\boldsymbol{N}_{Ax}$、$\boldsymbol{N}_{Ay}$、$\boldsymbol{N}_B$、$\boldsymbol{N}_C$)，因而是静不定问题。

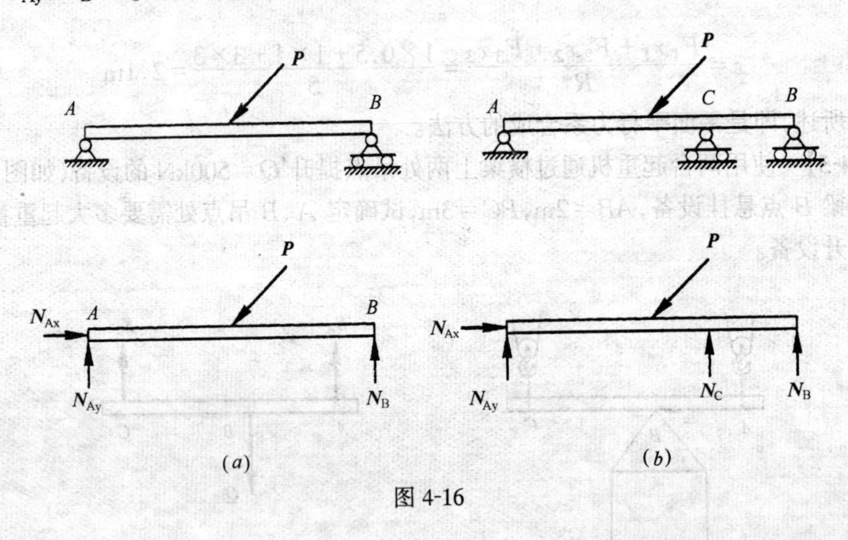

图 4-16

工程实际中多采用超静定结构。这是因为超静定结构不仅能较经济地利用材料，而且也更加牢固安全。

二、物体系统的平衡问题

前面研究的都是单个物体的平衡问题，但是工程中的机构或结构都是由几个物体组成一个物体系统。当整个系统平衡时，组成该系统的每一个物体也都平衡。

研究物体系统的平衡问题，不仅要求出所受的外力，而且还要求出系统内部各物体之间相互作用的内力，这就需要将系统中某个物体或几个物体的组合分离出来单独研究，才能求出全部未知力。

为此，把作用在物体系统上的力分为外力和内力。所谓外力，就是系统以外的物体作用在这系统上的力；所谓内力，就是在同一系统内各物体之间相互作用的力。外力和内力的概念是相对的，取决于所选取的研究对象。

求解物体系统的平衡问题，就是计算出系统的内、外约束反力。解决问题的关键在于恰当地选取研究对象，一般可采用两种方法：

方法 1 先取整个物体系统，再取其中某部分物体（一个物体或几个物体的组合）作为研究对象。即先整体，后拆开。

方法 2 先取某部分物体，再取其他部分物体或整体作为研究对象。

不论取整个物体系统还是系统中某一部分作为研究对象，都可根据研究对象所受的力系的类别列出相应的平衡方程去求解未知量。

下面举例说明求解物体系统平衡问题的方法。

【例 4-6】 安装用的人字梯可简化成由 BC、AC 两杆在 C 点铰接，又在 D、E 两点用水平绳连接。梯子放在光滑的水平面上，安装工人由下向上攀登至 H 点。已知人的重量 $P=600\text{N}$，$AC=BC=3\text{m}$，$CD=CE=2\text{m}$，$CH=1\text{m}$，$\alpha=45°$，梯子自重不计，如图 4-17 所示。求绳子的张力和铰链 C 的约束反力。

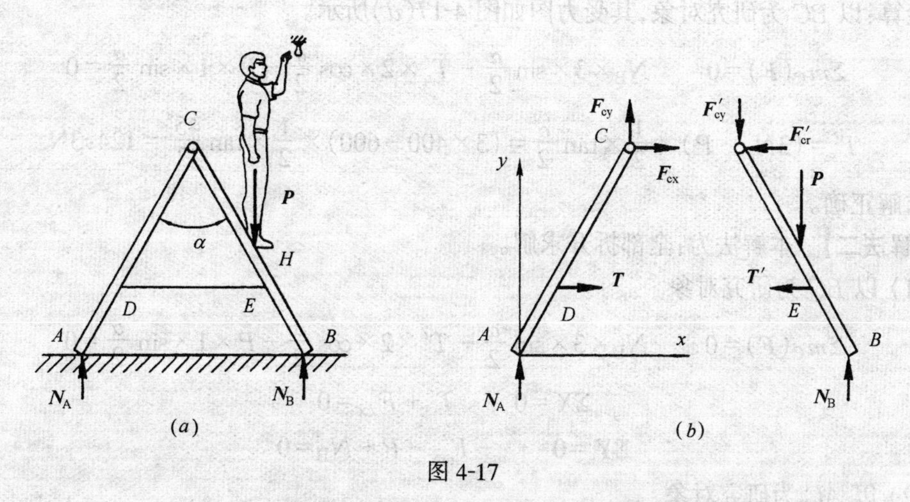

图 4-17

【解法一】 本解法为：先整体，后拆开。选取研究对象时，应先从有已知力并且未知力不超过三个的物体或物体系统入手。

(1) 选取整个系统作为研究对象

1) 画受力图如图 4-17(a)所示。受力有主动力 $\boldsymbol{P}$、约束反力 $\boldsymbol{N}_A$ 和 $\boldsymbol{N}_B$（光滑面约束）。

2) 选取坐标系如图 4-17(b)所示。

3) 列平衡方程并求解

$$\Sigma m_B(\boldsymbol{F})=0 \qquad P\times2\times\sin\frac{\alpha}{2}-N_A\times2\times3\times\sin\frac{\alpha}{2}=0$$

$$N_A=\frac{2P}{6}=\frac{2\times600}{6}=200\text{N}(\uparrow)$$

$$\Sigma Y=0 \qquad N_A+N_B-P=0$$

$$N_B = P - N_A = 600 - 200 = 400\text{N}(\uparrow)$$

(2) 为求绳子的张力和铰链 C 所受到的力,再将梯子拆开,取 AC 为研究对象。

1) 画受力图如图 4-17(b)所示,选取坐标系。

2) 列平衡方程并求解

$$\Sigma m_C(\boldsymbol{F}) = 0 \quad T \times 2 \times \cos\frac{\alpha}{2} - N_A \times 3 \times \sin\frac{\alpha}{2} = 0$$

$$T = 3N_A \frac{\sin\frac{\alpha}{2}}{2\cos\frac{\alpha}{2}} = 1.5N_A \tan\frac{\alpha}{2} = 1.5 \times 200 \times \tan\frac{\alpha}{2} = 124.3\text{N}$$

$$\Sigma X = 0 \qquad T + F_{cx} = 0$$

$$F_{cx} = -T = -124.3\text{N}(\leftarrow)$$

$$\Sigma Y = 0 \qquad N_A + F_{cy} = 0$$

$$F_{cy} = -N_A = -200\text{N}(\downarrow)$$

由于物体系统平衡问题的计算比较复杂,故应进行验算。方法是:取另一杆 BC 为研究对象,如果计算出的约束反力与前面的约束反力绝对值相等,则求解正确。

验算:以 BC 为研究对象,其受力图如图 4-17(d)所示。

$$\Sigma m_C(\boldsymbol{F}) = 0 \qquad N_B \times 3 \times \sin\frac{\alpha}{2} - T' \times 2 \times \cos\frac{\alpha}{2} - P \times 1 \times \sin\frac{\alpha}{2} = 0$$

$$T' = (3N_B - P) \times \frac{1}{2} \times \tan\frac{\alpha}{2} = (3 \times 400 - 600) \times \frac{1}{2} \times \tan\frac{45°}{2} = 124.3\text{N}$$

求解正确。

【解法二】 本解法为:全部拆开求解。

(1) 以 BC 为研究对象

$$\Sigma m_C(\boldsymbol{F}) = 0 \qquad N_B \times 3 \times \sin\frac{\alpha}{2} - T' \times 2 \times \cos\frac{\alpha}{2} - P \times 1 \times \sin\frac{\alpha}{2} = 0$$

$$\Sigma X = 0 \qquad T' + F'_{cx} = 0$$

$$\Sigma Y = 0 \qquad -F'_{cy} - P + N_B = 0$$

(2) 以 AC 为研究对象

$$\Sigma m_C(\boldsymbol{F}) = 0 \qquad T \times 2 \times \cos\frac{\alpha}{2} - N_A \times 3 \times \sin\frac{\alpha}{2} = 0$$

$$\Sigma X = 0 \qquad F_{cx} + T = 0$$

$$\Sigma Y = 0 \qquad N_A + F_{cy} = 0$$

(3) 补充方程 $T = T'$, $F_{cx} = F'_{cx}$, $F_{cy} = F'_{cy}$

解上述联立方程组即可。

从以上可以看出解法二比解法一要麻烦得多。

小　结

本章讨论了平面一般力系的简化和平衡条件。

一、力的平移定理

作用于刚体上的力,可以平行移动到同一刚体上的任一点,但必须同时附加一个力偶,其力偶矩等于原来的力对新作用点之矩。力的平移定理是平面一般力系简化的理论依据。

二、平面一般力系向作用面内任一点简化

平面一般力系向作用面内任一点简化结果是得到一个主矢和一个主矩。主矢和主矩一般不是原力系的合力和合力偶矩。因此,无论主矢还是主矩,一般不能与原力系等效,只有二者联合作用才与原力系等效。

三、平面力系的平衡方程

1. 平面一般力系平衡方程

(1) 基本式

$$\left.\begin{aligned}\Sigma X=0\\ \Sigma Y=0\\ m_O(F)=0\end{aligned}\right\}\quad x \text{ 轴与 } y \text{ 轴不平行}$$

(2) 二矩式

$$\left.\begin{aligned}\Sigma m_A(\boldsymbol{F})=0\\ \Sigma m_B(\boldsymbol{F})=0\\ \Sigma X=0\end{aligned}\right\}\quad x \text{ 轴不与 } A、B \text{ 两点的连线垂直}$$

(3) 三力矩式

$$\left.\begin{aligned}\Sigma m_A(\boldsymbol{F})=0\\ \Sigma m_B(\boldsymbol{F})=0\\ \Sigma m_C(\boldsymbol{F})=0\end{aligned}\right\}\quad A、B、C \text{ 三点不在同一直线上}$$

2. 平面平行力系的平衡方程

$$\left.\begin{aligned}\Sigma Y=0\\ \Sigma m_O(\boldsymbol{F})=0\end{aligned}\right\}$$

3. 平衡方程的应用

应用平面力系的平衡方程,可以求解单个物体及物体系统的平衡问题。解题步骤一般为:

(1) 选取适当的研究对象。

(2) 画出正确的受力图。

(3) 建立合适的坐标系。

(4) 列出平衡方程求解。

(5) 校核。

标准化练习题

一、选择题

1. 设平面一般力系向某点简化得到一合力偶,如另选适当的简化中心,( )将力系简化为一合力。

a. 能; b. 不能; c. 不一定能

2. 平面一般力系是指各力的作用线( )。

a. 任意分布; b. 在同一直线上; c. 互相平行

3. 由力的平移定理可知，一个力在平移时分解成为(　　)。

a. 两个力；　　b. 一个力和一个力偶；　　c. 一个力和一个力矩

4. 平面一般力系的力多边形首尾相接，自行封闭，则表明力系(　　)。

a. 合力等于零；　　b. 一定平衡；　　c. 不一定平衡

d. 简化的主矢等于零，主矩不等于零

5. 分别作用在同一平面上 A、B、C、D 四点的四个力 $\boldsymbol{F}_1$、$\boldsymbol{F}_2$、$\boldsymbol{F}_3$、$\boldsymbol{F}_4$，它的力多边形刚好闭合，如图所示，这个力系简化的最后结果是(　　)。

a. 一定是一个力偶；

b. 一定平衡；

c. 可能是一个力偶也可能平衡；

d. 可能是一个合力，也可能是一个力偶，也可能平衡

6. 如图所示坐标系内的平行力系，其独立平衡方程为(　　)。

a. $\Sigma X=0$　　$\Sigma Y=0$

b. $\Sigma X=0$　　$\Sigma Y=0$　　$m_O(\boldsymbol{F})=0$

c. $\Sigma Y=0$　　$\Sigma m_O(\boldsymbol{F})=0$

F_3 F_4 F_2 F_1

选择题5图

y x O

选择题6图

7. 若平面任意力系向某点简化后合力矩为零，则其合力(　　)。

a. 一定为零；　　b. 一定不为零；　　c. 不一定为零

二、填空题

1. 平面任意力系平衡方程有________种形式，只有________个独立方程，可求解________个未知数。

2. 平面一般力系简化的主矢等于原力系各力的________________，主矩等于原力系各力________________。

3. 平面一般力系平衡条件中，二力矩式的应用条件是________，三力矩式的应用条件是________。

4. 平面一般力系向作用面内任一点简化结果是一个力，称为________和一个力偶，称为________，只有当________时，原力系才能平衡。

5. 平面一般力系向作用面内任一点简化为一主矢 $\boldsymbol{R}'$ 和主矩 M_O。其主矢 $\boldsymbol{R}'$ 的大小和方向与简化中心的位置选取________，主矩 M_O 的大小和转向与简化中心位置选择________。

6. 平面一般力系简化成一合力偶时，力系的________等于零，合力偶矩等于________与简化中心________。

三、判断题

1. 作用在同一平面内的一个力和一个力偶可以合成为一个合力。(　　)

2. 主矩就是平面一般力系的合力偶矩。(　　)

3. 作用在刚体上的力，任意平移力的作用线，不会改变力对刚体的作用效应。(　　)

4. 主矢就是平面一般力系的合力。(　　)

5．力偶矩与矩心位置的选择无关，而主矩就是平面力偶矩的代数和，故主矩与简化中心的选取无关。(　　)

6．平面一般力系向一点简化后所得的主矢与最后简化所得的合力在同一轴上投影相等。(　　)

习　题

4-1　如图所示采用压绳法将管子放入沟槽。已知槽深 2m，边坡(H/A)为 1:0.25，管子重量 $G=1500\text{N}$。不计任何摩擦。当放松绳的拉力方向与水平面夹角为 72°时放松绳的拉力为多大。

4-2　钢丝钳如图所示，若剪断钢丝所需的力为 100N，求加在钳子手把上的力为多大。

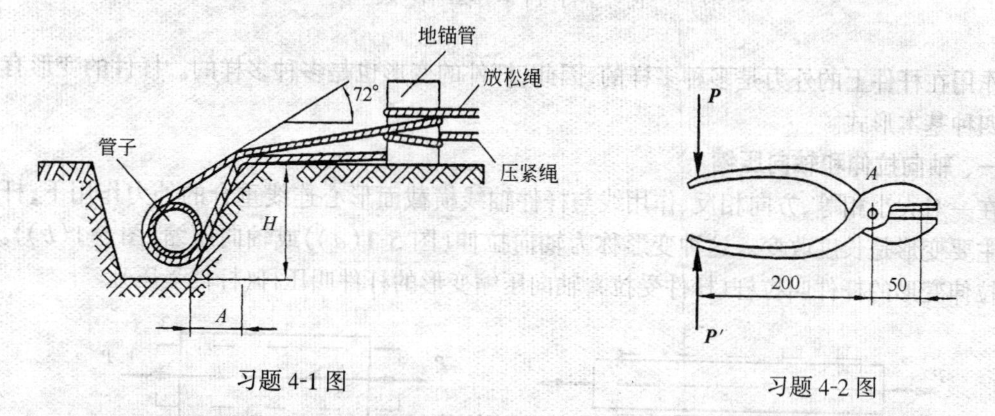

习题 4-1 图　　　　习题 4-2 图

4-3　图示两根外径 $d=250\text{mm}$ 的管道搁置在 T 形支架上，支架的间距 $l=8\text{m}$，已知管道的单位长度重量 $q_O=1.48\text{kN/m}$，管道传给支架的总重 $\boldsymbol{P}$ 作用在支架的 A、B 点；A 处的管道受到由左向右的水平风荷载，沿管道长度风压力 $p=0.1\text{kN/m}$，风力的合力 $\boldsymbol{Q}$ 作用于 A 处管道迎风面的中点；支架的水平风荷载 $q=0.14\text{kN/m}$；支架自重 $G=12\text{kN}$。柱与基础之间用细石混凝土填实。求柱脚 C 处的约束反力。

提示：基础可视为柱的固定端支座。

4-4　如图所示，起重工人为了把高 10m、宽 1.2m、重量 $G=200\text{kN}$ 的管架竖立起来，首先用垫块将其一端垫高 1.56m，而在其另一端用木桩顶住管架，然后再用卷扬机拉起管架。试求当钢丝绳处于水平位置时，钢丝绳的拉力需要多大才能把管架拉起？并求此时木桩对管架的约束反力。

提示：木桩对管架可视为铰链约束。

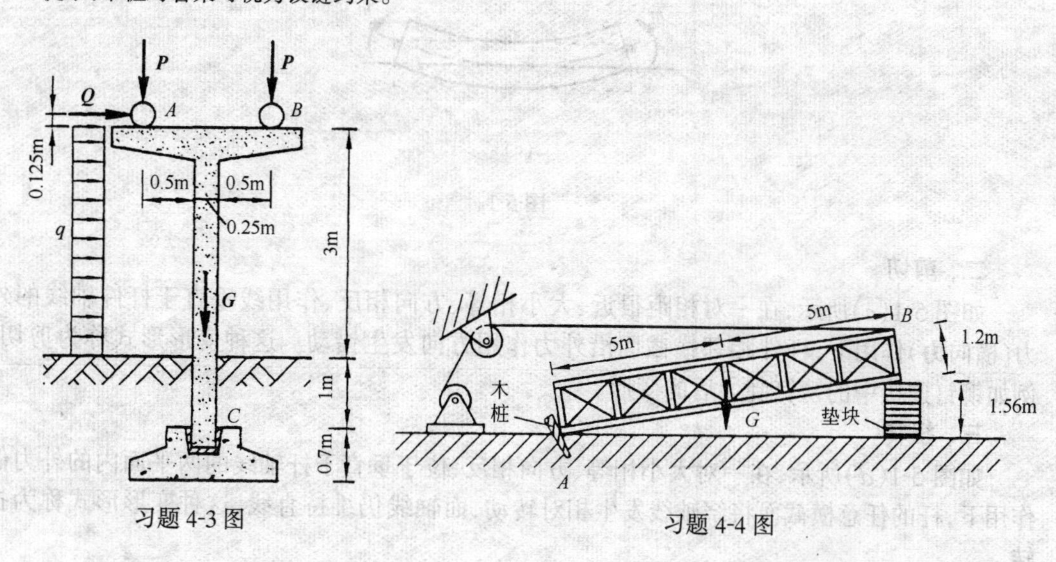

习题 4-3 图　　　　习题 4-4 图

第五章　杆件的基本变形及内力计算

第一节　杆件的基本变形

作用在杆件上的外力是多种多样的，因此，杆件的变形也是多种多样的。杆件的变形有下列四种基本形式。

一、轴向拉伸和轴向压缩

在一对大小相等、方向相反、作用线与杆件轴线横截面形心连线重合的外力作用下，杆件的主要变形是长度改变。这种变形称为轴向拉伸（图 5-1(a)）或轴向压缩（图 5-1(b)）。轴向拉伸变形的杆件叫拉杆（杆件受拉），轴向压缩变形的杆件叫压杆（杆件受压）。

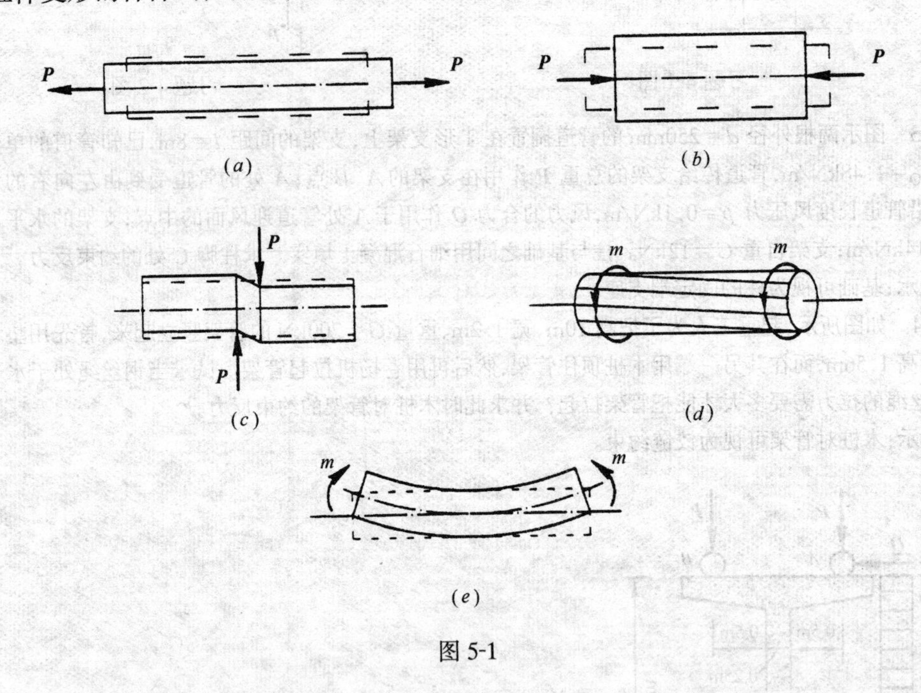

图 5-1

二、剪切

如图 5-1(c)所示，在一对相距很近、大小相等、方向相反、作用线垂直于杆件轴线的外力（横向力）作用下，杆件相邻横截面沿外力作用方向发生错动。这种变形形式称为剪切。例如铆钉连接中的铆钉受力后的变形。

三、扭转

如图 5-1(d)所示，在一对大小相等、方向相反、位于垂直于杆轴线的两平面内的外力偶作用下，杆的任意横截面将绕轴线发生相对转动，而轴线仍维持直线，这种变形形式称为扭转。

四、弯曲

如图 5-1(e)所示，在一对大小相等、方向相反、位于杆的纵向平面内的外力偶作用下，杆件的轴线由直线弯曲成曲线，这种变形形式称为纯弯曲。

对于变形比较复杂的杆件，也只是这几种基本变形的组合。

第二节　内力和截面法

一、内力的概念

杆件受力变形时，构件内部各质点间的相对位置将有变化，各部分之间产生相互作用力，这种内部作用力称内力。荷载增加时，变形也增大，相应地，内力也增大。但荷载作用下构件所产生的变形与内力是有一定限度的，一旦超过这种限度，构件就会破坏。

二、截面法

为了分析构件本身的内力，必须假想地用一横截面将构件切开，分成两部分(图 5-2)，这样内力就转化为外力而显示出来，并可用静力平衡方程将它求出，这种方法称为截面法。用截面法求内力可概括为如下三个步骤：

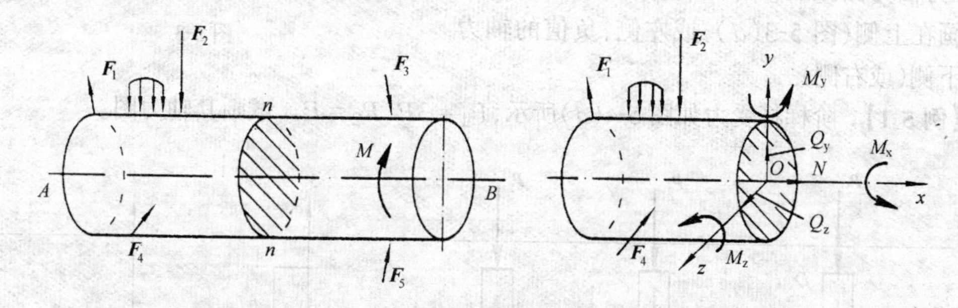

图 5-2

(1) 切：假想地用一横截面将构件沿指定截面切成两部分，舍弃一段，保留一段。

(2) 代：取出任一部分为研究对象，用内力代替弃去部分对保留部分的作用，将相应的内力标在保留部分的截面上。

(3) 平：对保留部分列出静力平衡方程，便可求得相应的内力。

第三节　杆件基本变形的内力计算

一、轴向拉伸和压缩杆件的内力计算

1. 轴力

作用线与杆轴线相重合的内力称为轴力。如图 5-3(a)的拉杆，要确定杆件任一截面 $m—m$ 上的合力，现假想用一横截面将杆沿截面 $m—m$ 截开。现取左段为研究对象(图 5-3(b))，由于杆件原来是处于平衡状态的，所以左段亦必须保持平衡，由平衡条件 $\Sigma X=0$ 可知，截面 $m—m$ 上的分布内力的合力必是与杆件轴线相重合的一个力 $\boldsymbol{N}$，且 $N=P$，其指向背离截面。同样，若取右段为研究对象(图 5-3(c))，可得出相同的结果。

2. 轴力的正负号规定

为了区分拉伸和压缩，对轴力 **N** 的正负号做这样的规定：拉伸时的轴力值为正，称为拉力，其指向是离开截面的；压缩时的轴力值为负，称为压力，其指向是指向截面的。

轴力的单位为牛顿(N)或千牛顿(kN)。

3. 轴力图

当杆件受到两个以上的轴向外力作用时，在杆的不同截面上轴力将不相同，在这种情况下，对杆件进行强度计算时，都要以杆的最大轴力作为依据，为此就必须知道杆的各个横截面上的轴力，以确定最大轴力。为了直观地看出轴力沿横截面位置的变化情况，可按选定的比例尺，用两个坐标轴分别表示横截面的位置和各横截面轴力的大小，绘出表示轴力与截面位置关系的图线，称为轴力图。画轴力图时，习惯上将正值的轴力画在上侧(图 5-3(d))或左侧，负值的轴力画在下侧(或右侧)。

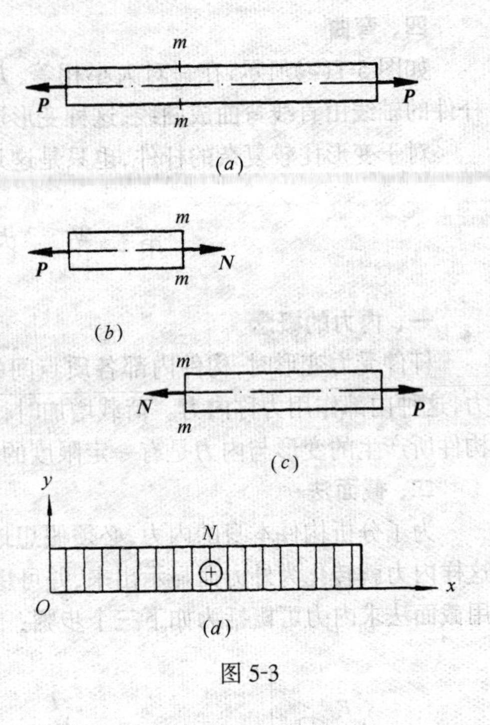

图 5-3

【例 5-1】 阶梯杆受力如图 5-4(a)所示，$P_1=3P$，$P_2=P$。试画其轴力图。

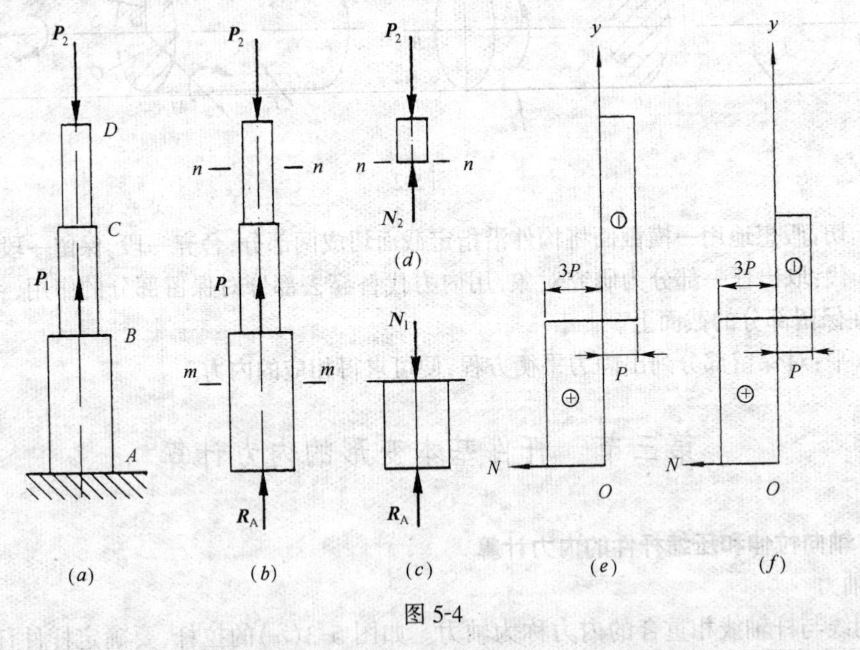

图 5-4

【解】 (1) 求约束反力，取阶梯杆为研究对象，画出其受力图(图 5-4(b)所示)，列平衡方程并求解得

$$\Sigma Y=0 \qquad P_1-P_2+R_A=0$$

$$R_A=P_2-P_1=P-3P=-2P$$

式中负号说明,$\boldsymbol{R}_A$ 的实际方向与假设方向相反,即 $\boldsymbol{R}_A$ 为拉力。

(2) 分段:以外力作用点为分界线,将杆分为 AB 和 BD 两段。

(3) 求各段各截面上的轴力:

AB 段　取任意截面 $m—m$ 之下段为研究对象(见图 5-4(c)),由平衡条件得

$$N_1 = R_A = 2P$$

BD 段　任取一截面 $n—n$ 之上段为研究对象(见图 5-4(d)),由平衡条件得

$$N_2 = P_2 = -P$$

(4) 画轴力图,首先取坐标系 Oxy 坐标。原点与杆下端对应,y 轴平行于杆轴线,x 轴垂直于杆轴线,然后根据上面计算出的数据,按比例作图。由于 AB 和 AB 两段各截面上的轴力均为常量,故轴力图为两条平行于 y 轴的直线。AB 段轴力为正,画在 y 轴左方;BD 段轴力为负,画在 y 轴右方(见图 5-4(e))。

由轴力图可知,虽然 BC 段和 CD 段横截面面积不同,但内力一样。这说明,轴力与杆横截面面积大小无关。

若将顶端的集中力 $\boldsymbol{P}_2$ 沿其作用线移至截面 C 处,轴力图变为(见图 5-4(f))。

二、圆轴扭转时的内力

1. 工程实例

在工程中,受扭杆件是很多的。例如汽车方向盘的操纵杆(图 5-5(a))、机械的传动轴(图 5-5(b))等都主要是受扭的构件。房屋的雨篷梁(图 5-5(c))也有扭转变形。

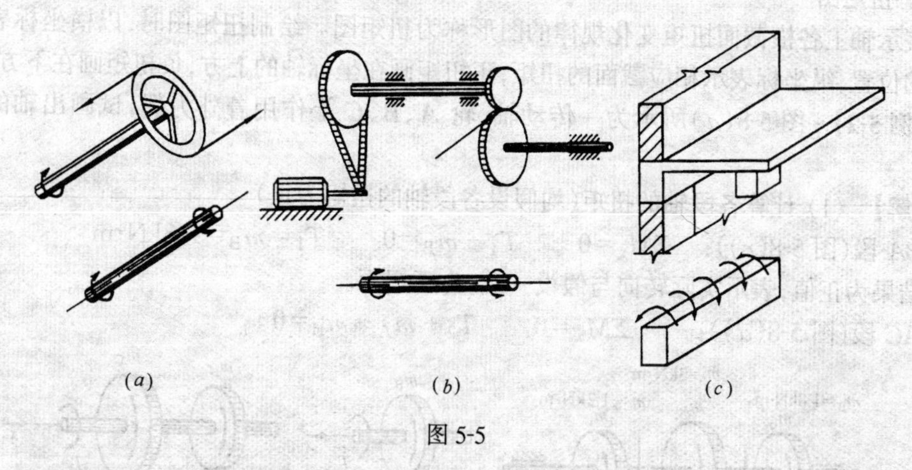

图 5-5

2. 圆轴扭转时横截面上的内力分析。

设有一圆轴在一对外力偶 m_A、m_B 作用下产生扭转变形(图 5-6(a)),现分析任一截面 C 处的内力。应用截面法,假想在截面 C 处将杆件截开,取左段为研究对象(图 5-6(b))。为了保持平衡,横截面上必然存在一个内力偶 T 与外力偶 m_A 相互平衡。即 $T = m_A$

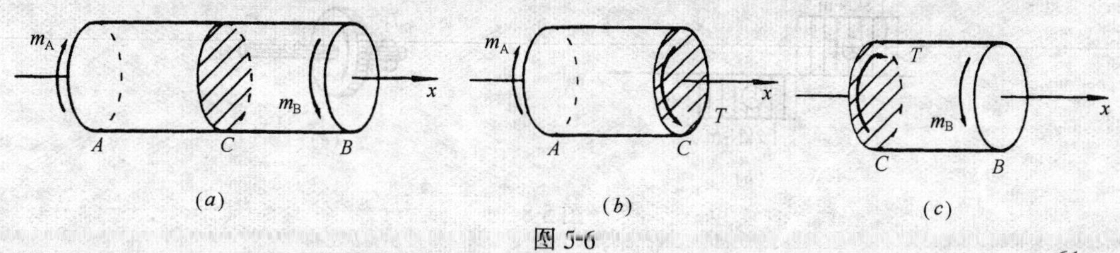

图 5-6

杆件受扭时,在横截面上产生的内力偶矩 T 称为扭矩。如果取右段为研究对象(图 5-6(c))也可得到同样的结果。

3. 扭矩的符号规定

为了使从左、右两段求得同一截面上的扭矩有同样的正、负号,对扭矩 T 作如下的正、负规定:以右手四指表示扭矩的转向,若大拇指的指向离开截面时,扭矩为正(图 5-7(a));反之,大拇指指向截面时,扭矩为负(图 5-7(b))。

扭矩的常用单位为 N·m 或 kN·m。

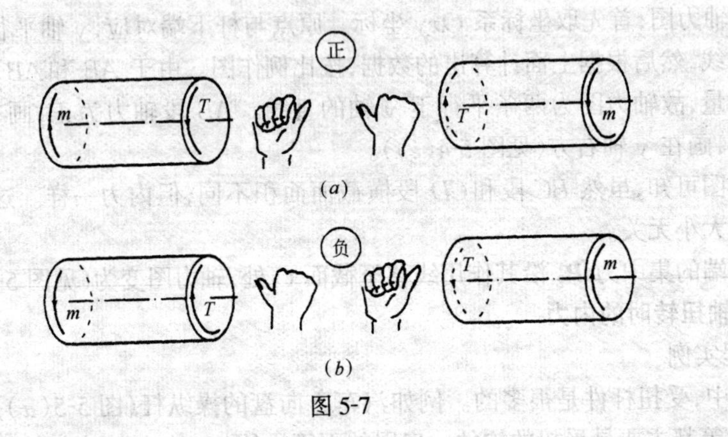

图 5-7

4. 扭矩图

表示轴上各横截面扭矩变化规律的图形称为扭矩图。绘制扭矩图时,以横坐标表示横截面的位置,纵坐标表示相应截面的扭矩,正扭矩画在坐标轴的上方,负扭矩画在下方。

【例 5-2】 图 5-8(a)所示为一传动轴,轮 A、B、C 上作用着外力偶,试画出轴的扭矩图。

【解】 (1) 计算各段轴的扭矩(均假设各段轴的扭矩为正)

BA 段(图 5-8(c)): $\Sigma M_x = 0$ $T_1 - m_B = 0$ $T_1 = m_B = 1.8\text{kN·m}$

结果为正值,表示实际转向与假设一致,为正扭矩。

AC 段(图 5-8(d)): $\Sigma M_x = 0$ $T_2 + m_A - m_B = 0$

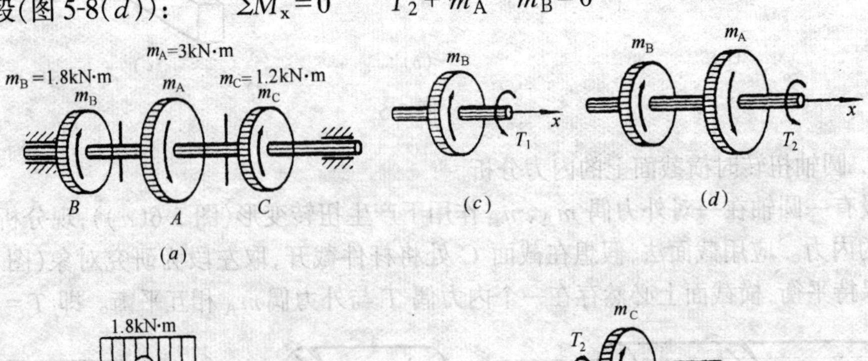

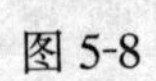
图 5-8

$$T_2 = m_B - m_A = 1.8 - 3 = -1.2\text{kN}\cdot\text{m}$$

若取结果为负值，表示实际转向与假设相反，为负扭矩。

右段为研究对象（图 5-8(e)），列出平衡方程

$$\Sigma M_x = 0, \ -T_2 - m_C = 0 \qquad T_2 = -m_C = -1.2\text{kN}\cdot\text{m}$$

结果与取左段为研究对象所得相同。

(2) 画扭矩图

将各段带正负号的扭矩按比例画出，如图 5-8(b)所示，即为扭矩图。

在工程实际中，作用在传动轴上的外力偶矩 m 往往不是直接给出的，需要通过轴传递的功率 P(kW)及轴转速 n(r/min)来确定。它们之间的换算关系为

$$m = 9.55\frac{p}{n} \quad \text{kN}\cdot\text{m}$$

三、弯曲变形时横截面上的内力

梁弯曲时，横截面上存在着两个内力素：剪力 Q 和剪矩 M，剪力的常用单位为 N 或 kN；弯矩的常用单位为 N·m 或 kN·m。

1. 梁的工程实例及其力学模型。

弯曲变形是工程中最常见的一种基本变形。例如房屋建筑中的楼面梁，受到楼面荷载和梁自重等作用，将发生弯曲变形（图 5-9(a)、(b)），再如阳台挑梁（图 5-9(c)、(d)）都是以弯曲变形为主的构件。

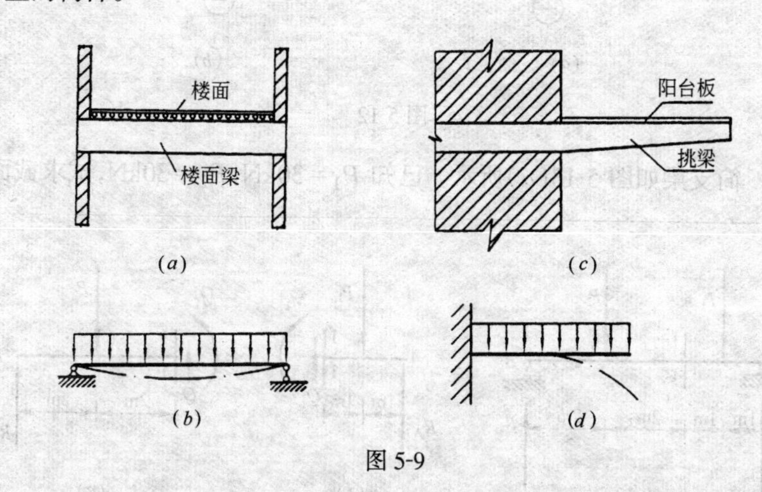

图 5-9

根据梁的支座反力能否用静力平衡条件完全确定，可将梁分为静定梁和超静定梁。

2. 工程中对于单跨静定梁按其支座情况分为下列三种形式：

(1) 悬臂梁　梁的一端为固定端，另一端为自由端（图 5-10(a)）

(2) 简支梁　梁的一端为固定铰支座，另一端为可动铰支座（图 5-10(b)）

(3) 外伸梁　梁身一端或两端伸出支座的简支梁（图 5-10(c)）

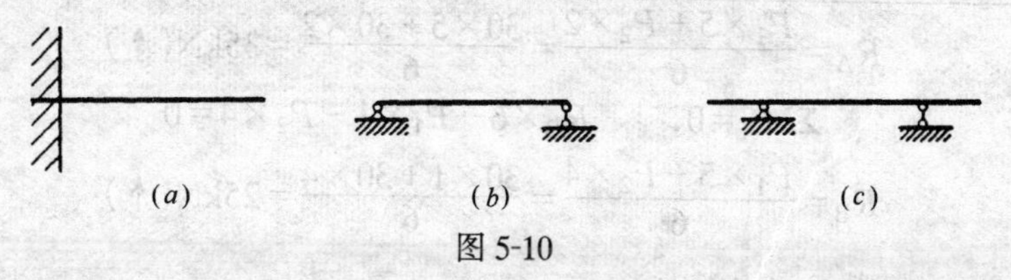

图 5-10

3. 剪力和弯矩的正、负号规定

(1) 剪力的正、负号　当截面上的剪力 Q 使所考虑的脱离体有顺时针方向转动趋势时为正(图 5-11(a)),反之为负(图 5-11(b))。

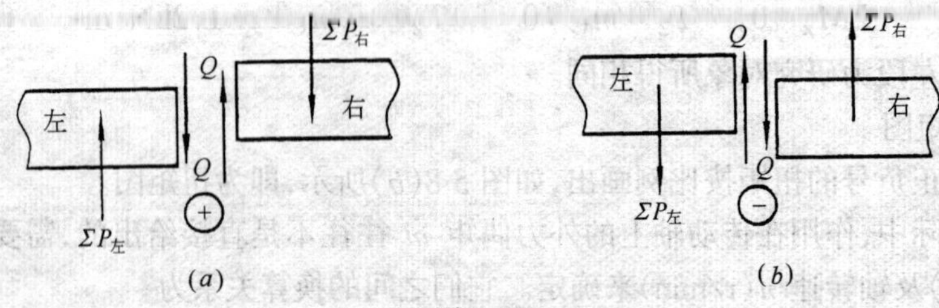

图 5-11

(2) 弯矩的正、负号　当截面上的弯矩使考虑的脱离体产生向下凸的变形时为正(图 5-12(a));反之为负(图 5-12(b))。

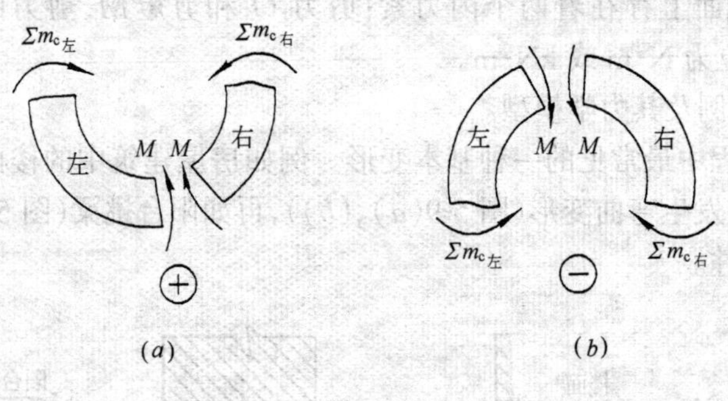

图 5-12

【例 5-3】　简支梁如图 5-13(a)所示。已知 $P_1=30\text{kN}$, $P_2=30\text{kN}$,试求截面 1—1 上的剪力和弯矩。

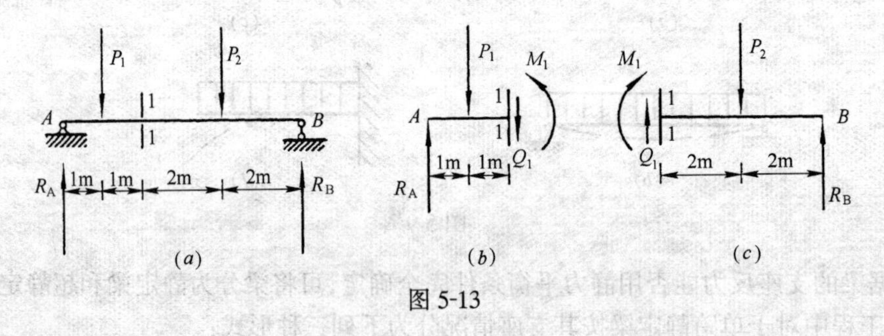

图 5-13

【解】　(1) 求支座反力

以整梁为研究对象,假设支座反力 $\boldsymbol{R}_A$ 和 $\boldsymbol{R}_B$ 方向向上,列平衡方程

由　　　　$\Sigma M_B=0 \qquad P_1\times5+P_2\times2-R_A\times6=0$

得　　　　$$R_A=\frac{P_1\times5+P_2\times2}{6}=\frac{30\times5+30\times2}{6}=35\text{kN}(\uparrow)$$

由　　　　$\Sigma M_A=0, \qquad R_B\times6-P_1\times1-P_2\times4=0$

得　　　　$$R_B=\frac{P_1\times5+P_2\times4}{6}=\frac{30\times1+30\times4}{6}=25\text{kN}(\uparrow)$$

校核：　　$\Sigma y = R_A + R_b - P_1 - P_2 = 35 + 25 - 30 - 30 = 0$，计算无误。

(2) 求截面1—1的内力

用截面1—1把梁截成两段，取左段为研究对象，并设剪力 Q_1 和弯矩 M_1 都为正(图5-13(b))，列出平衡方程并求解

由　　$\Sigma y = 0, \quad R_A - P_1 - Q_1 = 0$

得　　$Q_1 = R_A - P_1 = 35 - 30 = 5\text{kN}$

由　　$\Sigma M_1 = 0, \quad -R_A \times 2 + P_1 \times 1 + M_1 = 0$

得　　$M_1 = R_A \times 2 - P_1 \times 1 = 35 \times 2 - 30 \times 1 = 40\text{kN·m}$

所得 $\boldsymbol{Q}_1$、$\boldsymbol{M}_1$ 为正值，表示实际 $\boldsymbol{Q}_1$、$\boldsymbol{M}_1$ 方向与所设相同，故为正剪力、正弯矩。

若取右段梁为研究对象，也设 $\boldsymbol{Q}_1$、$\boldsymbol{M}_1$ 为正(图5-13(c))，列出平衡方程并求解

由　　$\Sigma y = 0, \quad Q_1 - P_2 + R_B = 0$

得　　$Q_1 = P_2 - R_B = 30 - 25 = 5\text{kN}$

由　　$\Sigma M_1 = 0, \quad R_B \times 4 - P_2 \times 2 - M_1 = 0$

得　　$M_1 = R_B \times 4 - P_2 \times 2 = 25 \times 4 - 30 \times 2 = 40\text{kN·m}$

可见，选取右段梁或选取左段梁为研究对象，所得截面1—1的内力结果相同。

【例5-4】　试求图5-14(a)所示悬臂梁截面1—1上的剪力和弯矩。

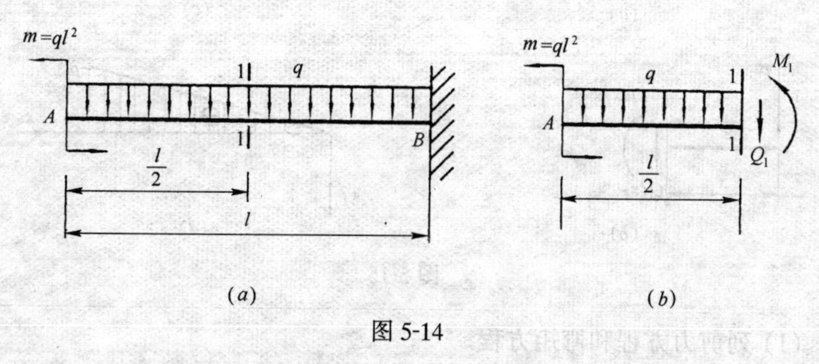

图5-14

【解】　取1—1截面左段梁为研究对象，画出受力图如图5-14(b)所示。截面1—1的剪力 $\boldsymbol{Q}_1$ 和弯矩 $\boldsymbol{M}_1$ 假设为正。

由　　$\Sigma y = 0, \quad -\dfrac{1}{2}ql - Q_1 = 0$

得　　$Q_1 = -\dfrac{1}{2}ql$

由　　$\Sigma M_1 = 0, \quad m + \dfrac{ql}{2} \times \dfrac{l}{4} + M_1 = 0$

得　　$M_1 = -m - \dfrac{ql^2}{8} = -ql^2 - \dfrac{ql^2}{8} = -\dfrac{9}{8}ql^2$

$\boldsymbol{Q}_1$、$\boldsymbol{M}_1$ 得负值，表示实际方向与所设方向相反，故按剪力和弯矩的正负号规定，应是负剪力和负弯矩。

4. 剪力方程和弯矩方程

为了计算梁的强度和刚度问题，除了要计算指定截面的剪力和弯矩外，还必须知道剪力和弯矩沿轴线的变化规律，从而找到梁内剪力和弯矩的最大值以及它们所在的截面位置。

从上节的讨论可以看出，梁内各截面上的剪力和弯矩一般随截面的位置而变化的。若横截面的位置用沿梁轴线 x 来表示，则各横截面上的剪力和弯矩都可以表示为坐标 x 的函数。

即 $$Q = Q(x), \quad M = M(x)$$

$Q(x)$和 $M(x)$分别称为剪力方程和弯矩方程。剪力方程和弯矩方程可以表明梁内剪力和弯矩沿梁轴线的变化规律。

5. 剪力图和弯矩图

绘制剪力图和弯矩图时，以沿梁轴的横坐标 x 表示梁横截面位置，以纵坐标表示相应截面的剪力和弯矩。在土建工程中，习惯上把正剪力画在 x 轴上方，负剪力画在 x 轴下方，而把弯矩图画在梁受拉的一侧。

【例 5-5】 悬臂梁受集中力作用如图 5-15(a)所示，试画出此梁的剪力图和弯矩图。

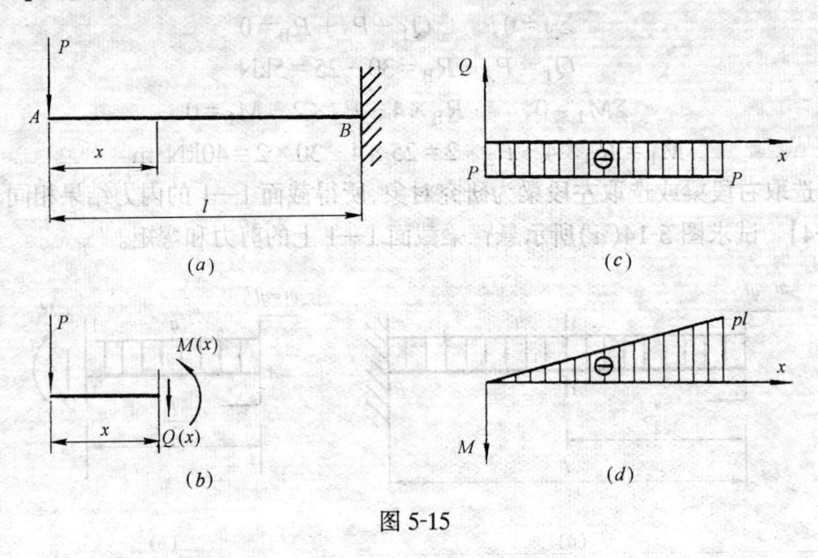

图 5-15

【解】 (1) 列剪力方程和弯矩方程

由平衡条件列出剪力方程和弯矩方程分别为：

$$Q(x) = -P \tag{a}$$

$$M(x) = -PX \tag{b}$$

(2) 画剪力图和弯矩图

根据剪力方程式(a)和弯矩方程式(b)绘制剪力图和弯矩图(图 5-15(c))和(图 5-15(d))。

从剪力图和弯矩图可以看到，在梁右端的固定端截面上，弯矩的绝对值最大，剪力则在全梁各截面都相等，其值为 $|Q|_{\max} = P \quad |M|_{\max} = Pl$

习惯上将剪力图和弯矩图与梁的计算简图对正，并标明图名(**Q** 图、**M** 图)，控制点值及正负号，这样坐标轴可省略不画。

【例 5-6】 简支梁均布荷载作用如图 5-16(a)所示，试画出梁的剪力图和弯矩图。

【解】 (1) 求支座反力

因对称关系，可得 $$R_A = R_B = \frac{1}{2}ql \quad (\uparrow)$$

(2) 列剪力方程和弯矩方程

取距 A 点为 x 处的任意截面，将梁假想截开，考虑左段平衡，可得

$$Q(x)=R_A-qx=\frac{ql}{2}-qx \qquad (a)$$

$$M(x)=R_Ax-\frac{1}{2}qx^2=\frac{1}{2}qlx-\frac{1}{2}qx^2 \qquad (b)$$

(3) 画剪力图

由式(a)可知,剪力图是一条斜直线。

当$x=0$,$Q_{A右}=\frac{ql}{2}$

$x=l$ 时,$Q_{B左}=-\frac{ql}{2}$

根据这两个截面的剪力值,画出剪力图如图 5-16(b)所示。

(4) 画弯矩图

由式(b)可知,弯矩图是一条二次抛物线,应至少计算三个截面的弯矩值才可描出曲线大致形状:

当$x=0$ 时,$M_A=0$

$x=\frac{l}{2}$时,$M_C=\frac{ql^2}{8}$

$x=l$ 时,$M_B=0$

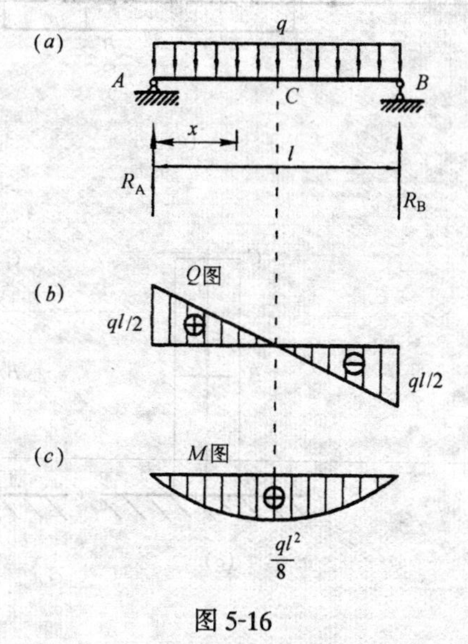

图 5-16

根据计算结果,画出弯矩图 5-16(c)所示。

由作出的内力图可知,受均布荷载作用的简支梁,最大剪力发生在梁端,其值为$|Q|_{max}=\frac{1}{2}ql$;而最大弯矩发生在剪力为零的跨中截面,其值为$|M|_{max}=\frac{ql^2}{8}$

小　结

一、杆件基本变形形式有四种:轴向拉伸(或压缩)、剪切、扭转和弯曲。

二、内力的概念和用截面法求内力是材料力学的一个基本方法。

三、轴力图、扭矩图、剪力图、弯矩图可直观地反映杆件所受内力的最大值和最小值,从而进行杆件的强度计算。

习　题

5-1 求图示各杆指定截面上的轴力。

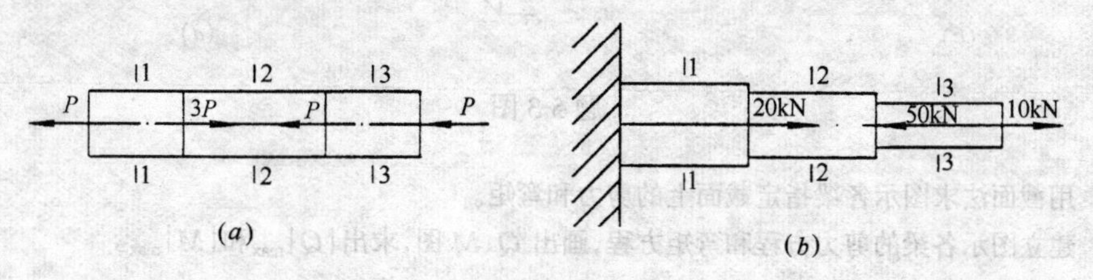

题 5-1 图

5-2　画出图示各杆的轴力图。

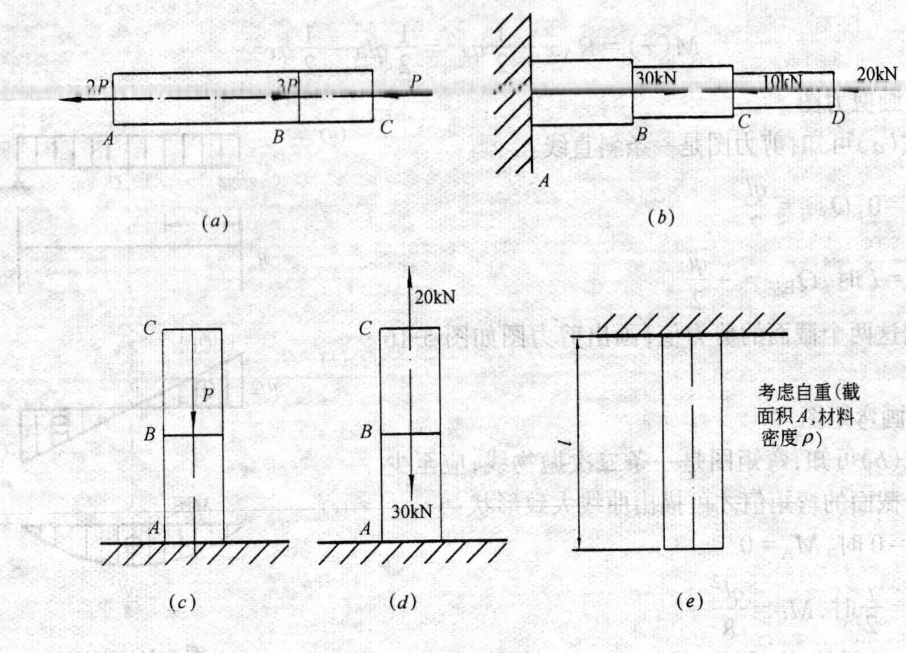

题 5-2 图

5-3　求图示各轴中各段扭矩,并画出扭矩图。

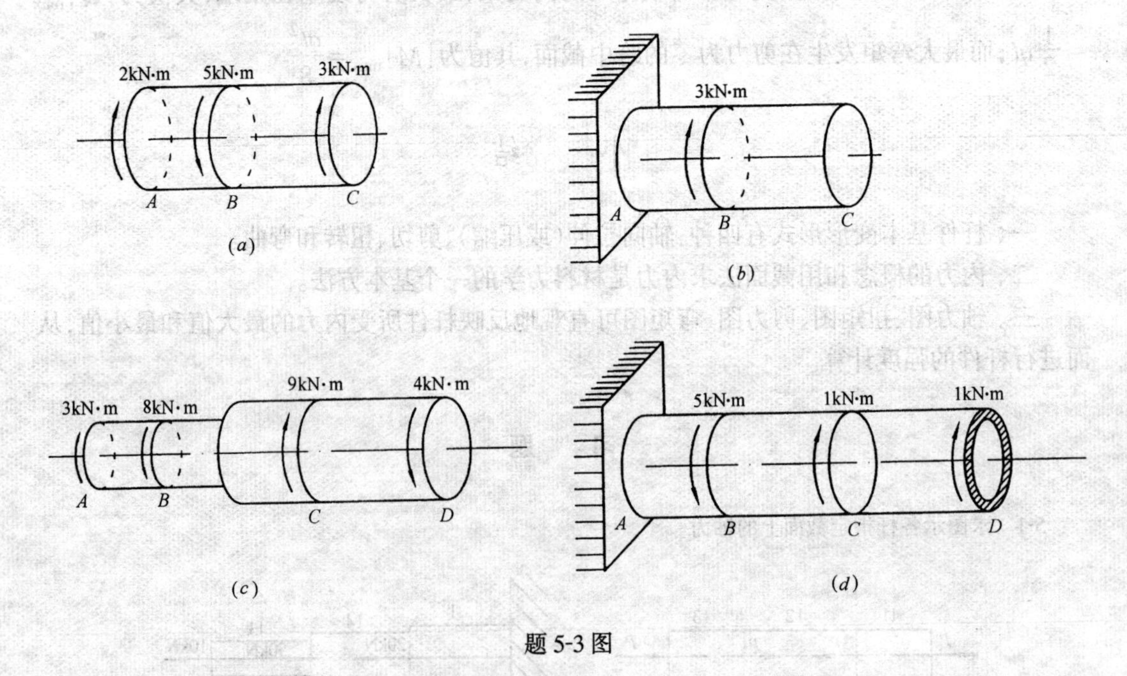

题 5-3 图

5-4　用截面法求图示各梁指定截面上的剪力和弯矩。

5-5　建立图示各梁的剪力方程和弯矩方程,画出 Q、M 图,求出 $|Q|_{max}$ 和 $|M|_{max}$。

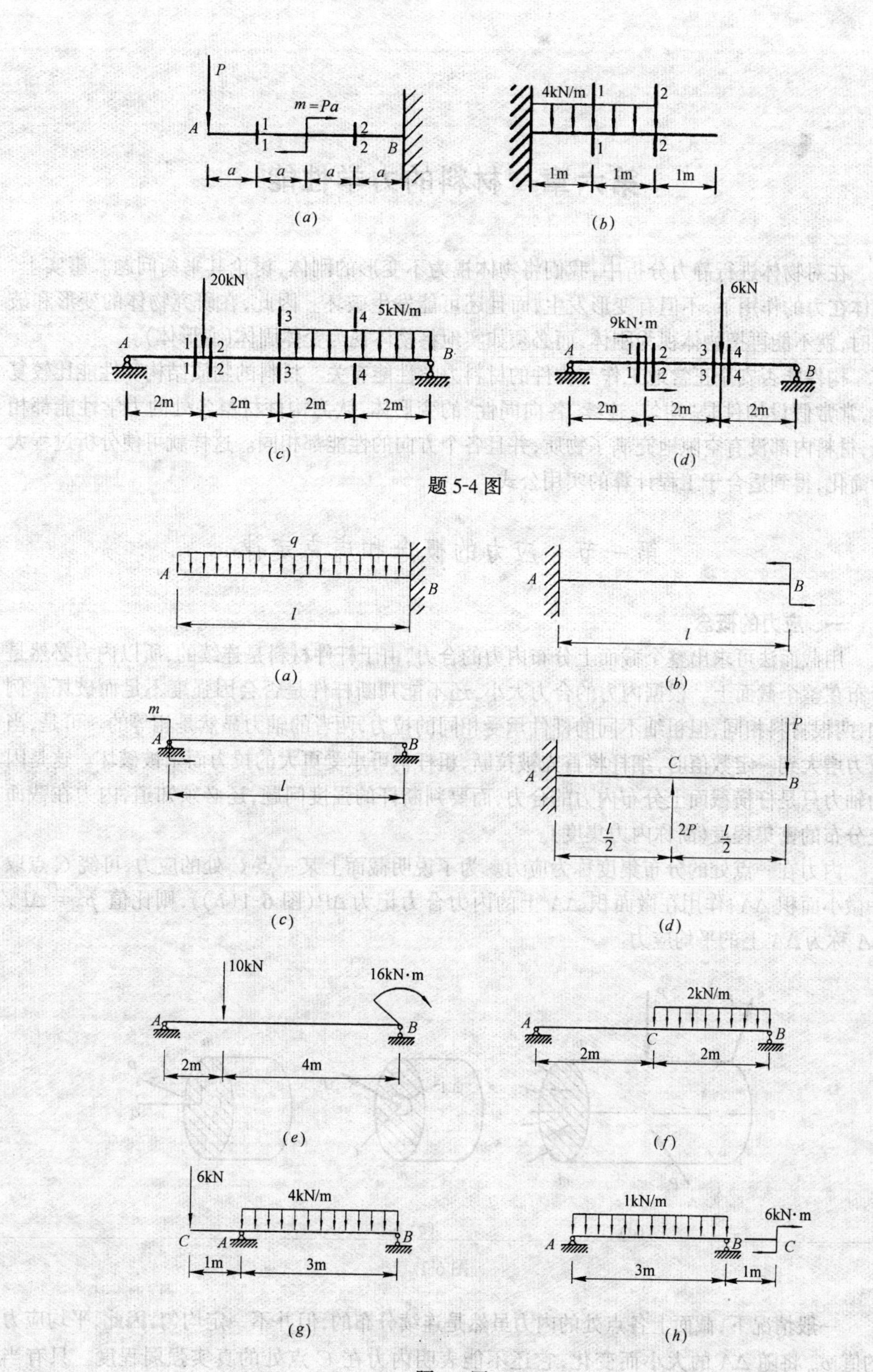
P
A
m=Pa
1
2
B
a
(a)
4kN/m
1
2
1m
(b)
20kN
5kN/m
3
4
2m
(c)
6kN
9kN·m
(d)
q
l
m
C
2P
l/2
(e)
10kN
16kN·m
4m
(f)
2kN/m
(g)
6kN
4kN/m
1m
3m
(h)
1kN/m
6kN·m

题 5-4 图

题 5-5 图

第六章　材料的力学性能

在对物体进行静力分析中，我们将物体视为不变形的刚体，讨论其平衡问题。事实上，物体在力的作用下，不但有变形发生，而且还可能发生破坏。因此，在研究物体的变形和破坏时，就不能再把物体视为刚体，而必须如实地将物体视为变体固体(变形体)。

构件能否安全正常地工作与构件的材料力学性能有关。材料的物质结构和性能比较复杂，常常假设构件是"均匀、连续、各向同性"的变形体，认为构件材料各处的力学性能都相同，材料内部没有空隙地充满了物质，并且各个方向的性能都相同。这样就可使分析过程大为简化，得到适合于工程计算的实用公式。

第一节　应力的概念和虎克定律

一、应力的概念

用截面法可求出整个截面上分布内力的合力，由于杆件材料是连续的，所以内力必然是分布在整个截面上。根据内力的合力大小，还不能判断杆件是否会因强度不足而破坏。例如，两根材料相同，但粗细不同的杆件承受相同的拉力，两者的轴力显然是相等的。可是，当拉力增大到一定数值时，细杆将首先被拉断，粗杆仍可承受更大的拉力而未被破坏。这是因为轴力只是杆横截面上分布内力的合力，而要判断杆的强度问题，还必须知道，内力在截面上分布的密集程度(简称内力集度)。

内力在一点处的分布集度称为应力。为了说明截面上某一点 C 处的应力，可绕 C 点取一微小面积 ΔA，作用在微面积 ΔA 上的内力合力记为 ΔP(图 6-1(b))，则比值 $p_{\mathrm{m}} = \Delta P / \Delta A$ 称为 ΔA 上的平均应力。

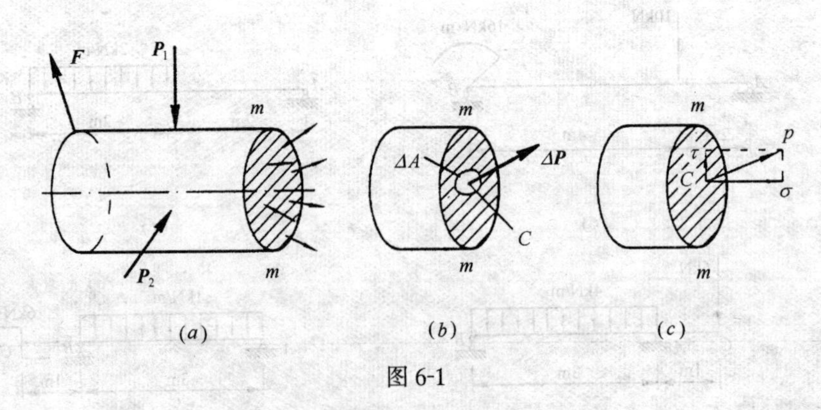

图 6-1

一般情况下，截面上各点处的内力虽然是连续分布的，但并不一定均匀，因此，平均应力的值 p_{m} 将随 ΔA 的大小而变化，它还不能表明内力在 C 点处的真实强弱程度。只有当 ΔA 无限缩小并趋于零时，平均应力的极限值 p 才能代表 C 点处的内力集度 p，即：

$$p = \lim \frac{\Delta P}{\Delta A} = \frac{\mathrm{d}P}{\mathrm{d}A} \tag{6-1}$$

p 称为 C 点处的应力。

通常，应力 p 与截面既不垂直也不相切。一般是将它分解为垂直于截面和相切于截面的两个分量(图 6-1(c))。与截面垂直的应力分量称为正应力(或法向应力)，用 σ 表示；与截面相切的应力分量称为剪应力(或切向应力)，用 τ 表示。

在国际单位制中，应力的基本单位是 N/m^2，称作帕斯卡，简称帕(Pa)。

工程中常用单位为 kPa(千帕)、MPa(兆帕)、GPa(吉帕)，它们的换算为

$$1Pa = 1N/m^2 \qquad 1kPa = 10^3 Pa$$

$$1MPa = 10^6 N/m^2 = 10^6 Pa = 1N/mm^2 \qquad 1GPa = 10^9 Pa = 10^3 MPa$$

二、线应变和切应变

1. 线应变

杆受轴向力作用时，沿杆轴方向会产生伸长(或缩短)，称为纵向变形；同时杆的横向尺寸将减小(或增大)，如图 6-2 所示。设有一原长为 L 的杆，受到一对轴向拉力 P 的作用后，其长度增为 L_1，则杆的纵向拉长量为

$$\Delta L = L_1 - L$$

ΔL 只反映杆的总变形量，而无法说明杆的变形程度。由于杆的各段是均匀伸长的，所以可用单位长度的变形量来反映杆的变形程度。单位长度的纵向伸长称为纵向线应变。用 ε 表示，即

$$\varepsilon = \frac{\Delta L}{L}$$

即线应变 ε 表达了直杆沿轴向的变形程度。应变是单位长度的变形，是一个无量纲的量。拉伸时为正，压缩时为负。

2. 切应变

如图 6-3 所示，取一个边长为无穷小的微小正六面体(称作单元体)。材料在一对 剪 切 力 F 作用下发生变形，单元体除棱边长度变化外，相互垂直的棱所夹的直角也发生变化，将直角的改变量称作切应变。切应变用 γ 表示，其单位为弧度。

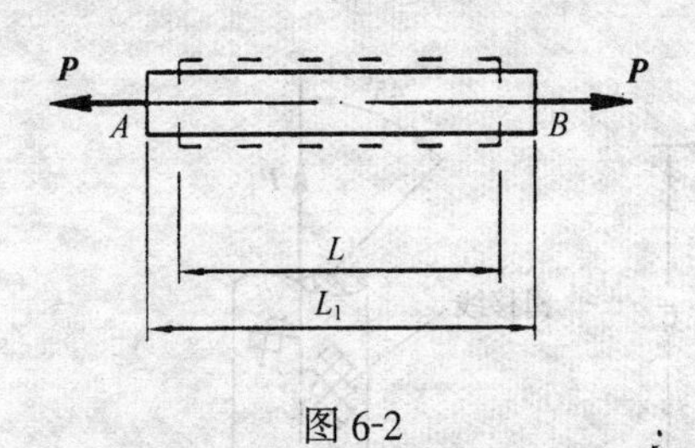

图 6-2

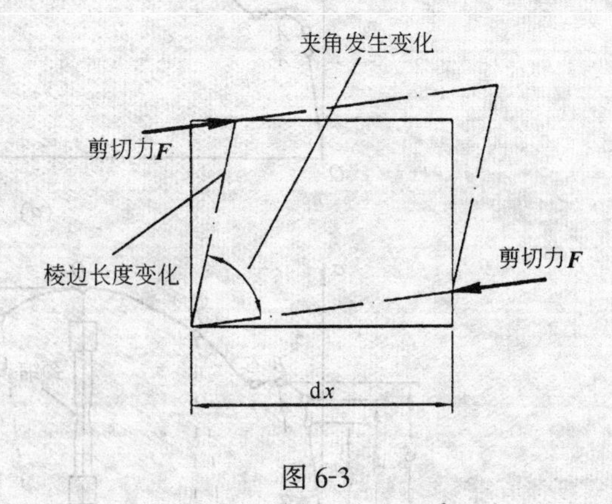

图 6-3

三、虎克定律

材料的力学性能试验表明，当应力不超过某一限度时，应力与应变之间存在着正比关系，即

$$\sigma = E\varepsilon \tag{6-2}$$

$$\tau = G\gamma \tag{6-3}$$

式(6-2)、(6-3)分别被称为单向拉伸(压缩)虎克定律和剪切虎克定律。其中 E 为弹性

模量，G 为剪变模量，它们都表明材料抵抗弹性变形的能力，代表材料的刚度，其单位与应力相同，数值大小由试验确定。

第二节　材料在拉伸和压缩时的力学性能

材料在外力作用下，在强度和变形方面表现出来的性质称为材料的力学性能（机械性能），如弹性、塑性、强度、韧性、硬度等，它们都是通过材料试验来测定的。这些性能指标是进行强度、刚度设计和选择材料的重要依据。

材料的力学性能决定于材料的成分及其组织结构（晶体或非晶体），但是这些力学性能还与载荷的性质、温度、加载方式等因素有关。因此，设计不同工作条件下的构件，应考虑到材料在不同条件下的力学性能。

工程中使用的材料种类很多，可根据破坏前所发生的塑性变形（指卸载后材料中所残留的变形）的大小分为两类：塑性材料和脆性材料。塑性材料是指断裂前能产生较大塑性变形的材料，如低碳钢、铜、铝等金属；脆性材料是指断裂前塑性变形很小的材料，如铸铁、砖、混凝土、玻璃、陶瓷等。

低碳钢和铸铁是工程中广泛使用的两种材料，其力学性能比较典型，故本节主要介绍它们在常温、静载下的力学性能，也将介绍一些其他工程材料的力学性能。常温是指室温，静载是指加载缓慢、平稳。

一、塑性材料（低碳钢）拉伸与压缩时的力学性能

（一）低碳钢拉伸的应力-应变图

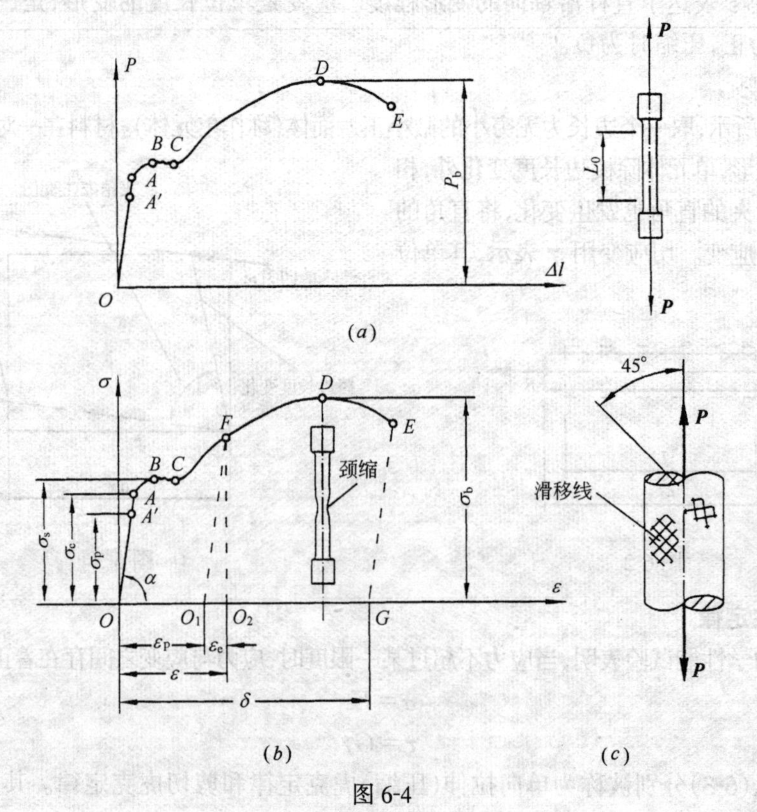

图 6-4

图 6-4(a)为低碳钢拉伸图。它描述了从开始加载到破坏为止,试件承受载荷和变形发展的全过程。

拉伸图中拉力 P 与杆的纵向拉长量 Δl 的对应关系与试件尺寸有关。因此,即使是同一种材料,当试件尺寸不同时,其拉伸图也不同。为了消除试件尺寸的影响,反映材料本身的性质,常对拉伸图的纵坐标用应力 $\sigma = P/A$ 表示;将其横坐标用线应变 $\varepsilon = \Delta l/l$ 表示。这样拉伸图改画成 σ-ε 曲线图,称作应力-应变图(见图 6-4(b))。

(二) 低碳钢拉伸时的力学性能

低碳钢在拉伸过程中可分为四个阶段,下面从 σ-ε 曲线来讨论低碳钢拉伸时的力学性能。

1. 弹性阶段(图 6-4 中 OA 段)与比例极限 σ_p

在试件的应力不超过 A 点所对应的应力时,材料的变形全部是弹性的,即卸除荷载时,试件的变形可全部消失,故称作弹性变形,该阶段称为弹性阶段,由斜直线 OA' 和微弯曲线 $A'A$ 组成。

OA 段最高点 A 相对应的应力值称为材料的弹性极限,以 σ_e 表示。它是弹性变形阶段的最大应力。

在弹性阶段时,拉伸的初始阶段 OA' 为直线,此时应力 σ 与应变 ε 成正比。A' 点对应的应力称为材料的比例极限,以 σ_p 表示。材料服从虎克定律:$\sigma = E\varepsilon$ 或 $E = \sigma/\varepsilon = \tan\alpha$($\alpha$ 为直线 OA' 与横坐标 ε 的夹角)。比例极限 σ_p 是材料服从虎克定律时可能产生的最大应力值。

弹性极限 σ_e 与比例极限 σ_p 二者意义不同,但由试验得出的数值很接近,因此,通常工程上对它们不加严格区分,常近似认为在弹性范围内材料服从虎克定律。

2. 屈服阶段(图 6-4 中 BC 段)与屈服极限 σ_s

弹性阶段后,σ-ε 曲线弯曲,到达 B 点后,出现一段沿水平方向上、下微微波动的曲线 BC,说明此时应力变化很小而应变却显著增加,这种现象称为屈服或流动。这一阶段应力波动的最低值作为材料的屈服点(屈服极限),并用 σ_s 表示。它代表了材料抵抗屈服的能力,是衡量塑性材料强度的重要指标。Q235 钢的屈服极限 $\sigma_s = 235$MPa。

当材料屈服时,在试件的光滑表面上将出现许多与轴线约成 45°倾角的条纹,如图 6-4(c)所示。这些条纹称为滑移线。这是因为在与试件成 45°的斜截面上产生了最大切应力,这些切应力使材料的晶粒沿此面发生了滑移。

3. 强化阶段 CD 与强度极限 σ_b

屈服阶段后,σ-ε 曲线又开始继续上升。表明若要试件继续变形,必须增加应力,说明材料重新恢复了抵抗变形的能力,这种现象称为材料的强化。强化阶段的最高点 D,所对应的应力值 σ_b 是材料能承受的最大应力,称为抗拉强度(强度极限)。Q235-A 钢的抗拉强度约为 400MPa。它是衡量塑性材料强度的另一个重要指标。

4. 颈缩阶段 DE

当应力达到强度极限(D 点)后,可以看到在试件的某一小段内的横截面显著收缩,出现如图 6-4(b)所示的"颈缩"现象。由于颈缩处横截面迅速缩小,试件继续变形所需的拉力 P 反而下降,σ-ε 曲线开始下降,曲线出现 DE 段的形状,最后当曲线到达 E 点时,试件被拉断,这一阶段称为"颈缩"阶段。

试件拉断后,弹性变形消失,残留下来的塑性变形称作残留变形。工程上用残留变形表示塑性性能。常用的塑性指标有两个：

(1) 断后伸长率(延伸率)

试件拉断后标距的伸长与原始标距 l_0 的百分比称为断后伸长率。用 δ 表示，即

$$\delta=\frac{l-l_0}{l_0}\times 100\% \tag{6-4}$$

式中，l 是拉断后试件标距的长度，l_0 是试件原始标距的长度。

(2) 断面收缩率

试件拉断后，缩颈处横截面面积的最大缩减量与原始横截面面积的百分比称为断面收缩率，用 ψ 表示，即

$$\psi=\frac{A_0-A}{A_0}\times 100\% \tag{6-5}$$

式中，A 为拉断后断口处的横截面面积，A_0 为原始横截面面积。

δ 和 ψ 都表示材料直到拉断时其塑性变形所能达到的最大限度。δ 和 ψ 愈大，说明材料的塑性越好；反之，塑性愈差，而脆性愈大。工程中一般认为 $\delta \geqslant 5\%$ 者为塑性材料，$\delta <$ 5%者为脆性材料。低碳钢的延伸率约为 20%～30%。

(三) 卸载定律与冷作硬化

如试件加载到强化阶段某点 F 时(图 6-4)，将荷载逐渐减小到零，可以看到，卸载过程中，试件应力与应变并不沿着加载曲线 $FCBAO$ 恢复到原来的状态，而是沿着与直线 OA' 平行的 FO_1 直线到 O_1 点。材料在卸载过程中应力与应变仍成直线关系，称作卸载定律。

在图 6-4 所示的 σ-ε 曲线中，F 点的横坐标值可以看成是 OO_1 与 O_1O_2 之和，其中 OO_1 是塑性变形 ε_p，O_1O_2 是弹性变形 ε_e。

如果卸载后立即再加载，直到试件拉断，所得的加载曲线为 O_1FDE，从 F 点可知，材料的比例极限和屈服极限都得到提高，而塑性下降。将材料预拉到强化阶段，但材料不被拉断，然后卸载；当再加载时，比例极限和屈服极限得到提高，而塑性降低的这种现象，称为冷作硬化。在工程上常利用冷作硬化来提高钢筋和钢缆绳等构件的屈服极限，达到节约钢材料、提高强度的目的。

(四) 低碳钢压缩时的力学性能

如图 6-5 所示，图中虚线表示拉伸时的 σ-ε 曲线，实线为压缩时的 σ-ε 曲线。比较两者，可以看出在屈服阶段以前，两曲线基本上是重合的。低碳钢的比例极限 σ_p，弹性模量 E，屈服极限 σ_s 都与拉伸时相同。当应力超出比例极限后，试件出现显著的塑性变形，试件明显缩短，横截面增大，随着荷载的增加，试件越压越扁，但并不破坏。因此，不能测出强度极限。

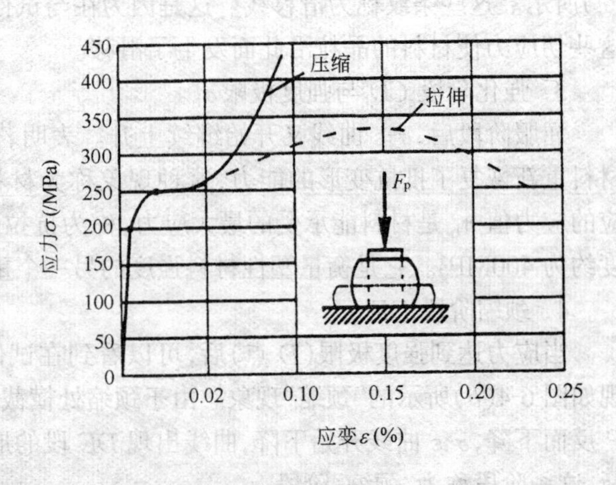

图 6-5

低碳钢的力学性能指标，通过拉伸试验都可测定，一般不需作压缩实验。

类似情况在其他塑性材料中也存在。

(五) 其他塑性材料的力学性能

图 6-6 为几种常用塑性材料的应力-应变图。由图可见，有些塑性材料的应力-应变图中没有明显的屈服阶段。对于没有明显屈服阶段的塑性材料，通常人为地规定，把产生 0.2% 残留应变时所对应的应力作为名义屈服极限，并用 $\sigma_{0.2}$ 表示(见图 6-7)。

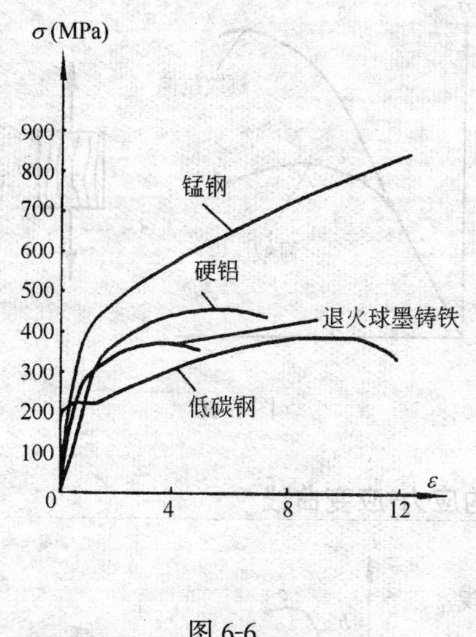

图 6-6

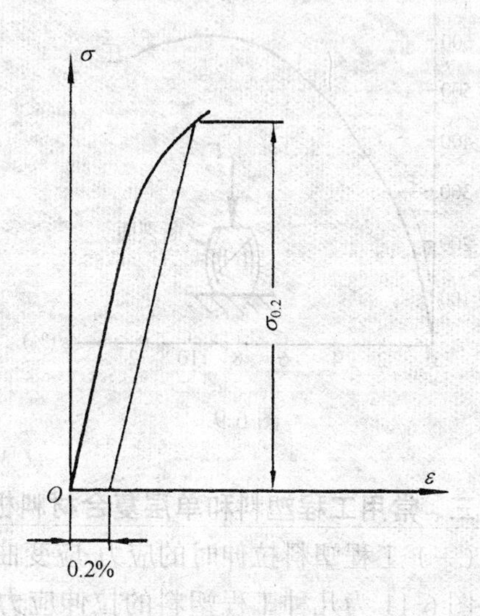

图 6-7

二、脆性材料拉伸与压缩时的力学性能

(一) 脆性材料拉伸时的力学性能

工程上常用的脆性材料，如铸铁、玻璃钢、混凝土等。这些材料在拉伸时，一直到断裂，变形都不显著，而且没有明显的屈服阶段和颈缩现象，只有断裂时的强度极限 σ_b。图 6-8 所示是灰口铸铁和玻璃钢受拉伸时的 σ-ε 曲线。玻璃钢几乎到试件拉断时都是直线，即弹性阶段一直延续到接近断裂。灰口铸铁的 σ-ε 全部是曲线，没有明显的直线部分，但由于直到拉断时变形都非常小。因此，一般近似地将 σ-ε 曲线用一条割线来代替(图 6-8 中虚线)，从而确定其弹性模量，称之为割线弹性模量。并认为材料在这一范围内是符合虎克定律的。

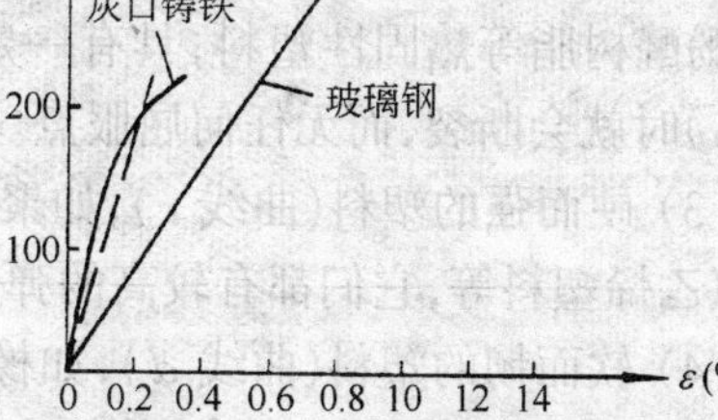

衡量脆性材料强度的惟一指标是强度极限 σ_b。

图 6-8

(二) 脆性材料压缩时的力学性能

图 6-9 所示为铸铁受压缩时的 σ-ε 曲线。铸铁压缩时的强度极限约为受拉时的 2～4 倍，延伸率也比拉伸时大。铸铁的抗压强度远远大于抗拉强度。铸铁试件大致沿与轴线成 45°的斜截面上发生破坏，这说明在 45°的斜截面上剪应力最大。

其他脆性材料如混凝土、石料及非金属材料的抗压强度也远高于抗拉强度。

木材是各向异性材料，其力学性能具有方向性，顺纹方向的强度要比横纹方向高得多，而且其抗拉强度高于抗压强度，如图 6-10 所示。

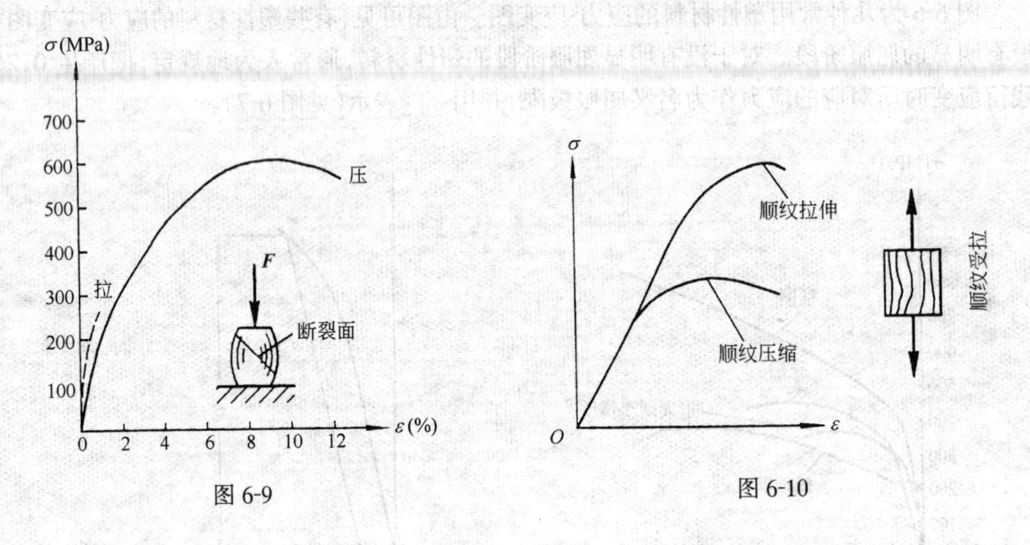

图 6-9　　　　图 6-10

三、常用工程塑料和单层复合材料板拉伸时的应力-应变曲线

(一) 工程塑料拉伸时的应力-应变曲线

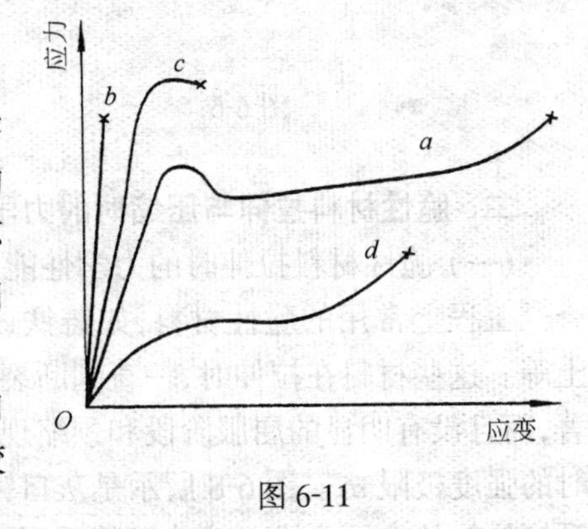

图 6-11

图 6-11 为几种工程塑料的拉伸应力-应变曲线。塑料在拉伸试验中获得的应力-应变曲线是塑料力学性能的综合反映。不同类型的塑料，由于分子链结构及聚集状态各不相同，所以拉伸的 σ-ε 曲线也就不同。根据测试结果，可将常用塑料拉伸试验的 σ-ε 曲线分为四种基本类型。

1) 硬而韧的塑料(曲线 a)，如 ABS、尼龙等。由图可以看出，它们有较高的屈服强度、抗拉强度和较好的伸长率。

2) 硬而脆的塑料(曲线 b)，如有机玻璃、聚苯乙烯、酚醛树脂等热固性塑料，具有一定的弹性模量和抗拉强度。但是它们在很小的伸长率(2%)时就会断裂，而无任何屈服点。

3) 硬而强的塑料(曲线 c)，如聚甲醛及大部分玻璃钢增强热固性塑料及某些配方的硬聚氯乙烯塑料等，它们都有较高的弹性模量和抗拉强度，而伸长率为 2%～5%。

4) 软而韧的塑料(曲线 d)，如橡胶、四氢塑料、高压聚乙烯和高增塑的聚氯乙烯等，它们的弹性模量和屈服点低，而伸长率却很大，约为 25%～100%。

(二) 复合材料拉伸时的应力-应变曲线

复合材料是指将两种或两种以上材料复合在一起而形成一种的材料。其优点是：比强度、比模量高。比强度和比模量是指材料强度和弹性模量与密度之比，它们是度量材料承载能力的重要指标。纤维增强复合材料的比强度与比模量在各类材料中是最高的，它们的密度约为钢的 1/5、铝的 1/5，但其比强度和比模量比钢和铝高。用复合材料制成结构，在强度和刚度相同的情况下，结构的重量可以减轻，尺寸可以比金属结构更小，这对某些要求自重轻和刚性特别好的零件来说，是非常理想的材料。

图 6-12 为纤维与基体受力时的应力-应变曲线，二者构成复合材料的应力-应变曲线（图中以粗实线表示）。在基体屈服以前，复合材料的应力-应变曲线是线性的；基体屈服后，大部分载荷由纤维承担，纤维产生弹性伸长，直至最后断裂；当纤维断裂后，复合材料的应力就急剧地降到基体屈服强度（当然，纤维并非一齐断裂）；最后当基体断裂时，复合材料才完全破坏。

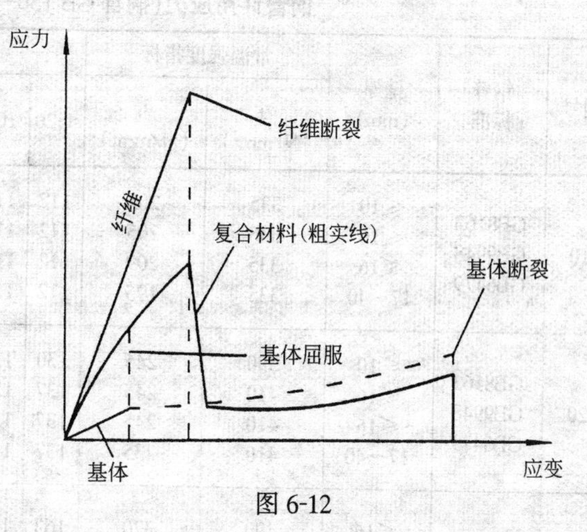

图 6-12

四、塑性材料和脆性材料力学性能的比较

（一）强度方面

塑性材料拉伸和压缩的弹性极限、屈服极限基本相同。脆性材料压缩时的强度极限远比拉伸时大，因此，一般适用于受压构件。塑性材料在应力超过弹性极限后有屈服现象；而脆性材料没有屈服现象，破坏是突然的。

（二）变形方面

塑性材料的 δ 和 ψ 值都比较大，构件破坏前有较大的塑性变形，材料的可塑性大，便于加工和安装时的矫正。脆性材料的 δ 和 ψ 较小，难以加工和矫正，易产生裂纹和损坏。

必须指出，材料是塑性的还是脆性的，并非一成不变的，它将随条件而变化。如加载速度、温度高低、受力状态都能使其发生变化。例如，低碳钢在低温时也会变得很脆。

各种金属材料的力学性能，见附录 2～附录 4。

第三节　极限应力、许用应力与安全系数

一、极限应力

材料丧失正常工作能力时的应力，称为极限应力 σ^0。通过材料的拉伸（或压缩）试验，可以找出材料在拉伸和压缩时的极限应力。塑性材料的极限应力为其屈服极限 σ_s 或 $\sigma_{0.2}$，脆性材料的极限应力为其强度极限 σ_b。

二、许用应力

为保证构件安全工作，需有足够的安全储备，因此把极限应力除以大于 1 的因数 n 作为材料的许用应力，记作$[\sigma]$，即

$$[\sigma]=\sigma^0/n$$

对于塑性材料，$\sigma^0=\sigma_s$或 $\sigma_{0.2}$，则有

$$[\sigma]=\sigma_s/n_S \text{或} [\sigma]=\sigma_{0.2}/n_S \qquad n_S=1.2\sim1.5$$

对于脆性材料，$\sigma^0=\sigma_b$，则有

$$[\sigma]=\sigma_b/n_b \qquad n_b=2\sim2.3$$

钢管许用应力见表 6-1。

钢管许用应力(摘自 GB 150—89 钢制压力容器) **表 6-1**

钢号	钢管标准	壁厚(mm)	常温强度指标		在下列温度(℃)下的许用应力(N/mm^2)										
			σ_b (N/mm^2)	σ_s (N/mm^2)	≤20	100	150	200	250	300	350	400	425	450	475
10	GB8163 GB9948 GB6479	≤10	335	205	112	112	108	101	92	83	77	71	69	61	41
		≤16	335	205	112	112	108	101	92	83	77	71	69	62	41
		≤16	335	209	112	112	108	101	92	83	77	71	69	62	41
		17～40	335	195	112	110	104	98	89	79	74	68	66	61	41
20	GB8163 GB9948 GB6479	≤10	390	245	130	130	130	123	110	101	92	86	83	61	41
		≤16	410	245	137	137	132	123	110	101	92	86	83	61	41
		≤16	410	245	137	137	132	123	110	101	92	86	83	61	41
		17～40	410	235	137	132	126	116	104	95	86	79	78	61	41
16Mn	GB6479	≤16	490	320	163	163	163	159	147	135	126	119	93	66	43
		17～40	490	310	163	163	163	153	141	129	119	116	93	66	43

注：中间温度的许用应力，可按本表的应力值用内插法求得。

三、安全系数

引入许用应力与安全系数是为了建立强度条件，即把许用应力作为杆件实际工作应力的最高限度。确定许用应力的关键是确定安全系数，因而安全系数的确定与选择，不仅与材料有关，而且还必须考虑杆件的具体工作条件。例如对载荷估计得是否准确、杆件尺寸制造精确度高低、材料性质的不均匀程度、力学模型和计算方法的精确性及构件的重要性等因素。

过大的安全系数，使许用应力低，构件偏安全，但用料过多，会增加设备的重量和体积，且不经济。太小的安全系数，使许用应力偏高，用料少，但构件偏危险，不安全。因此，必须根据具体情况确定。通常，安全系数都由国家有关部门在所制定的设计规范中予以规定，在实际计算中可从这些资料中查取。当然随着科学技术的发展、计算方法的改进、经验的积累以及人们对客观现实的深入了解，安全系数就可以适当减小。

第四节　构件失效的概念及失效分类

工程中的每一个构件或零件都是为了实现确定的功能而设计的，一旦失去其应有的正常功能，该构件或元件就失效了。因此，把由于材料的力学行为而导致构件丧失正常功能的现象称为构件失效。

构件或零件在常温、静载下的失效主要表现为强度失效、刚度失效和屈曲失效(失稳)。此外还有其他条件下的失效，如疲劳失效、蠕变失效和应力松弛失效等。

由于构件屈服或断裂而引起的失效，称为强度失效。

由于构件的弹性变形超过允许的范围而引起的失效，称为刚度失效。

由于构件的稳定平衡位置的突然转变而引起的失效，称为屈曲失效(或失稳)。

由于周期性变化的应力(即交变应力)作用发生突然低应力断裂而引起的失效，称为疲劳失效。在各种构件的断裂事故中，大约有 80%以上是由疲劳失效引起的。

由于温度超过一定数值，应力超过某一限度后，在某一固定应力和不变温度作用下，随着时间的增加，变形缓慢增大，最终导致构件失效，称为蠕变失效。

在高温下工作的构件，弹性变形后，若总变形量保持不变，但应力却随着时间的增加而逐渐降低，从而导致构件失效，称为松弛失效。

本书将主要讨论前三种失效。

小　结

一、应力与应变

应力是单位面积上的内力集度。它表明了截面上受力的强弱程度与方向。

应变：线应变和切应变是度量构件内某一点处变形程度的两个基本量。

应力与应变的关系：当应力不超过比例极限时，应力与应变存在正比关系：

$\sigma = E\varepsilon$　　拉压虎克定律

$\tau = G\gamma$　　剪切虎克定律

二、材料的力学性能

材料的力学性能是构件进行强度、刚度和稳定性计算不可缺少的试验数据，应清楚理解力学性能的各种指标，并注意塑性材料与脆性材料的主要区别。

强度指标　　屈服极限 σ_s或 $\sigma_{0.2}$；强度极限 σ_b。

刚度指标　　弹性模量 E；剪变模量 G

塑性指标　　伸长率 δ；断面收缩率 ψ。

三、材料的两种主要失效形式

(1) 屈服是材料由弹性变形状态进入塑性变形状态，一般情况就认为材料已经失效。

(2) 断裂是指材料由完整至最后分离，这时称作断裂失效。

铸铁：拉伸时——拉断、脆断；扭转时——拉断、脆断；压缩时——剪断、脆断。

碳钢：拉伸时——剪断、韧断；扭转时——剪断、韧断。

标准化练习题

一、填空题

1. 材料的塑性指标是________和________。

2. 构件在荷载作用下会发生变形，在去掉荷载后能________的变形称为弹性变形，________的变形称为塑性变形。

3. 低碳钢拉伸试验时，σ-ε 图中有四个阶段，依次是________、________、________和________；三个极限依次是________、________、________。

4. 内力在一点处的分布集度称为________。与截面垂直的应力分量称为________，用符号________表示，正负号规定为________为正，________为负；与截面相切的应力分量称为________，用符号________表示。

5. 材料的力学性能需通过________测定。

6. 图 6-4b 所示低碳钢的σ-ε 图，图中虚线 O_1F 所显示的现象，在工程上称为________现象。

7. 塑性材料的极限应力用符号________表示。脆性材料的极限应力用符号________表示。

8. 当应力未超过________极限时，应力与应变成正比，即 $\sigma=$________，这个表达式称为________。

二、判断题

1. 材料发生破坏时的应力称为危险应力。( )

2. 应用虎克定律 $\sigma=E\varepsilon$ 的必要条件是材料变形处于弹性范围内。( )

3. 伸长率 δ 反映了材料塑性变形的大小。( )

4. 混凝土、石、砖属于塑性材料。( )

5. 韧料材料的危险应力是强度极限。( )

6. 安全系数越大，设计的杆件愈安全。( )

7. 利用冷作硬化使材料的比例极限和屈服点都得到提高。( )

8. 轴向拉压杆的变形与杆件的材料性质无关。( )

习　题

6-1　在低碳钢 σ-ε 图上，试件断裂时的应力反而比颈缩时的应力低，为什么？

6-2　在拉伸与压缩试验时，塑性材料与脆性材料的破坏形式有哪些？

6-3　选择安全系数应注意哪些问题？

6-4　如图所示为一个三角支架，现只有低碳钢和铸铁的杆件各一根，*AB* 杆和 *BC* 杆分别采用什么材料才合理？为什么？

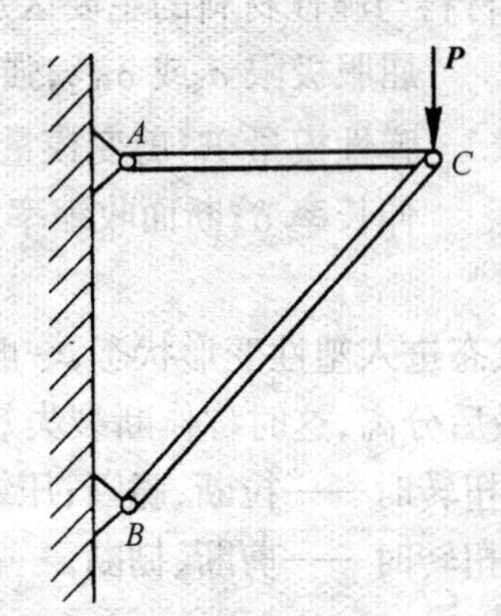

习题 6-4 图

第七章　平面图形的几何性质

第一节　静 矩 和 形 心

一、静矩的定义

如图 7-1 所示平面图形上微面积 dA 与它到 z 轴(或 y 轴)距离的乘积的总和称为截面对 z 轴(或 y 轴)的静矩。用 S_z(或 S_y)表示：

$$\left.\begin{aligned} S_z &= \int_A y\,\mathrm{d}A \\ S_y &= \int_A z\,\mathrm{d}A \end{aligned}\right\} \tag{7-1}$$

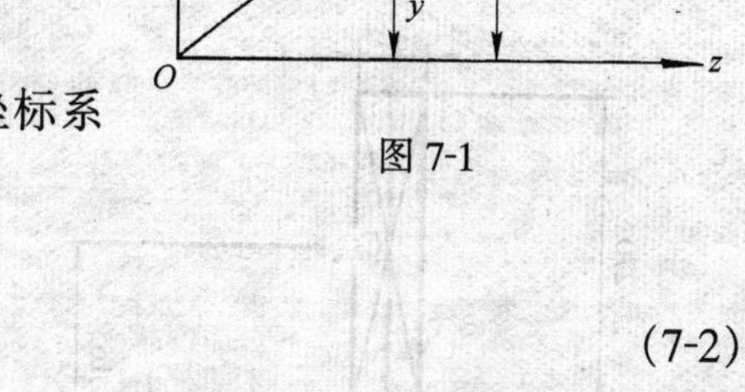

图 7-1

二、平面图形的形心坐标公式

1．简单平面图形的形心计算

如图 7-1 所示平面图形，在其平面上选取直角坐标系 Oyz，则形心坐标公式为

$$\left.\begin{aligned} z_C &= \frac{\Sigma A_i z_i}{A} \\ y_C &= \frac{\Sigma A_i z_i}{A} \end{aligned}\right\} \tag{7-2}$$

常见图形的形心位置参见图 7-1

2．静矩和形心的关系

$$\left.\begin{aligned} S_z &= A\cdot y_C \\ S_y &= A\cdot z_C \end{aligned}\right\} \tag{7-3}$$

【例 7-1】 矩形截面尺寸如图 7-2 所示，求该矩形对 z 轴和 y 轴的静矩 S_z、S_y。

【解】 由式(7-3)可得：

$$S_z = A\cdot y_C = bh\cdot\frac{h}{2} = \frac{bh^2}{2}$$

$$S_y = A\cdot z_C = bh\cdot\frac{b}{2} = \frac{b^2h}{2}$$

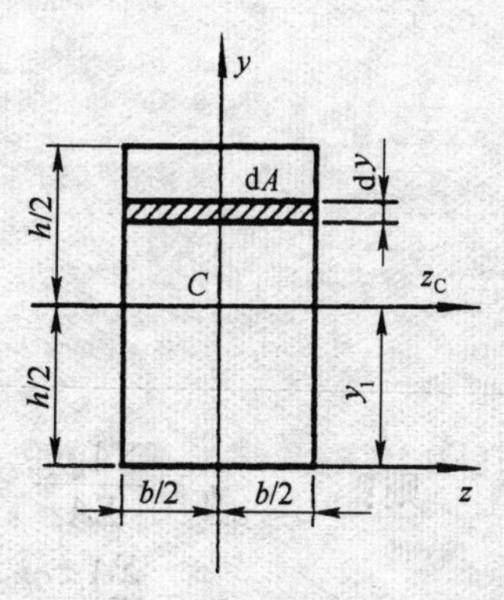

图 7-2

三、组合图形的静矩和形心

1．组合图形的静矩

$$\begin{aligned} S_z &= \Sigma A_i\cdot y_{Ci} \\ S_y &= \Sigma A_i\cdot z_{Ci} \end{aligned} \tag{7-4}$$

【例 7-2】 计算图 7-3 所示⊥形截面对 z 轴和 y 轴的静矩

【解】 将⊥形截面分为两个矩形，其面积分别为

$$A_1 = 300 \times 30 = 9 \times 10^3 \text{mm}^2$$
$$A_2 = 50 \times 270 = 13.5 \times 10^3 \text{mm}^2$$
$$y_{C1} = 15\text{mm}$$
$$y_{C2} = 165\text{mm}$$

应用式(7-4)可求得⊥形截面对 z 轴的静矩为

$$S_z = A_1 y_{C1} + A_2 y_{C2} = 9 \times 10^3 \times 15 + 13.5 \times 10^3 = 2.36 \times 10^6 \text{mm}^3$$

由于 y 轴是对称轴,故

$$S_y = 0$$

2. 组合平面图形的形心计算

$$y_C = \frac{\Sigma A_i y_{Ci}}{\Sigma A_i}$$
$$z_C = \frac{\Sigma A_i z_{Ci}}{\Sigma A_i} \tag{7-5}$$

【例 7-3】 试求图示角钢截面形心的位置,尺寸见图 7-4。

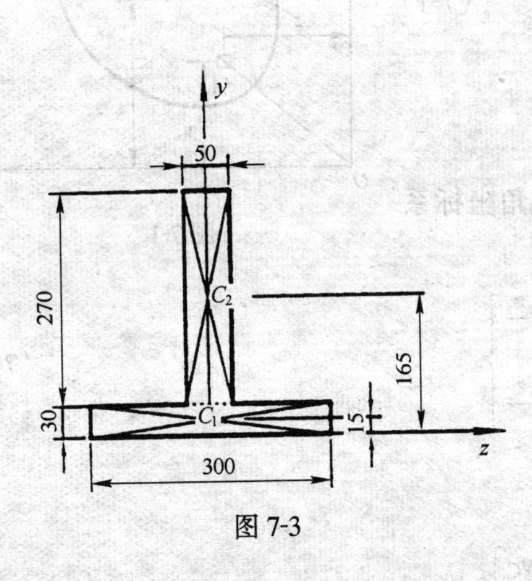

图 7-3

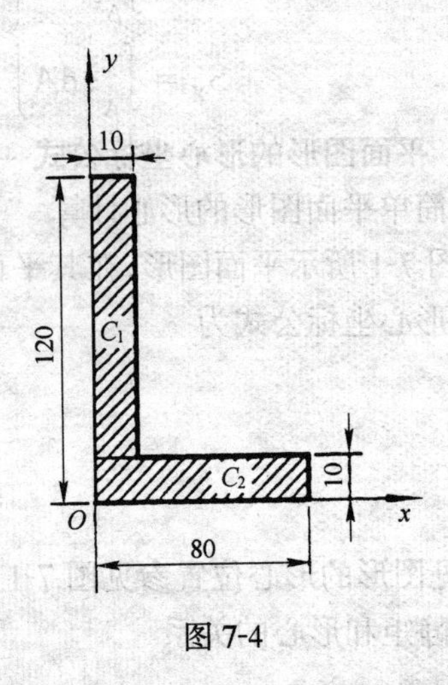

图 7-4

【解】 将角钢分解成两个矩形Ⅰ和Ⅱ

$$A_1 = 110 \times 10 = 1100 \text{mm}^2$$
$$A_2 = 80 \times 10 = 800 \text{mm}^2$$
$$z_{C1} = 5\text{mm}$$
$$y_{C1} = 10 + \frac{110}{2} = 65\text{mm}$$
$$z_{C2} = \frac{80}{2} = 40\text{mm}$$
$$y_{C2} = 5\text{mm}$$

则:

$$y_C = \frac{\Sigma A_i y_{Ci}}{\Sigma A_i} = \frac{A_1 y_{C1} + A_2 y_{C2}}{A_1 + A_2} = \frac{1100 \times 65 + 800 \times 5}{1100 + 800} = 39.7\text{mm}$$
$$z_C = \frac{\Sigma A_i z_{Ci}}{\Sigma A_i} = \frac{A_1 z_{C1} + A_2 z_{C2}}{A_1 + A_2} = \frac{1100 \times 5 + 800 \times 40}{1100 + 800} = 19.7\text{mm}$$

第二节　惯性矩与极惯性矩

一、惯性矩

1．惯性矩的定义

如图 7-1 所示整个图形上微面积 dA 与它到 z 轴(或 y 轴)距离平方的乘积的总和，称为该图形对 z 轴(或 y 轴)的惯性矩，用 I_z(或 I_y)表示，即

$$\left.\begin{aligned} I_z &= \int_A y^2 dA \\ I_y &= \int_A z^2 dA \end{aligned}\right\} \tag{7-6}$$

惯性矩恒为正值，它的单位是 m^4 或 mm^4。

2．组合图形的惯性矩

$$\left.\begin{aligned} I_z &= \Sigma I_{zi} \\ I_y &= \Sigma I_{yi} \end{aligned}\right\} \tag{7-7}$$

上式表明：组合图形对某轴的惯性矩，等于组成组合图形的各简单图形对同一轴的惯性矩的和。

3．惯性矩的平行移轴公式：

$$\left.\begin{aligned} I_{z1} &= I_z + a^2 A \\ I_{y1} &= I_y + b^2 A \end{aligned}\right\} \tag{7-8}$$

式中下角标 z、y 轴为形心轴，z、y_1 轴分别平行于 z、y 轴，a、b 为形心在 z_1、y_1 坐标系中的坐标，如图 7-5 所示。

【例 7-4】　求 T 形截面对形心轴 z、y 的惯性矩，尺寸如图 7-6 所示。

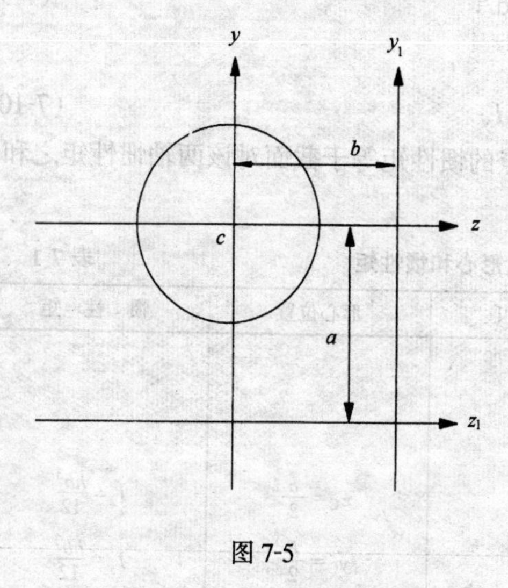

图 7-5

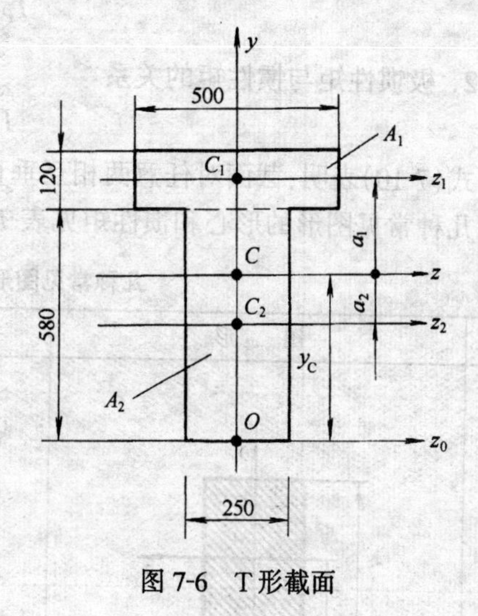

图 7-6　T 形截面

【解】　(1) 求截面形心位置

根据图形的对称性，可知

$$z_C = 0$$

如图所示,将图形分为两个矩形,则:

$$A_1 = 500 \times 120 = 60 \times 10^3 \text{mm}^2$$

$$y_{C1} = 580 + 60 = 640\text{mm}$$

$$A_2 = 250 \times 580 = 145 \times 10^3 \text{mm}^2$$

$$y_{C2} = \frac{580}{2} = 290\text{mm}$$

故
$$y_C = \frac{\Sigma A_i y_{Ci}}{\Sigma A_i} = \frac{60 \times 10^3 \times 640 + 145 \times 10^3 \times 290}{60 \times 10^3 + 145 \times 10^3} = 392\text{mm}$$

(2) 计算 I_z、I_y

$$I_z = I_{1z} + I_{2z} \quad I_{1z1} = \frac{500 \times 120^3}{12}\text{mm}^4, I_{2z2} = \frac{250 \times 580^3}{12}\text{mm}^4$$

应用平行移轴公式得

$$I_{1z} = I_{1z1} + a_1^2 A_1 = \frac{500 \times 120^3}{12} + 248^2 \times 500 \times 120 = 37.6 \times 10^8 \text{mm}^4$$

$$I_{2z} = I_{2z2} + a_2^2 A_2 = \frac{250 \times 580^3}{12} + 102^2 \times 250 \times 580 = 55.6 \times 10^8 \text{mm}^4$$

所以 $I_z = I_{1z} + I_{2z} = 37.6 \times 10^8 + 55.6 \times 10^8 \text{mm}^4 = 93.2 \times 10^8 \text{mm}^4$

y 轴正好经过矩形 A_1 和 A_2 的形心,所以

$$I_y = I_{1y} + I_{2y} = \frac{500^3 \times 120}{12} + \frac{250^3 \times 580^3}{12} = 12.5 \times 10^8 + 7.55 \times 10^8 = 20.05 \times 10^8 \text{mm}^4$$

二、极惯性矩

1. 定义:如图 7-1 所示平面图形上微面积 dA 与它到坐标原点(也称极点)距离 ρ 平方的乘积的总和标为极惯性矩,用 I_P 表示。

$$I_P = \int_A \rho^2 dA \tag{7-9}$$

2. 极惯性矩与惯性矩的关系

$$I_P = I_z + I_y \tag{7-10}$$

式(7-10)表明:截面对任意两相互垂直轴交点的惯性矩等于截面对该两轴惯性矩之和。

几种常见图形的形心和惯性矩见表 7-1。

几种常见图形的面积、形心和惯性矩 **表 7-1**

序号	图　形	面　积	形心位置	惯 性 矩
1		$A = bh$	$z_C = \frac{b}{2}$ $y_C = \frac{h}{2}$	$I_z = \frac{hb^3}{12}$ $I_y = \frac{hb^3}{12}$

续表

序号	图形	面积	形心位置	惯性矩
2		$A=\frac{bh}{2}$	$z_C=\frac{b}{3}$ $y_C=\frac{h}{3}$	$I_z=\frac{bh^3}{36}$ $I_{z1}=\frac{bh^3}{12}$
3		$A=\frac{\pi D^2}{4}$	$z_C=\frac{D}{2}$ $y_C=\frac{D}{2}$	$I_z=I_y=\frac{\pi D^4}{64}$
4		$A=\frac{\pi(D^2-d^2)}{4}$	$z_C=\frac{D}{2}$ $y_C=\frac{D}{2}$	$I_z=I_y=\frac{\pi(D^4-d^4)}{64}$
5		$A=\frac{\pi R^2}{2}$	$y_C=\frac{4R}{3\pi}$	$I_z=\left(\frac{1}{8}-\frac{8}{9\pi^2}\right)\pi R^4$ $I_y=\frac{\pi R^4}{8}$

小　结

截面图形的几何性质，是本图形的形状、大小有关的几何量。只由图形的形状、大小及坐标轴位置决定其数值。这些几何量对杆件强度，刚度和稳定性有着极为重要的影响。

截面的主要几何性质和计算公式有：

1. 静矩　　$S_z=\int_A y\mathrm{d}A$，　$S_y=\int_A z\mathrm{d}A$

2. 形心计算公式　简单图形：$z_C=\frac{\Sigma A_i z_i}{A}$，$y_C=\frac{\Sigma A_i y_i}{A}$

组合图形：$z_C=\frac{\Sigma A_i z_{Ci}}{\Sigma A_i}, y_C=\frac{\Sigma A_i y_{Ci}}{\Sigma A_i}$

3．惯性矩 $I_z=\int_A y^2 dA, I_y=\int_A z^2 dA$

4．平行移轴公式 $I_{z1}=I_z+a^2A \quad I_{y1}=I_y+b^2A$

5．极惯性矩 $I_p=\int_A \rho^2 dA$

标准化练习题

一、选择题

1．如图所示T形截面，z 为形心轴，z 轴上下两部分对 z 轴静矩的关系是(　　)。

a．大小相等，符号相同； b．大小相等，符号相反； c．大小不同，符号相同

2．如图所示截面对 z 轴的惯性矩应是(　　)。

a．$I_z=BH^3/12-bh^3/12$； b．$I_z=(B-b)(H-h)^3/12$； c．$I_z=BH^3/12$

3．有圆形、正方形、矩形三种截面，在面积相同的情况下，能取得惯性矩较大的截面是(　　)。

a．圆形； b．正方形； c．矩形

4．如图所示矩形截面宽为 b，高为 h，已知截面对 z_1 轴惯性矩为 I_{z1}，则对形心轴 z 的惯性矩是(　　)。

a．$I_z=I_{z1}+bh(h/2)^2$； b．$I_z=I_{z1}-bh(h/2)^2$； c．$I_z=I_{z1}+b(h/2)(h/4)^2$

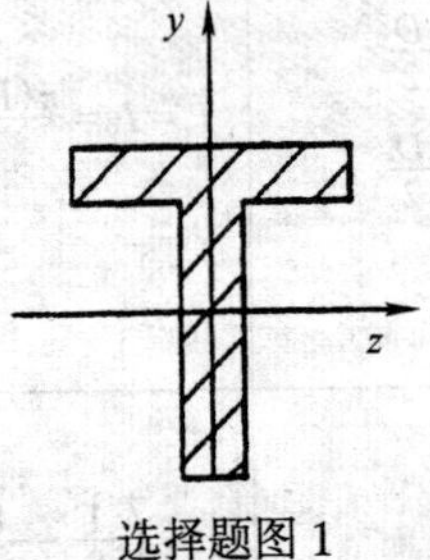

选择题图 1

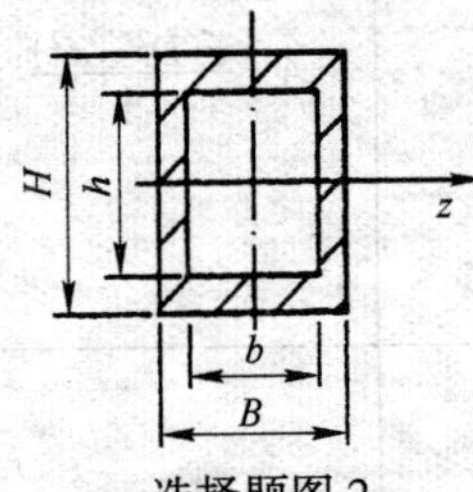

选择题图 2

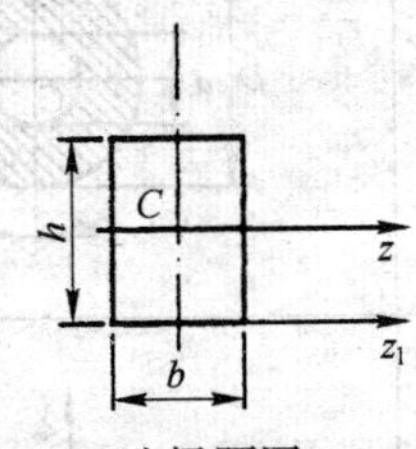

选择题图 4

5．截面各种几何性质中，恒为正值的是(　　)。

a．静矩； b．惯性矩； c．惯性积

6．如图所示，试比较矩形截面对 z、y 轴的惯性矩大小，正确的是(　　)。

a．$I_z>I_y$； b．$I_z<I_y$； c．$I_z=I_y$

7．如图所示半圆截面对形心轴的惯性矩 I_{zC}=(　　)。

a．$\pi d^4/128$； b．$\pi d^4/128-(1/8)\pi d^2e^2$； c．$\pi d^4/12+(1/8)\pi d^2e^2$

8．如图所示倒T形截面，形心轴 z_C 将截面分割成上下两部分，且面积 $A_{上}<A_{下}$，它们的静矩关系是(　　)。

a．$S_{z上}<S_{z下}$； b．$S_{z上}>S_{z下}$； c．$S_{z上}=-S_{z下}$； d．$S_{z上}=S_{z下}$

9．如图所示截面图形，对 z 轴的惯性矩 I_z=(　　)。

a．$(2/3)a^4-\pi d^4/64$； b．$(2/3)a^4-\pi d^4/64-\pi a^2d^2/16$；

c．$(2/3)a^4+\pi d^4/64+\pi a^2d^2/16$； d．$(2/3)a^4+\pi d^4/64$

10．如图所示半圆形截面，z_C、y_C 是形心轴，最大惯性矩应是(　　)。

a．I_{zC}； b．I_{yC}； c．不能确定

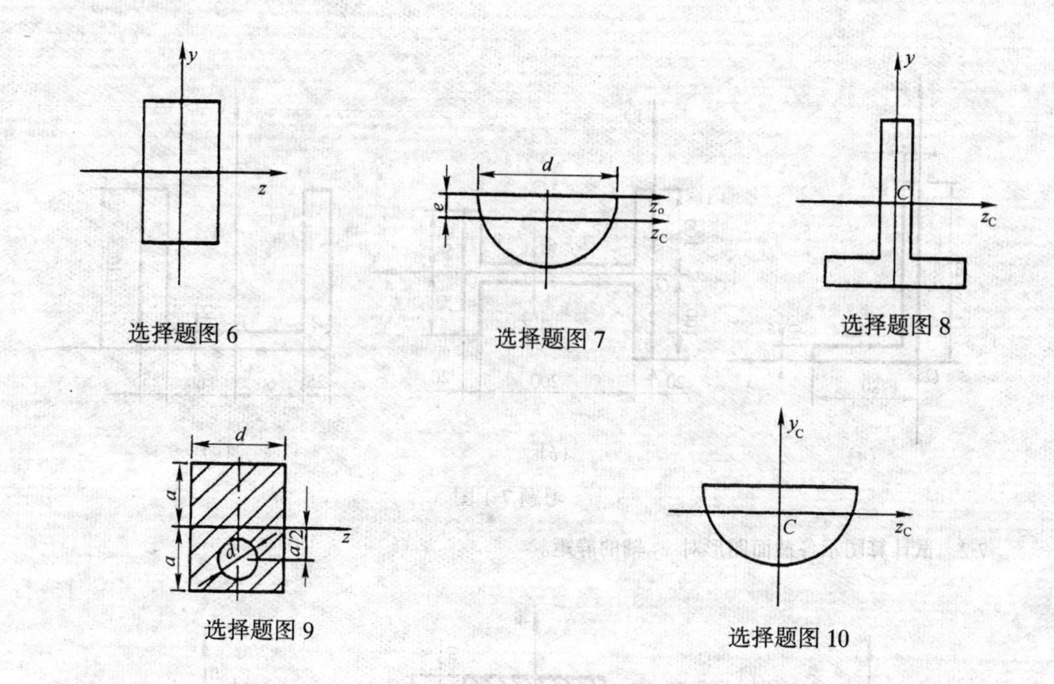

二、填空题

1．当坐标通过截面的形心时，其静矩为__________________。
2．截面对某轴的静为零，该轴一定通过__________________。
3．截面惯性矩的平行移轴公式 $I_{z1}=I_z+a^2A$ 中，I_z 是______，A 是______，a 是______。
4．中性轴两侧的面积对中性轴的静矩，数值上______，正负号______ ______。
5．惯性矩其恒为______值。
6．截面对某轴的静矩的大小等于______与截面形心到该轴______面积。
7．圆形截面对任一形心轴的惯性都等于______。
8．圆形截面的极惯性矩，$I_p=$______。
9．当截面的惯性积 $I_{zy}=$______时，则这对坐标轴 z、y 称为该图形的主轴。
10．只要 z、y 轴中，有一根为截面的对称轴，则该截面对 z、y 轴的惯性积必等于______。

三、判断题

1．截面对 z 轴的静矩等于截面面积 A 与形心坐标 y_C 的乘积。(　　)
2．组合截面对某轴的静矩等于组成该截面的各几何图形盛对该轴矩的代数和。(　　)
3．若截面的两条正交轴中有一条对称轴，则该截面对于这两条坐标轴的惯性积一定等于零。(　　)
4．组合截面对形心轴的惯性矩，比它们与形心轴平行的任何轴的惯性矩都要大。(　　)。
5．若截面对某轴的静矩为零，则该轴一定为形心轴。(　　)
6．同一截面对不同轴的惯性矩相等。(　　)
7．静矩的单位为 m^2。(　　)
8．惯性矩、极惯性矩和惯性积的单位相同。(　　)
9．截面图形 z 轴惯性矩仅与 z 轴位置有关。(　　)
10．凡包含有对称轴的一对坐标一定是形心主轴。(　　)

习　　题

7-1　求图示各平面图形的形心位置。

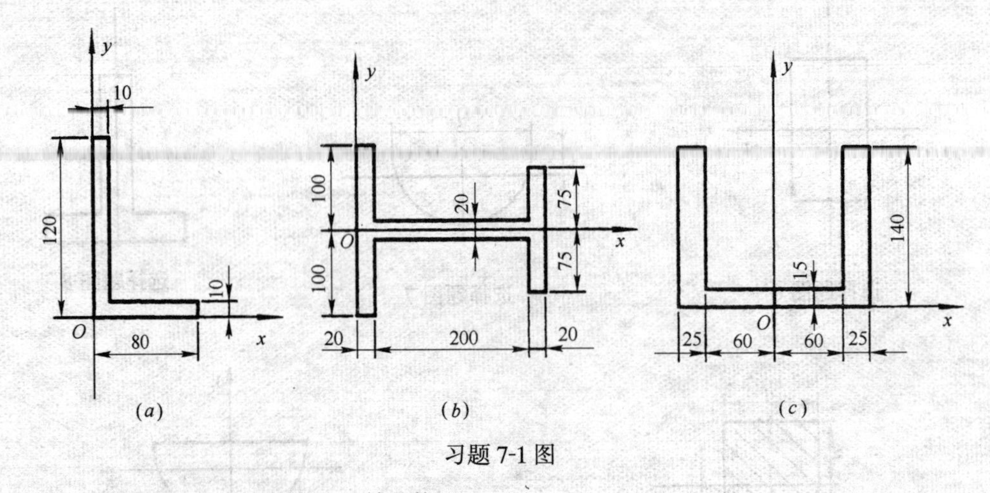

习题 7-1 图

7-2 试计算图示各截面图形对 z_1 轴的静矩。

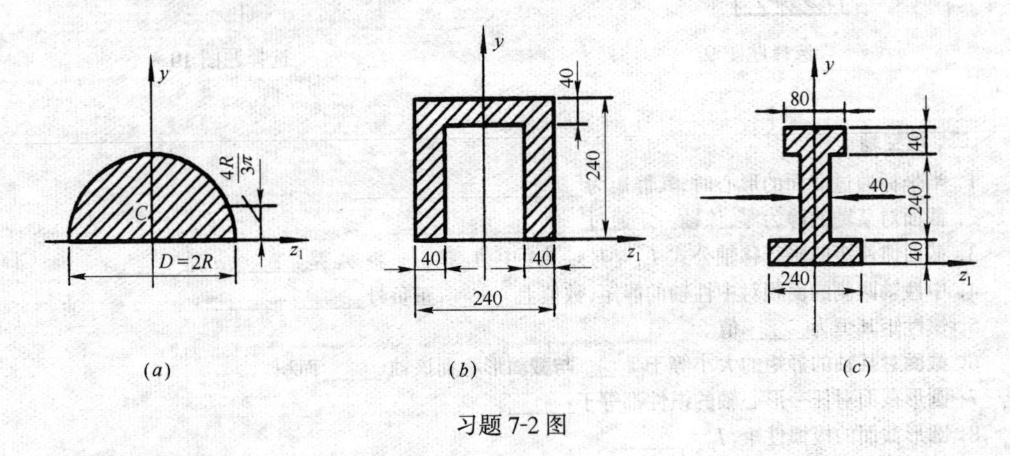

习题 7-2 图

7-3 计算下列图形对形心轴 z、y 的惯性矩。

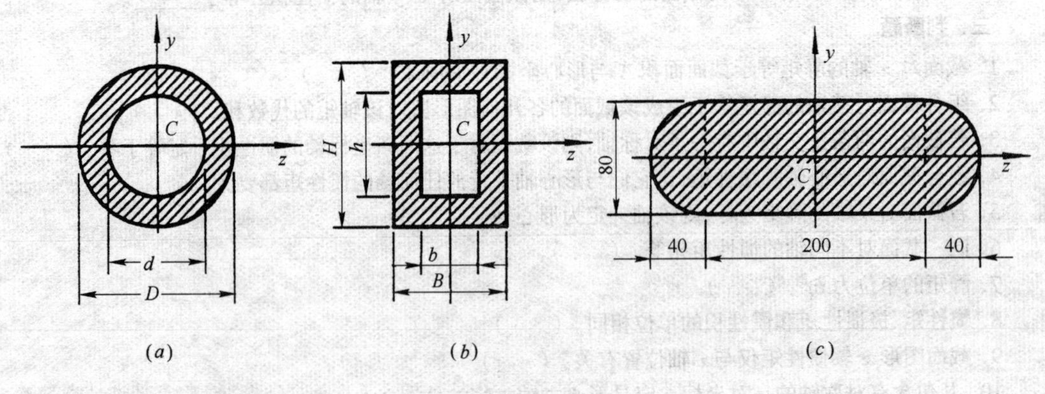

习题 7-3 图

第八章　杆件基本变形时的强度条件

第一节　杆件在轴向拉伸与压缩时的强度条件

一、拉(压)杆横截面上的正应力及正负号规定

杆件在轴向拉伸或压缩时，两相邻截面之间发生相同的伸长或缩短变形，如图8-1所示。因此，横截面上的内力均匀分布，即横截面上各点的应力大小相等、方向垂直于横截面，称为正应力，其计算公式为

$$\sigma=\frac{N}{A} \tag{8-1}$$

式中，N 为横截面上的轴力；A 为横截面的面积。

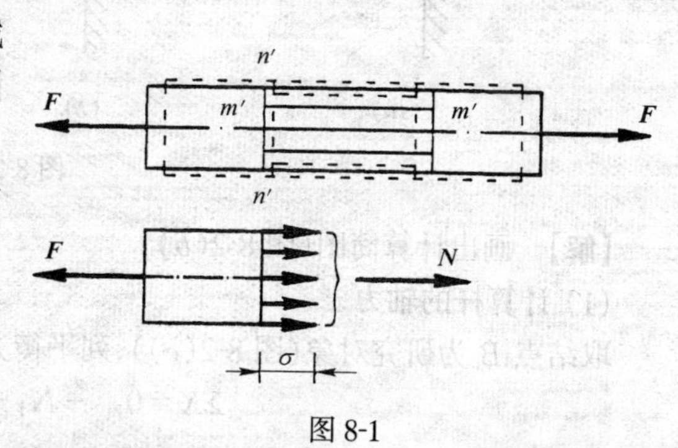

图 8-1

σ 的正负号规定与轴力的规定相同，即杆件受拉时 σ 为正，受压时 σ 为负。

二、拉(压)杆的强度条件

为了保证构件在外力作用下能安全正常可靠的工作，必须使拉(压)杆内最大的正应力不得超过材料的许用应力。这一条件称为强度条件，即

$$\sigma_{max}=\frac{N}{A}\leqslant[\sigma] \tag{8-2}$$

在轴向拉(压)杆中，产生最大正应力的截面称为危险截面。对于轴向拉压的等截面直杆，其轴力最大的截面就是危险截面。

应用强度条件式(8-2)可以解决轴向拉(压)杆强度计算的三类问题：

1．强度校核

已知杆件的材料、尺寸(已知$[\sigma]$和 A)和所受的荷载(已知 N)的情况下，可用式(8-2)检查和校核杆的强度是否满足强度条件。若出现最大工作应力 σ_{max}稍大于许用应力$[\sigma]$的情况，但只要不超过 5%仍然是允许的，即 $\sigma_{max}\leqslant1.05[\sigma]$。

2．截面选择

已知杆件所受的荷载及材料的许用应力，则所需的杆件横截面面积 A 可用下式计算

$$A\geqslant\frac{N}{[\sigma]}$$

3．确定容许荷载

已知杆件的尺寸、材料，确定杆件能承受的最大轴力，并由此计算杆件能承受的容许荷载：

$$[N]\leqslant A[\sigma]$$

【例 8-1】 图 8-2(*a*)所示设备支架，*AB* 杆和 *BC* 杆均为 ∟30×3 角钢，杆件截面积 $A=1.75\text{cm}^2$，材料的许用应力$[\sigma]=215\text{MPa}$，设备重力 $\boldsymbol{G}$ 作用在结点 *B* 处，求许可荷载$[G]$。

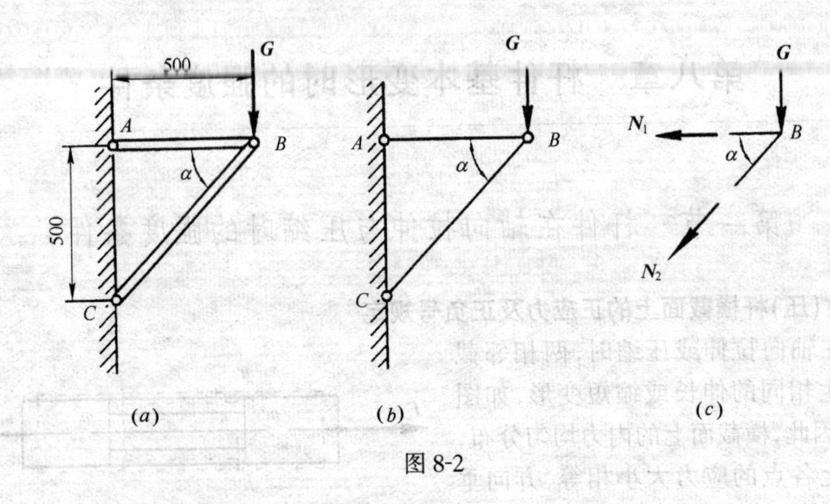

图 8-2

【解】 画出计算简图(图 8-2(*b*))

(1) 计算杆的轴力

取结点 *B* 为研究对象(图 8-2(*c*))，列平衡方程

$$\Sigma X=0 \quad -N_1-N_2\cos\alpha=0$$

$$\Sigma Y=0 \quad -G-N_2\sin\alpha=0$$

式中 α 由几何关系得：$\tan\alpha=500/500=1$，则 $\alpha=45°$。解方程得：

$N_1=G$(拉力)

$N_2=-1.414G$(压力)(负号说明 $\boldsymbol{N}_2$ 的实际方向与假设方向相反，即 $\boldsymbol{N}_2$ 为压力。)

(2) 计算许可荷载

先根据 *AB* 杆的强度条件计算 *AB* 杆能承受的许可荷载

$$\sigma_1=\frac{N_1}{A}=\frac{G}{A}\leqslant[\sigma]$$

所以

$$[G]\leqslant A[\sigma]=1.75\times10^{-4}\times215\times10^6=3.76\times10^4\text{N}=37.6\text{kN}$$

再根据 *BC* 杆的强度条件计算 *BC* 杆能承受的许可荷载

$$\sigma_2=\frac{N_2}{A}=\frac{1.414G}{A}\leqslant[\sigma]$$

所以

$$[G]\leqslant\frac{A[\sigma]}{1.414}=\frac{1.75\times10^{-4}\times215\times10^6}{1.414}=2.66\times10^4\text{N}=26.6\text{kN}$$

比较两次所得的许可荷载，取其较小者，则整个支架的许可荷载为$[G]\leqslant26.6\text{kN}$。

【例 8-2】 图 8-3 所示蒸汽管道的法兰盖是用直径 $d=10\text{mm}$ 的八根螺栓与法兰连接，螺栓的许用应力$[\sigma]=170\text{MPa}$。若管道内蒸汽压力 $p=0.4\text{MPa}$，内径 $D=200\text{mm}$，试校核螺栓的强度。

【解】 (1) 计算螺栓的内力

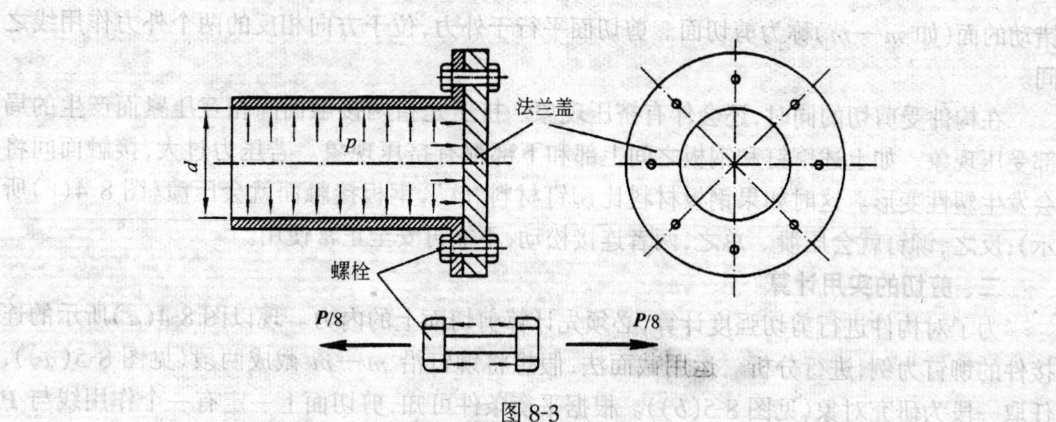

图 8-3

法兰盖上承受的总压力为

$$P = p \times \pi \times \frac{D^2}{4} = 0.4 \times 10^6 \times \pi \times \frac{(0.2)^2}{4} = 1.256 \times 10^4 \text{N} = 12.56\text{kN}$$

P 力将由八根螺栓来承受，螺栓受到拉伸。每根螺栓内的轴力为 $P/8$。

(2) 强度校核

$$\sigma = \frac{\frac{P}{8}}{A} = \frac{\frac{12.56 \times 1000}{8}}{\frac{\pi \times 10^2}{4}} = 20\text{N/mm}^2 = 20\text{MPa} \leqslant [\sigma]$$

螺栓满足强度要求。

第二节　剪切与挤压的实用计算

一、剪切与挤压的概念

工程中许多连接构件所受到的荷载是和构件横截面平行的一对大小相等、方向相反、距离很近的剪力 **P**。例如，图 8-4(a)中用铆钉连接的两块钢板，在外力 **F** 的作用下，铆钉截面将沿着力的作用方向发生相对错动(见图 8-4(b))。显然，力增大时，铆钉的错动也加大，力大到一定程度时，铆钉将沿 $m—m$ 面“剪断”，连接就失效，钢板就会脱开。剪切变形时相对

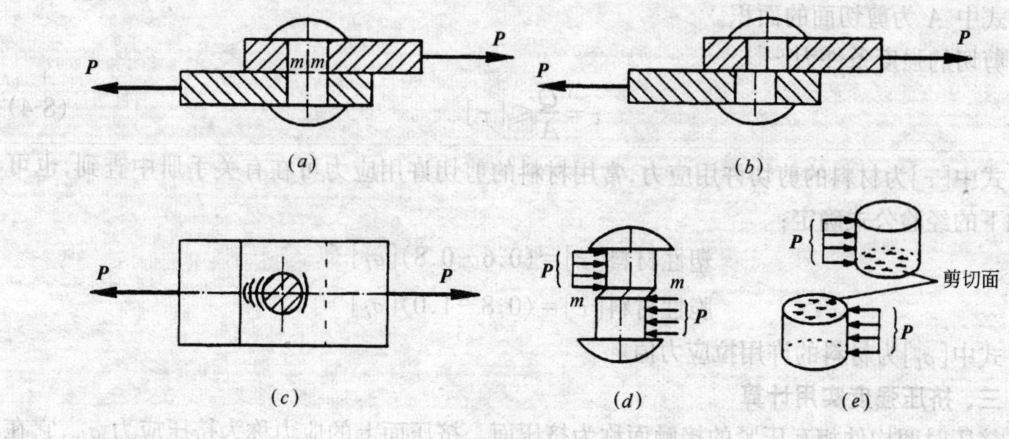

图 8-4

错动的面(如 $m—m$)称为剪切面。剪切面平行于外力,位于方向相反的两个外力作用线之间。

在构件受剪切的同时,还会伴有挤压现象。挤压是指两接触面间相互压紧而产生的局部受压现象。如上述铆钉和钢板之间上部和下部都有挤压现象。若压力过大,接触面间将会发生塑性变形。这时如果钢板材料比铆钉材料"软",钢板接触面就会压溃(图 8-4(c)所示);反之,铆钉就会压溃。总之,两者连接松动,不能再安全正常使用。

二、剪切的实用计算

为了对构件进行剪切强度计算,必须先计算剪切面上的内力。现以图 8-4(a)所示的连接件的铆钉为例,进行分析。运用截面法,假想将铆钉沿 $m—m$ 截成两段(见图 8-5(a)),任取一段为研究对象(见图 8-5(b))。根据平衡条件可知,剪切面上一定有一个作用线与 $\boldsymbol{P}$ 力平行的内力 $\boldsymbol{Q}$ 存在。这个内力 $\boldsymbol{Q}$ 即称为剪力,即

$$\Sigma X = 0 \qquad Q - P = 0$$

$$Q = P$$

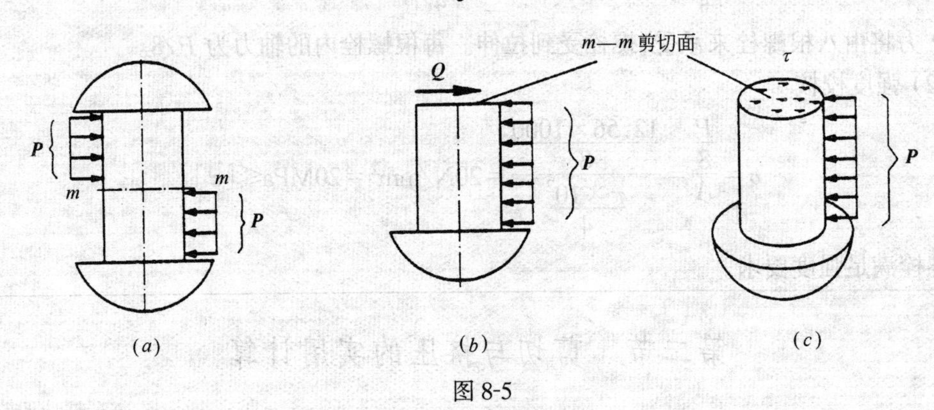

图 8-5

我们把剪切面上的应力称为剪应力,用 τ 表示(见图 8-5(b))。剪应力在剪切面上的实际分布状况比较复杂。工程上为了简化计算,采用一种经验方法来计算,即假设剪应力 τ 在剪切面上是均匀分布的(见图 8-5(c)),于是得

$$\tau = \frac{Q}{A} \tag{8-3}$$

式中 A 为剪切面的面积。

剪切的强度条件为

$$\tau = \frac{Q}{A} \leqslant [\tau] \tag{8-4}$$

式中$[\tau]$为材料的剪切许用应力,常用材料的剪切许用应力可在有关手册中查到,也可按如下的经验公式确定:

$$塑性材料[\tau] = (0.6 \sim 0.8)[\sigma_l]$$

$$脆性材料[\tau] = (0.8 \sim 1.0)[\sigma_l]$$

式中$[\sigma_l]$为材料的许用拉应力值。

三、挤压强度实用计算

挤压时两构件相互压紧的接触面称为挤压面。挤压面上的应力称为挤压应力 σ_{jy},它在

挤压面上的分布也很复杂，在经验法计算时也假设挤压力 P_{jy} 均匀分布在挤压面上，于是强度条件为

$$\sigma_{jy}=\frac{P_{jy}}{A_C}\leqslant[\sigma_{jy}] \tag{8-5}$$

式中的 A_C 为挤压的计算面积。若挤压面为平面，则该平面的面积就是挤压面的计算面积；若挤压面为圆柱面，则该柱面的正投影面积(图 8-6 带点部分的面积)为挤压面的计算面积。

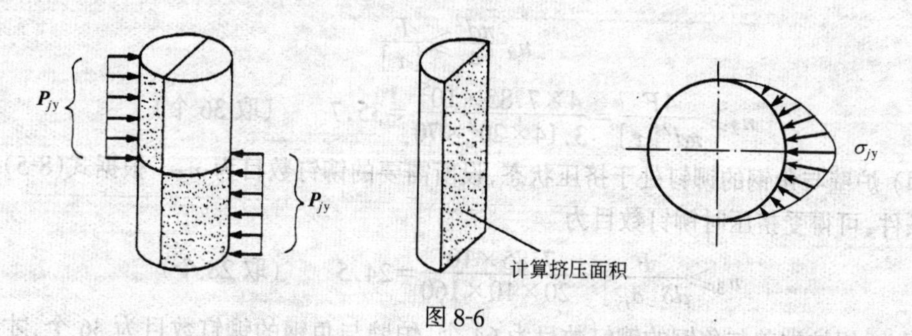

图 8-6

$[\sigma_{jy}]$为材料的许用挤压应力，可在有关手册中查到，也可按如下的经验公式确定：

塑性材料$[\sigma_{jy}]=(1.5\sim2.5)[\sigma_l]$

脆性材料$[\sigma_{jy}]=(0.9\sim1.5)[\sigma_l]$

如果互相挤压的两个构件材料不同，应按许用应力较低的进行计算。

【例 8-3】 如图 8-7 所示，锅炉端盖用角钢和铆钉与炉壁相连接。已知锅炉内径 $d=100$cm，内压 $p=1$MPa，炉壁及角钢的厚度都是 10mm，铆钉直径为 20mm，铆钉材料$[\sigma]=40$MPa，$[\tau]=70$MPa，$[\sigma_{jy}]=160$MPa。试确定连接端盖与角钢以及连接炉壁与角钢所需要的铆钉数目(取 4 的整数倍)。

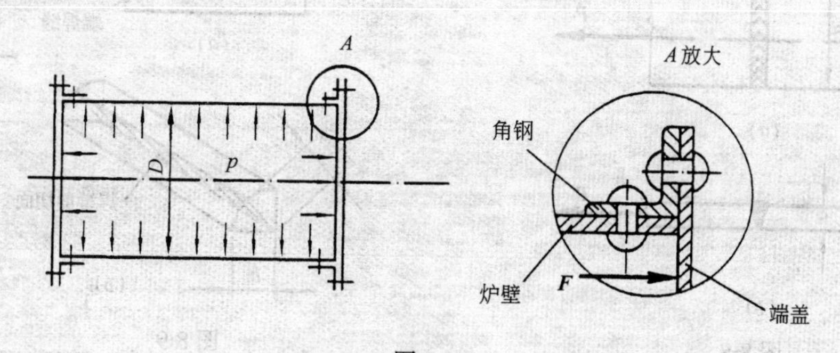

图 8-7

【解】 (1)锅炉端盖所受的总压力 $\boldsymbol{F}$ 为

$$F=p\frac{\pi d^2}{4}=10^6\times\frac{3.14\times1^2}{4}=7.85\times10^5\text{N}$$

(2) 锅炉端盖与角钢的铆钉处于拉伸状态，设端盖与角钢连接所需要的铆钉数目为 n_1。为满足拉杆的强度条件，受拉铆钉总面积

$$A_1\geqslant\frac{F}{[\sigma]}$$

即
$$n_1 \frac{\pi d^2}{4} \geqslant \frac{F}{[\sigma]}$$

$$n_1 \geqslant \frac{4F}{\pi d^2[\sigma]} = \frac{4 \times 7.85 \times 10^5}{3.14 \times 20^2 \times 40} = 62.5 \qquad \text{（取 64 个）}$$

(3) 炉壁与角钢的铆钉处于受剪状态，设炉壁与角钢连接所需要的铆钉数目为 n^2。根据式(8-4)的剪切强度条件，可得受剪铆钉总面积

$$A_2 \geqslant \frac{F}{[\tau]}$$

即
$$n_2 \frac{\pi d^2}{4} \geqslant \frac{F}{[\tau]}$$

$$n_2 \geqslant \frac{4F}{\pi d^2[\tau]} = \frac{4 \times 7.85 \times 10^5}{3.14 \times 20^2 \times 70} = 35.7 \qquad \text{（取 36 个）}$$

(4) 炉壁与角钢的铆钉处于挤压状态，设所需要的铆钉数目为 n_3。根据式(8-5)的挤压强度条件，可得受挤压时铆钉数目为

$$n_3 \geqslant \frac{F}{d\delta[\sigma_{jy}]} = \frac{7.85 \times 10^5}{20 \times 10 \times 160} = 24.5 \qquad \text{（取 28 个）}$$

因此，锅炉端盖与角钢的铆钉数目为 64 个，炉壁与角钢的铆钉数目为 36 个，才能满足要求。

四、焊接的计算

钢结构中构件的连接常用焊接的方法，主要是施工简便以及可避免铆孔对构件截面的削弱。焊接形式有对接(图 8-8)与搭接(图 8-9)两种。

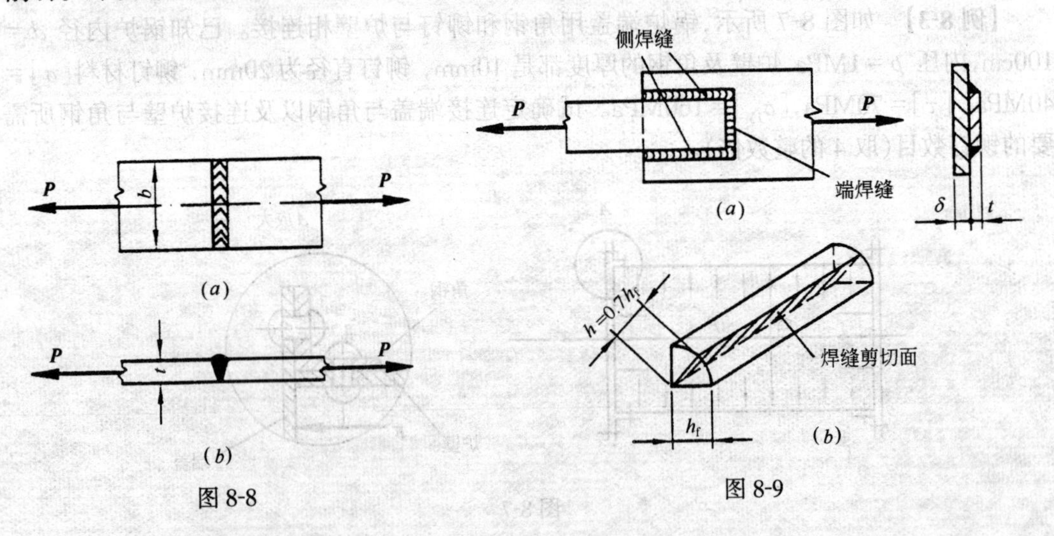

图 8-8　　　　图 8-9

(一) 对接焊缝计算

对接焊缝用来连接同一平面内的构件。对接焊缝主要承受轴向拉伸或压缩。

计算焊缝应力时，假定焊缝与被焊构件一样，应力是均匀分布的。计算焊缝的面积时，不考虑焊缝的凸出部分，并且因焊缝端部的焊接强度较差，通常将焊缝实际长度减去 10mm。所以，焊缝强度条件为

$$\sigma = \frac{N}{(l-10)t} \leqslant [\sigma_C] \tag{8-6}$$

式中　σ——焊缝应力；

t——钢板厚度；

l——对接焊缝的总计算长度。每条焊缝的计算长度为实际长度减去10mm；

$[\sigma_C]$——焊缝材料由许用拉应力，可查有关手册。

（二）搭接焊缝计算

搭接是一个构件搭在另一个构件上，在边缘焊成三角形焊缝的连接方式(图8-9(a))。这种焊缝称角焊缝。

根据实验结果，角焊缝是沿着焊缝截面积最小的截面发生剪切破坏(图8-9(b))。计算时，可认为焊缝横截面是一等腰直角三角形，直角边边长为h_f，则最小宽度h为

$$h = h_f \cos 45° \approx 0.7h_f$$

焊缝的最小截面面积为$0.7h_f l$。

剪切强度条件为

$$\tau = \frac{N}{0.7h_f l} \leqslant [\sigma_f] \tag{8-7}$$

式中　τ——焊缝内的剪应力；

$[\sigma_f]$——焊缝材料的许用剪应力；

l——贴角焊缝的总计算长度。每条焊缝的计算长度为实际长度减去10mm。

【例8-4】　如图8-9所示的角焊缝。已知板厚$\delta = 4$mm，侧焊缝长$l = 50$mm，无端焊缝，焊缝厚度$h_f = \delta$，焊缝材料的许用剪应力$[\sigma_f] = 160$MPa，试求许用拉力N为多少？

【解】　由式(8-7)可得

$$\tau = \frac{N}{0.7h_f l} \leqslant [\sigma_f]$$

$$[N] \leqslant 0.7h_f l[\sigma_f] = 0.7 \times 4 \times 10^{-3} \times 2(0.05 - 0.01) \times 160 \times 10^6$$
$$= 35.84 \times 10^3 \text{N} = 35.84 \text{kN}$$

第三节　梁弯曲变形时横截面上的强度条件

梁平面弯曲时横截面上既有弯矩又有剪力，它们各自在梁的横截面上会引起正应力σ和剪应力τ。工程中梁的跨度一般都远远大于其横截面的高度，弯矩是影响梁强度的主要因素。本教材忽略剪力的影响，只考虑梁的正应力。

一、梁弯曲时横截面上的正应力强度问题

（一）正应力分布规律

设想梁是由无数纵向纤维组成。在图8-10(a)所示梁的纵向对称面内施加等值、反向的力偶，使之发生纯弯曲(图8-10(b))。此时，各横向线仍为直线，只倾斜了一个角度。而纵向线弯成曲线，上部纵向线缩短，下部纵向线伸长。梁内有一层既不伸长也不缩短的纵向纤维层，称为中性层。中性层与各横截面的交线，叫做中性轴(图8-10(c))。中性轴通过与横截面的形心，与竖向对称轴y垂直，并且将横截面分为受压和受拉两个区域。梁弯曲变形时，正应力分布规律如图8-11所示。

（二）正应力计算公式

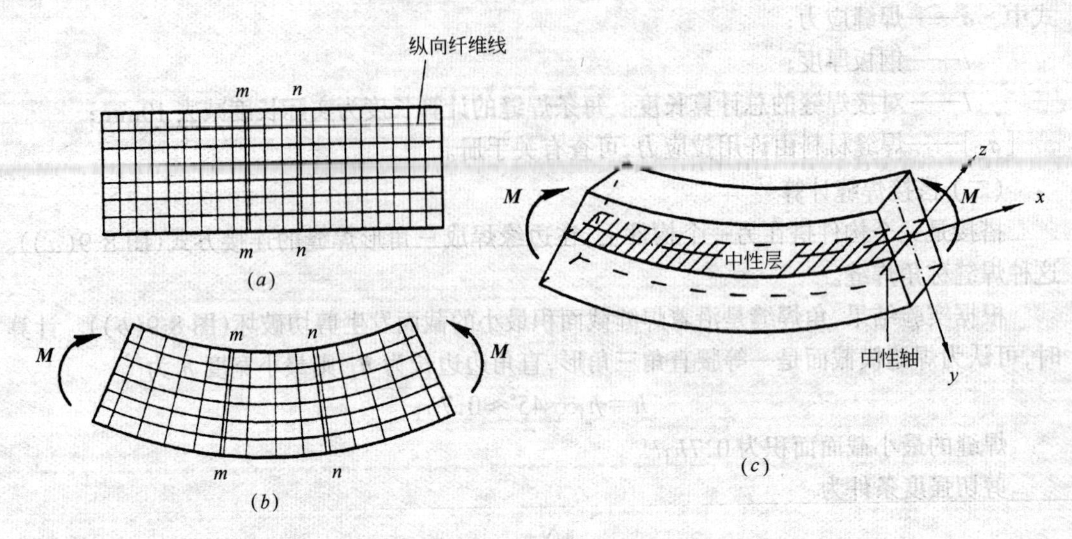

图 8-10

由理论推导可得：梁纯弯曲时横截面上距中性轴为 y 处的正应力计算公式为

$$\sigma = \frac{M \cdot y}{I_z} \tag{8-8}$$

式中，M 为作用在该截面上的弯矩；I_z 为该截面对中性轴的惯性矩。

正应力计算公式也适用于具有纵向对称轴的其他形状截面（如圆形、工字形、T 字形等）的梁以及跨度与截面高度之比大于 5 的横力弯曲梁（横截面上既有剪力又有弯矩的梁段）。

应力的正负号规定：当截面上作用正弯矩时下部为拉应力，上部为压应力；当作用负弯矩时，上部为拉应力，下部为压应力；弯矩的正负号判断：左顺右逆 **M** 为正，右顺左逆 **M** 为负。如图 8-12 所示。因此，计算时 **M** 和 y 均以绝对值代入。

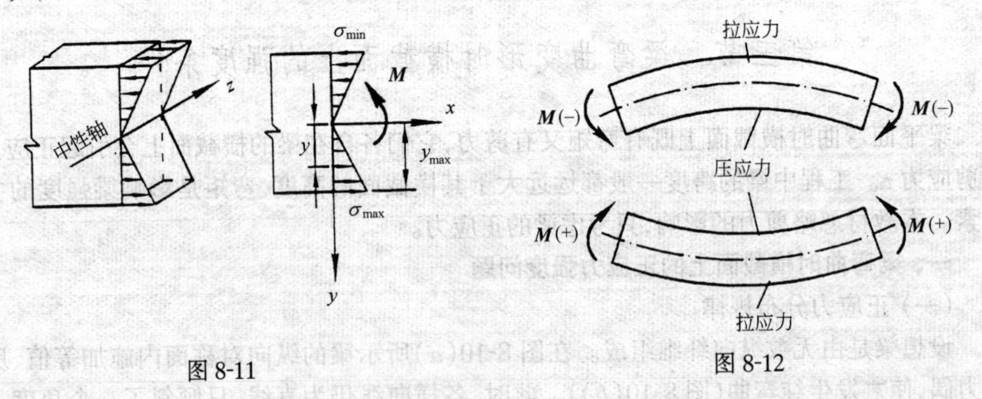

图 8-11　　　　图 8-12

由式(8-8)和图 8-11 可见，中性轴处的弯曲正应力 $\sigma = 0$；距中性轴最远处有最大弯曲正应力，即

$$\sigma_{\max} = \frac{M_{\max} \cdot y_{\max}}{I_z} = \frac{M_{\max}/I_z}{y_{\max}} = \frac{M_{\max}}{W_z} \tag{8-10}$$

式中的 W_z 称为抗弯截面系数，它是衡量截面抵抗弯曲变形能力，并只与截面形状和尺

寸有关的几何量,单位是 mm^3 或 cm^3。

对于宽为 b、高为 h 的矩形截面:$W_z=\frac{bh^2}{6}$

对于直径为 D 的圆形截面:$W_z=\frac{\pi D^3}{32}\approx 0.1D^3$

对于内径为 d,外径为 D 的圆环形截面:

$$W_z=\frac{\pi(D^4-d^4)}{32D}\approx 0.1D^3(1-\alpha^4)$$

式中　$\alpha=\frac{d}{D}$

各种型钢的抗弯截面系数见附录 5～附录 8《型钢表》。

若梁的横截面对于中性轴不对称时,例如 T 形截面(图 8-13),由于 $y_1\neq y_2$,$W_{z1}=I_z/y_1$,$W_{z2}=I_z/y_2$,所以,$W_{z1}\neq W_{z2}$。梁在正弯矩 M 作用下,梁的下缘产生最大拉应力 σ^+_{max},上缘产生最大压应力,根据式(8-8)可得:

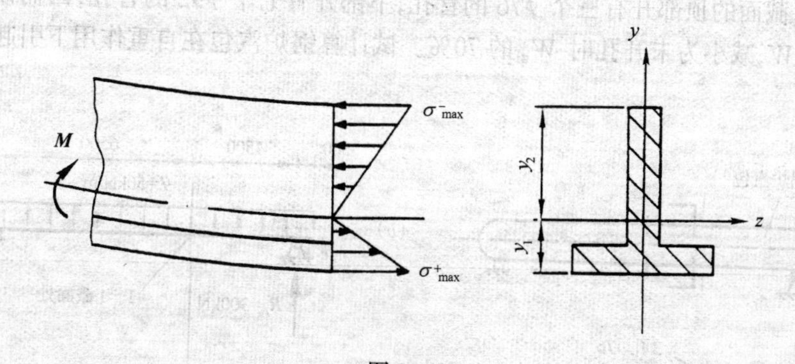

图 8-13

$$\sigma^+_{max}=\frac{M\cdot y_1}{I_z}$$

$$\sigma^-_{max}=\frac{M\cdot y_2}{I_z}$$

二、梁的正应力强度条件

(一) 强度条件

一般来说,梁各截面的弯矩是不相等的。对于等截面梁,最大弯矩 M_{max} 所在的截面是危险截面。危险截面上最大应力所在的点称作危险点。因此,等截面梁的弯曲正应力强度条件为

$$\sigma_{max}=\frac{M_{max}}{W_z}\leqslant[\sigma] \qquad (8\text{-}10)$$

对于变截面梁,最大弯矩所在截面不一定是危险截面,要看 M/W_z 的比值,比值最大的那个截面才是危险截面。因此,变截面梁的弯曲正应力强度条件为

$$\sigma_{max}=\left(\frac{M}{W_z}\right)_{max}\leqslant[\sigma]$$

若材料的抗拉、抗压强度不相等,则要求

$$\sigma^+_{max}\leqslant[\sigma]^+ \qquad \sigma^-_{max}\leqslant[\sigma]^-$$

式中的$[\sigma]^+$与$[\sigma]^-$分别为材料的拉、压许用应力。

(二) 由强度条件引起的三类问题

应用强度条件可以解决强度校核、截面选择和确定许用载荷等三类问题。

1. 强度校核

$$\sigma_{max}=\frac{M_{max}}{W_z}\leqslant[\sigma]$$

2. 截面选择

$$W_z\geqslant\frac{M_{max}}{[\sigma]}$$

3. 确定许用载荷

$$M_{max}\leqslant W_z[\sigma]$$

【例 8-5】 图 8-14(a)所示的锅炉汽包支承在 A、B 两点,连同保温层的总重量为 60t。汽包在 1—1 截面的顶部开有三个 $\phi76$ 的管孔,下部开有七个 $\phi92$ 的管孔,因而该截面的抗弯截面系数 W_z'减小为未开孔时 W_z 的 70%。试计算锅炉汽包在自重作用下引起的最大弯曲正应力。

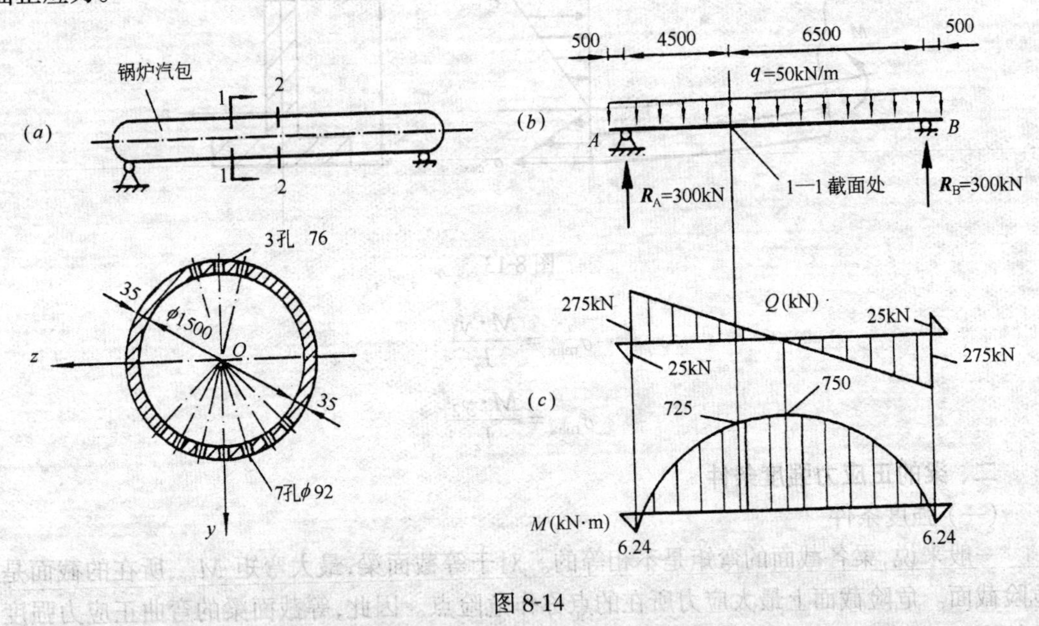

图 8-14

【解】 1. 首先画出汽包的计算简图,并由此画出弯矩图:

汽包在自重作用下,可以简化为承受均布荷载的梁。荷载集度为

$$q=\frac{600\text{kN}}{12\text{m}}=50\text{kN/m}$$

计算简图如图 8-14(b)所示。据此可以做出弯矩图和剪力图如图 8-14(c)所示。从弯矩图上可以看出:中间 2—2 截面上弯矩最大,其值为 $M_{max}=750\text{kN·m}$,但该截面未开孔;1—1 截面弯矩值为 $M=725\text{kN·m}$,比最大值小 3.33%,但该截面由于开孔削弱,使抗弯截面系数减小了 30%。

1—1 截面上的 $\dfrac{M}{W'_z}=\dfrac{725}{(70\% W_z)}=\dfrac{1035.7}{W_z}$，2—2 截面上的$\dfrac{M_{max}}{W_z}=\dfrac{750}{W_z}$

因此，1—1 截面是危险截面，截面上弯曲正应力最大。

2. 计算截面的抗弯截面系数

锅炉汽包外径 $D=1500+35\times2=1570$mm，内径 $d=1500$mm。

圆环形截面未开孔时的抗弯截面系数为

$$W_z\approx0.1D^3(1-\alpha^4)=0.1\times1570^3\times[1-(1500/1570)^4]=6.45\times10^7\text{mm}^3$$

开孔削弱后的抗弯截面系数为

$$W'_z=6.45\times10^7\times70\%=4.515\times10^7\text{mm}^3$$

3. 计算最大正应力

$$\sigma_{max}=\frac{M}{W'_z}=\frac{725\times10^3\times10^3}{4.515\times10^7}=16.06\text{N/mm}^2=16.06\text{MPa}\leqslant[\sigma]$$

上述计算中，未考虑开孔引起的应力集中。实际汽包在内压作用下，以及由开孔引起的应力集中，在孔边局部地区的应力要比上述数值大得多。

【例 8-6】 如图 8-15(a)所示起重机提升钢制管道 AB，其吊点为 C、D，试选择管道吊装最佳吊点。

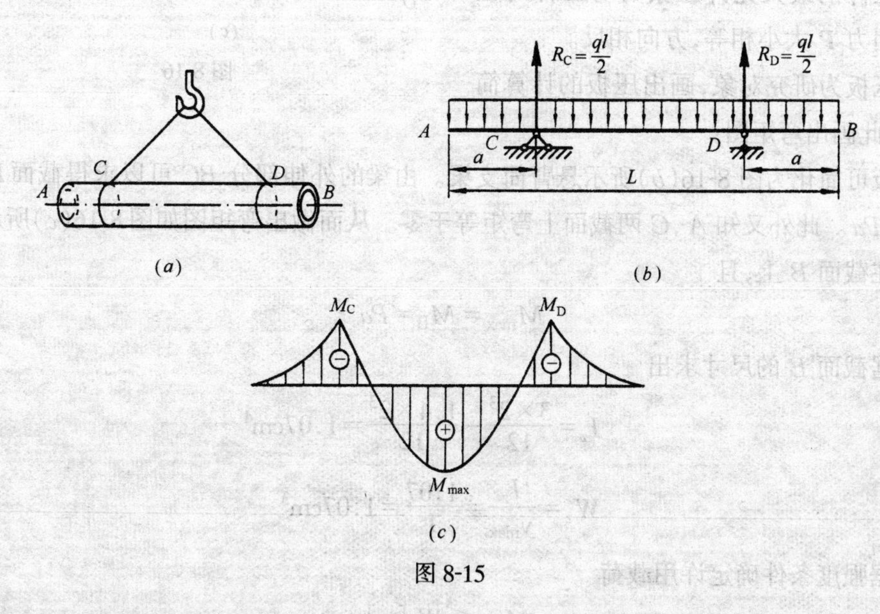

图 8-15

【解】 钢制管道在自重作用下，可以简化为承受均布荷载的梁。钢制管道荷载集度为 q，吊点为 C、D 视为支座，管道 AB 视为悬臂简支梁。计算简图如图 8-15(b)所示。可绘制出梁 AB 的弯矩图，如图 8-15(c)所示，其弯矩 M_C、M_D、M_{max}的计算公式为：

$$M_C=M_D=-\frac{qa^2}{2}$$

$$M_{max}=\frac{q(L-2a)^2}{8}-\frac{qa^2}{2}$$

为了使管道受力合理，则 $M_C = M_D = M_{max}$的绝对值要相等，即可求得管道 AB 的最佳吊点 C、D 的位置。即：

$$\frac{qa^2}{2} = \frac{q(L-2a)^2}{8} - \frac{qa^2}{2}$$

解得

$$a = \frac{(1.414-1)L}{2} = 0.207L$$

即最佳管道吊点位置应从管道两端向内量取被吊管道长度的 0.207 倍。

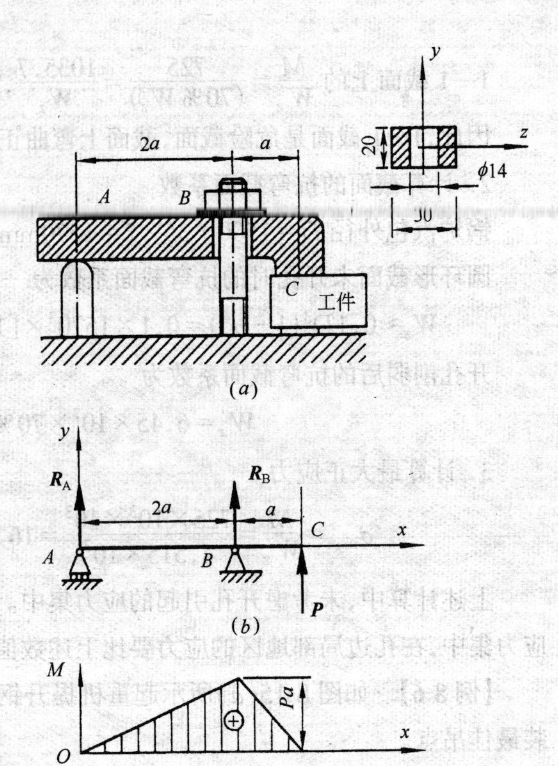

图 8-16

【例 8-7】 螺栓压板夹紧装置如图 8-16(a)所示。已知板长 $3a = 150$mm，压板材料的弯曲许用应力$[\sigma] = 140$MPa，试计算压板传给工件的最大允许压紧力。

【解】 根据作用与反作用定律可知，压板传给工件的最大允许压紧力与工件对压板的作用力 $\boldsymbol{P}$ 大小相等，方向相反。

取压板为研究对象，画出压板的计算简图，并由此画出弯矩图：

压板可简化为图 8-16(b)所示悬臂简支梁。由梁的外伸部分 BC 可以求得截面 B 的弯矩 $M_B = Pa$。此外又知 A、C 两截面上弯矩等于零。从而做出弯矩图如图 8-16(c)所示。最大弯矩在截面 B 上，且

$$M_{max} = M_B = Pa$$

根据截面 B 的尺寸求出

$$I_z = \frac{3 \times 2^3}{12} - \frac{1.4 \times 2^3}{12} = 1.07\text{cm}^4$$

$$W_z = \frac{I_z}{y_{max}} = \frac{1.07}{1} = 1.07\text{cm}^3$$

根据强度条件确定许用载荷

$$M_{max} \leqslant W_z[\sigma]$$

于是有

$$Pa \leqslant W_z[\sigma]$$

$$P \leqslant \frac{W_z[\sigma]}{a}$$

$$= \frac{1.07 \times (10^{-2})^3 \times 140 \times 10^6}{5 \times 10^{-2}}$$

$$= 3000\text{N} = 3\text{kN}$$

即　最大压紧力应不超过 3kN。

三、提高梁弯曲强度的措施

提高梁的强度是指用尽可能少的材料，使梁尽可能承受大的荷载。由强度条件可知，降低最大工作应力有两条途径：①降低 M_{max}；②增大 W_z。

1. 降低最大弯矩 M_{max}

(1) 合理安排支座

图 8-17(a)所示为受均布载荷作用的简支梁，$M_{max}=ql^2/8$，若将其两支座向内移 $0.2l$，图 8-17(b)，其最大弯矩则为 $M_{max}=ql^2/40$，仅为原来的 1/5。图 8-14 所示的锅炉筒体支承点和图 8-15 所示的管道吊点都是根据此思路确定的。

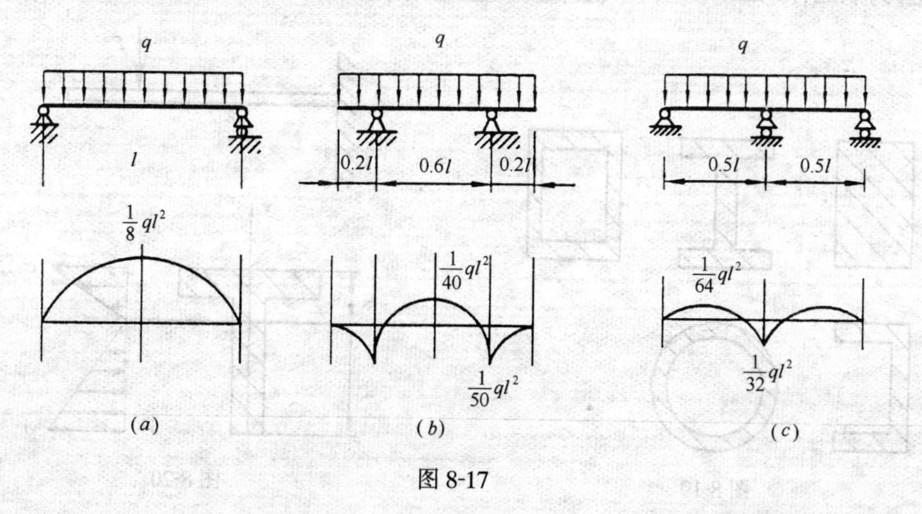

图 8-17

(2) 减小跨度

由于梁的最大弯矩与梁的跨度有关，所以适当增加支座数可以减小跨度，从而降低最大弯矩。图 8-17(c)所示受均布载荷作用的简支梁，若在跨度中间增加一个支座，梁的跨度由 l 缩小为 $0.5l$，则梁的最大弯矩可由 $ql^2/8$ 减小到 $ql^2/32$。

(3) 合理安排载荷

图 8-18(a)所示受集中力 F 作用的简支梁，$M_{max}=Fl/4$；如将集中力 F 分为两个 $F/2$ 的力(图 8-18(b))，或变成均布载荷(图 8-18(c))，则 $M_{max}=Fl/8$。

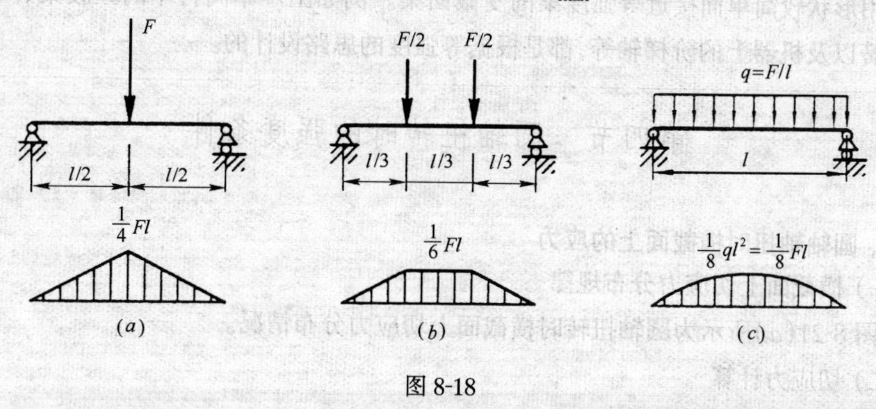

图 8-18

2．采用合理的截面形状

(1) 对于抗拉、抗压强度相同的塑性材料梁，宜采用关于中性轴对称的截面形状。在截面积相同的情况下，截面形状应尽量获得较大的 W_Z，如竖放的矩形、工字形、框形、槽型、环形等截面形状(见图 8-19)，从截面形状的合理性和经济性来看，工字钢或槽钢优于环形，环形优于矩形，矩形优于圆形。

(2) 对于抗拉与抗压强度不相同的脆性材料梁，宜采用关于中性轴不对称的截面形状，并使中性轴偏向截面受拉的一侧。如图 8-20 所示放置的铸铁 T 形截面梁，中性轴偏向截面受拉的一侧，使上侧的最大拉应力小于下侧的最大压应力。由于铸铁的许用拉应力小于许用压应力，故这样放置，整个截面的材料都能充分发挥作用。

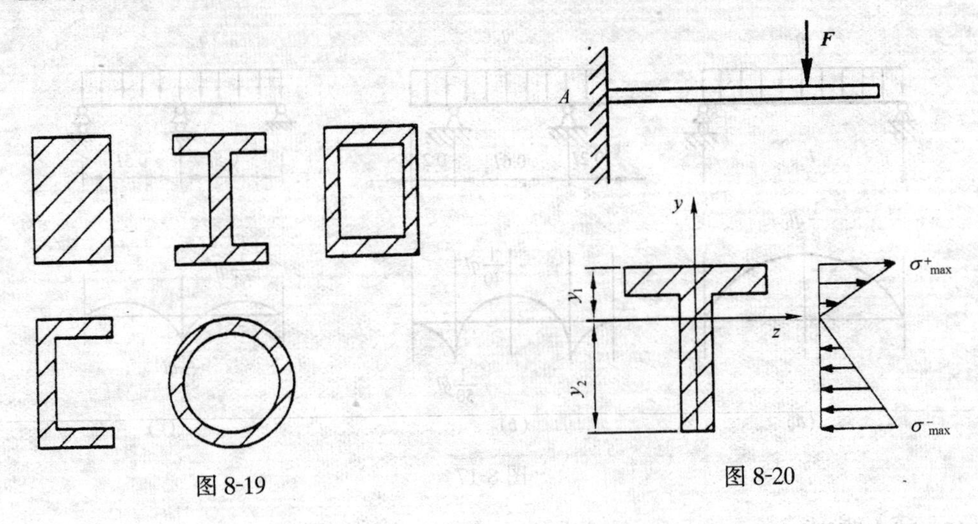

图 8-19　　　　图 8-20

3．采用等强度梁

一般情况下，梁上各截面的弯矩是随截面所在位置变化而变化的。对于等截面梁，只有最大弯矩所在截面的工作应力才有可能达到材料的许用应力，其他各截面上的工作应力都小于许用应力，材料没有充分利用。如果在梁的弯矩较大处采用较大截面，弯矩较小处采用较小截面，从而使各截面的最大工作应力都达到许用应力。这样的梁称为等强度梁。

从强度观点来看，等强度梁是最合理的梁。但因截面变化，制作较困难。因此，在工程上常采用形状较简单而接近等强度梁的变截面梁。例如工厂车间行车的鱼腹梁、汽车用的板状弹簧以及机器上的阶梯轴等，都是根据等强度的思路设计的。

第四节　圆轴扭转时的强度条件

一、圆轴轴扭时横截面上的应力

(一) 横截面上切应力分布规律

如图 8-21(a)所示为圆轴扭转时横截面上切应力分布情况。

(二) 切应力计算

如图 8-21(b)所示,圆轴扭转时横截面上任一点的切应力计算式为

$$\tau_\rho=\frac{T\cdot\rho}{I_p} \tag{8-11}$$

式中 $\boldsymbol{T}$ 为横截面上的扭矩;ρ 为所求点到圆心的距离;I_p 为该截面的极惯性矩。

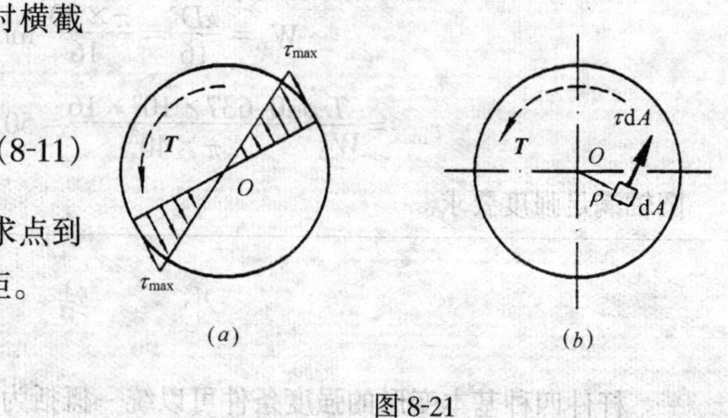

图 8-21

二、抗扭截面系数

圆截面抗截面系数的定义是:

$$W_p=\frac{I_p}{R} \tag{8-12}$$

式中 R 是最大半径,W_p 的单位是 mm^3

对于实心圆截面 $$W_p=\frac{\pi D^3}{16} \tag{8-13}$$

对于空心圆截面 $$W_p=\frac{\pi D^3}{16}(1-\alpha^4) \quad \alpha \text{ 为内外径之比} \tag{8-14}$$

三、圆轴扭转时的强度条件

为了保证圆轴在扭转变形中不发生破坏,应使轴内的最大切应力不超过材料的许用切应力,即:

$$\tau_{max}=\frac{T}{W_p}\leqslant[\tau] \tag{8-15}$$

【例 8-8】 图 8-22 所示为一胶带传动轴,马达带动胶带轮 A,通过轴 AB 带动另一胶带轮 B 转动。已知马达功率 $P=20\text{kW}$,轴的转的转速 $n=300\text{r/min}$,轴的直径 $D=40\text{mm}$,许用切应力$[\tau]=60\text{MPa}$。试校核轴的强度。

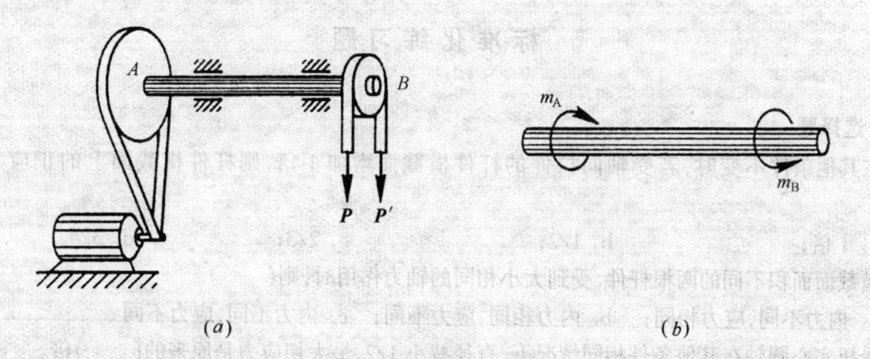

图 8-22

【解】 (1) 计算扭矩

$$m_A=m_B=9.55\frac{P}{n}=9.55\times\frac{20}{300}=0.637\text{kN}\cdot\text{m}$$

$$T=m_A=0.637\text{kN}\cdot\text{m}$$

(2) 校核强度

$$W_p=\frac{\pi D^3}{16}=\frac{\pi\times40^3}{16}\text{mm}^3$$

$$\tau_{max}=\frac{T}{W_p}=\frac{0.637\times10^6\times16}{\pi\times40^3}=50.7\text{MPa}\leqslant[\tau]$$

圆轴满足强度要求。

小　结

一、杆件四种基本变形的强度条件可以统一概括为

$$\text{危险点的工作应力}=\frac{\text{危险截面的内力}}{\text{截面系数}}\leqslant[\text{许用应力}]$$

二、应用强度条件可以解决强度校核、截面选择和确定许用载荷等三类问题

1. 强度校核
2. 截面选择
3. 确定许用载荷

强度条件应用时,只需计算危险点的强度,只要危险点的应力满足了强度要求,其他点也就满足了。

对于等直杆件来说,危险截面位于内力最大处,危险点位于危险截面的最大应力处。

三、强度计算的解题步骤

1. 外力分析:发生何种基本变形,选择相应的强度条件。
2. 内力分析:做出杆件内力图,确定危险截面和危险点的位置。
3. 确定危险截面几何性质。
4. 利用强度条件公式进行强度计算。

标准化练习题

一、选择题

1. 在其他条件不变时,若受轴向拉伸的杆件横截面增加 1 倍,则杆件横截面上的正应力将减少(　　)。

　a. 1 倍;　　b. 1/2;　　c. 2/3;　　d. 3/4

2. 横截面面积不同的两根杆件,受到大小相同的轴力作用时,则(　　)。

　a. 内力不同,应力相同;　b. 内力相同,应力不同;　c. 内力不同,应力不同

3. 受扭实心圆轴在其他条件相同情况下,直径减小 1/2,最大切应力是原来的(　　)倍。

　a. 2;　　b. 4;　　c. 8;　　d. 16

4. 梁横截面上弯曲正应力为零的点发生在截面的(　　)。

　a. 最上端;　　b. 最下端;　　c. 中性轴上

5. 梁横截面上最大切应力发生在截面的(　　)。

　a. 最上端;　　b. 最下端;　　c. 中性轴上

6. 矩形截面梁横截面上切应力的大小沿截面高度变化的规律是(　　)。

　a. 平直线;　　b. 斜直线;　　c. 曲线

7. 对于许用拉应力与许用压应力相等的直梁，从强度角度看，其合理的截面形状是(　　)。

a. 矩形；　　　　b. T字形；　　　　c. 工字形

二、填空题

1. 梁的中性层与横截面的交线称为__________。

2. 梁横截面上最大正应力发生在距__________最远的上、下边缘处。

3. 为了保证梁能安全地工作，必须使梁截面上的最大正应力不超过材料的__________应力。

4. 轴向拉压杆的最大正应力作用在__________。

5. 剪切变形的特点是：杆件受到一对__________、作用线相距很近并且__________的力作用，两力间的横截面沿力的方向__________。

6. 剪切应力假定应力在横截面上__________分布。

7. 在连接件中，两个接触面将互相压紧，产生局部受压，称为__________。

8. 剪切和挤压中，一般情况下__________面与外力的作用线__________，__________面与外力的作用线__________。

9. 圆轴扭转时最大切应力 $\tau = T/W_p$ 中，W_p 称为__________，它表示横截面抵抗__________能力的一个几何系数，其单位是__________。

10. 梁横截面上正应力的合力就是__________；切应力的合力就是__________。

11. 直径为 d 的圆截面直梁，如横截面上的弯矩不变，直径变为 $d/2$，则横截面上的最大正应力是原来的__________。

三、是非题

1. 在轴向拉伸和压缩时，某截面应力的合力就是轴力。(　　)

2. 材料发生破坏时的应力称为危险应力。(　　)

3. 轴力最大的截面一定是危险截面。(　　)

4. 轴向拉伸或压缩时横截面上的应力不是均匀分布的。(　　)

5. 若甲杆最大工作应力比乙杆大，则甲杆一定比乙杆危险。(　　)

6. 杆件受挤压变形与受压缩变形是完全相同的。(　　)

7. 剪切和挤压有可能产生在同一截面上。(　　)

8. 作用于杆件上的两个外力，若大小相等方向相反，相距很近并与杆轴平行，则杆件发生剪切变形。(　　)

9. 切应力计算公式 $\tau_{max} = T/W_p$ 对各种横截面受扭转构件都适用。(　　)

10. 圆轴扭转时，横截面上只有切应力而无正应力。(　　)

11. 平面弯曲时，横截面的形心轴必是中性轴。(　　)

12. 梁在负弯矩作用下，中性轴以上部分截面受压。(　　)

习　题

8-1　如图所示刚体悬挂于钢杆 AC、BD 上。已知：AC 杆的横截面积为 $A_1 = 2\text{cm}^2$，BD 杆的横截面积 $A_2 = 1\text{cm}^2$，两根杆的材料的许用应力 $[\sigma] = 160\text{MPa}$，试按拉(压)杆的强度条件确定系统能承受的最大载荷 G。

8-2　如图所示为一销钉连接件。已知 $P = 18\text{kN}$，$\delta_1 = 8\text{mm}$，$\delta_2 = 5\text{mm}$，销钉的直径为16mm，销钉的许用切应力 $[\tau] = 60\text{MPa}$，许用挤压应力 $[\sigma_{jy}] = 200\text{MPa}$，试校核销钉的剪切和挤压强度。

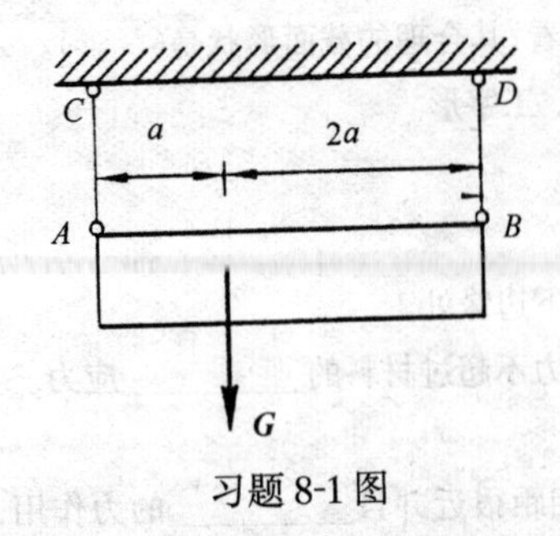

习题 8-1 图

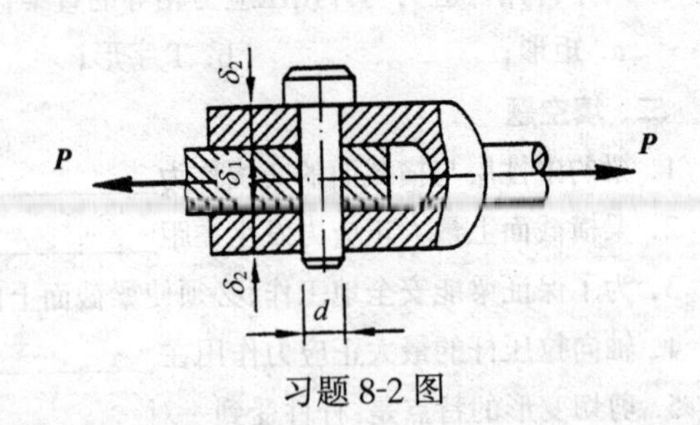

习题 8-2 图

8-3　如图所示为一外径为 250mrn、壁厚 10mm、长 $l=12\text{m}$ 的铸铁管，两端搁在简单支座上，管中装满了水，若铸铁的重度为 $\gamma_1=76.5\text{kN/m}^3$，水的重度为 $\gamma_2=9.8\text{kN/m}^3$，试求管内的最大拉、压应力。

8-4　为了起吊重量 $G=300\text{kN}$ 的大型设备，采用一台 150kN 和一台 200kN 的起重机及一根辅助梁 AB，如图所示。若已知钢材 $[\sigma]=160\text{MPa}$，$l=4\text{m}$。试分析和计算：

(1) 设备加在辅助梁的什么位置(以至 150kN 起重机的距离 a 表示)，才能保证两台起重机都不会超载？

(2) 若以普通热轧工字钢作为辅助梁，确定工字钢型号。

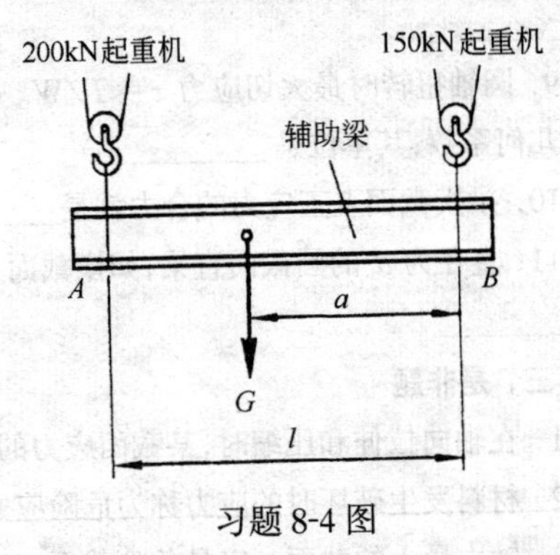

习题 8-4 图

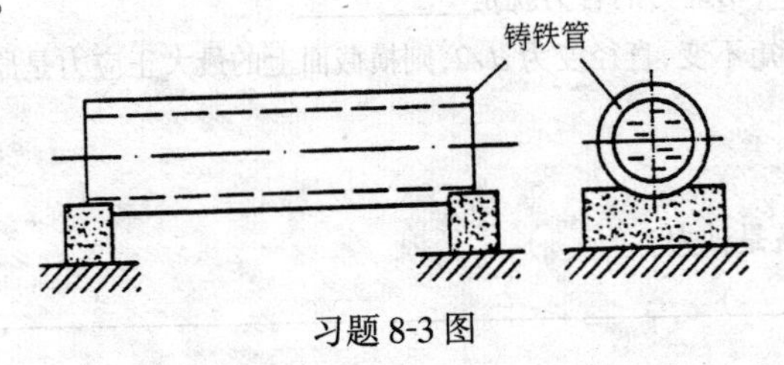

习题 8-3 图

8-5　管道支架长 $l=1.5\text{m}$，端部受集中力 $P=7\text{kN}$ 作用，支架由两根等边角钢 2∟100×100×10 组成，如图所示。材料的许用应力 $[\sigma]=215\text{MPa}$，试校核支架的正应力强度。

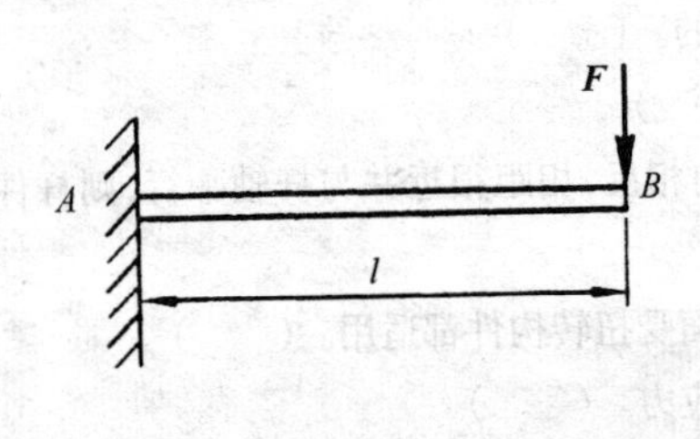

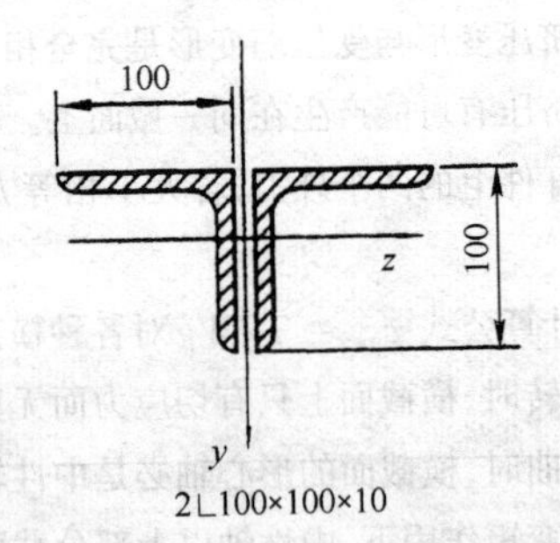

习题 8-5 图

8-6　管子的外径 $D=102\text{mm}$，厚度 $=18\text{mm}$，两端受外力偶矩 $m_O=1000\text{N·m}$ 作用，如图所示。试求：

(1) 截面切应力最大值和最小值；

(2) 画出截面的切应力分布图。

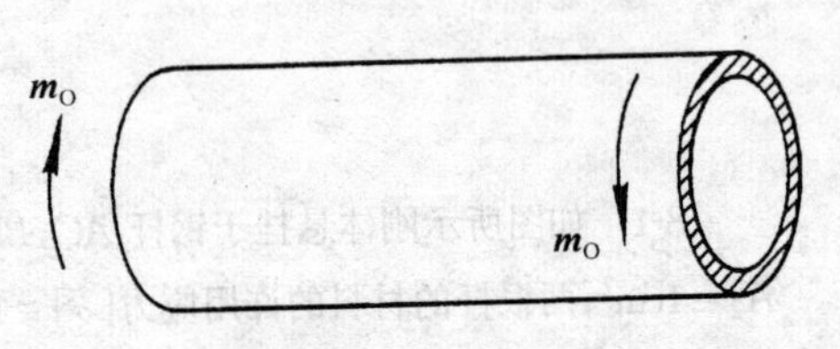

习题 8-6 图

第九章　杆件的变形与刚度条件

第一节　杆件在轴向拉伸与压缩时的变形计算

一、轴向变形的计算

设杆件原长为 L，受轴向载荷 N 作用而发生变形，变形后的长度 L_1。杆的纵向拉长量 $\Delta L = L_1 - L$。根据虎克定律，当杆件应力不超过某一极限时，应力与应变成正比，即

$$\varepsilon = \frac{\sigma}{E} = \frac{\Delta L}{L}$$

而正应力　$\sigma = \dfrac{N}{A}$，于是得

$$\Delta L = \frac{NL}{EA} \tag{9-1}$$

上述关系式是虎克定律的另一表达形式。从式(9-1)可知，当其他条件相同时，材料的弹性模量越大，则变形越小。它表示材料抵抗弹性变形的能力。EA 称为杆件的抗拉(压)刚度。对于长度相等，且受力相同的拉(压)杆，其抗拉(压)刚度越大，则变形就越小。

轴向变形 ΔL 与轴力 N，具有相同的正负号，即伸长为正，缩短为负。

二、横向变形与泊松比

轴向拉伸时，杆沿轴向伸长，其横向尺寸减小；轴向压缩时，杆沿轴向缩短，其横向尺寸则增大。实验结果表明，当杆件应力不超过比例极限时，横向线应变 ε' 与纵向线应变 ε 的绝对值之比为一常数，此比值称为横向变形系数或泊松比，用 μ 表示。

$$\mu = \left|\frac{\varepsilon'}{\varepsilon}\right| = -\frac{\varepsilon'}{\varepsilon} \quad 或\ \varepsilon' = -\mu\varepsilon \tag{9-2}$$

μ 称为泊松比。在弹性极限范围内，μ 是个常数，对于各向同性材料 $0<\mu<0.5$。

弹性模量 E 和泊松比 μ 都是表示材料弹性性能的常数。表 9-1 列出了几种材料的 E 和 μ 值。

几种材料的 E 和 μ 值　　　　**表 9-1**

材料名称	$E(10^3MPa)$	μ	$G(10^3MPa)$
碳　钢	196～206	0.24～0.28	78.5～79.4
合金钢	194～206	0.25～0.30	78.5～79.4
灰口铸铁	113～157	0.23～0.27	44.1
白口铸铁	113～157	0.23～0.27	44.1
纯　铜	108～127	0.31～0.34	39.2～48.0
青　铜	113	0.32～0.34	41.2
冷拔黄铜	88.2～97	0.32～0.42	34.4～36.3

续表

材料名称	$E(10^3\text{MPa})$	μ	$G(10^3\text{MPa})$
硬铝合金	69.6	—	26.5
轧制铝	65.7～67.6	0.26～0.36	25.5～26.5
混凝土	15.2～35.8	0.16～0.18	—
橡胶	0.00785	0.461	—
木材(顺纹)	9.8～11.8	0.0539	—
木材(横纹)	0.49～0.98	—	—

实际上,E、G 和 μ 不是相互独立的材料特性指标,由理论分析可知三者之间存在如下关系

$$E=2G(1+\mu)$$

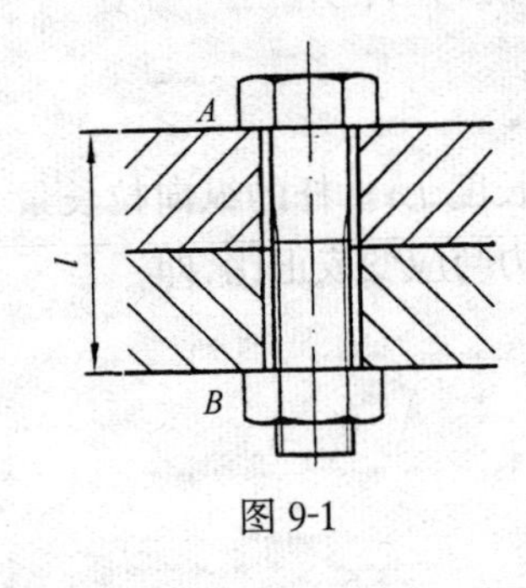

图 9-1

【例 9-1】 M18 的螺栓(图 9-1),被连接部分的总长 $l=54\text{mm}$,拧紧螺母时螺栓 AB 段的伸长 $\Delta L=0.04\text{mm}$,钢的弹性模量 $E=200\text{GPa}$,螺栓的许用应力 $[\sigma]=170\text{MPa}$。试计算螺栓横截面上的正应力。

【解】 (1) 计算螺栓轴向线应变

$$\varepsilon=\frac{\Delta L}{L}=\frac{0.04}{54}=7.41\times10^{-4}$$

(2) 计算螺栓横截面上的正应力 σ

由虎克定律 $\sigma=E\varepsilon$,得螺栓横截面上的正应力为

$$\sigma=E\varepsilon=200\times10^3\times7.41\times10^{-4}=148.2\text{MPa}\leqslant[\sigma]$$

∴ 螺栓满足强度要求。

因此,拧紧螺母时螺栓不宜伸长,否则,螺栓可能会被拉断。

【例 9-2】 有一段长度为 20m,材料为 Q235 的 $\phi108\times4$ 无缝钢管,两端固定后通入热介质,使钢管温度升高到 $t_2=130℃$。当时室温 t_1 为 20℃,管段热膨胀伸长量为 76mm。试计算该管段受热伸长时产生的应力和管道受热时对固定端(支架)所受推力。

【解】 (1) 由物理知识可知,管段热膨胀伸长量按下式计算:

$$\Delta L=\alpha L(t_2-t_1)$$

α 为材料线膨胀系数(钢材的 $\alpha=0.012\text{mm}/(\text{m}\cdot℃)$)

所以

$$\Delta L=0.012\times20\times(130-20)=26.4\text{mm}$$

(2) 计算管段轴向线应变

$$\varepsilon=\frac{\Delta L}{L}=\frac{26.4\times10^{-3}}{20}=1.32\times10^{-3}$$

(3) 计算管段受热时横截面上的正应力 σ

在两端固定的前提下,可采用由虎克定律 $\sigma=E\varepsilon$,得管道横截面上的正应力为

$$\sigma=E\varepsilon=200\times10^3\times1.32\times10^{-3}=264\text{MPa}$$

这段热力管道通入热介质后,管子产生的应力超过 Q235 钢的许用应力,管子将被受热产生的应力所破坏。

(4) 管道在断面上受热时产生的内力

当管道两端固定后,管道的内力就在作用固定端上,也就是作用在固定支架上面。

固定端(支架)所受推力按下式计算:

$$N=\sigma A=264\times10^{6}\times\pi\times(0.108^{2}-0.1^{2})/4=3.45\times10^{5}\text{N}=3.45\times10^{2}\text{kN}$$

管道在断面上受热时产生的内力与管道两端间的支承约束情况、管道材质、管壁截面积和温度变化有关,而与管路长度无关。这个推力往往很大,必须采取补偿措施,否则容易造成管道的破坏。

第二节　梁的变形与刚度条件

受弯曲变形的构件,除应满足强度要求外,通常还要满足刚度方面的要求,防止杆件出现过大的弹性变形,以保证结构能够正常工作。例如,管道因支架间距不当弯曲变形过大,就会影响管道的正常使用等。

工程中有些场合,却要求杆件有较大的变形,以满足特定的工作要求。例如,对测力扳手(图 9-2(*a*))要求有明显的弯曲变形,才可以使测得的力矩更为准确。管道的弹簧吊架(图 9-2(*b*)),就要有足够大的变形,以保证管道具有伸缩性及缓和振动。

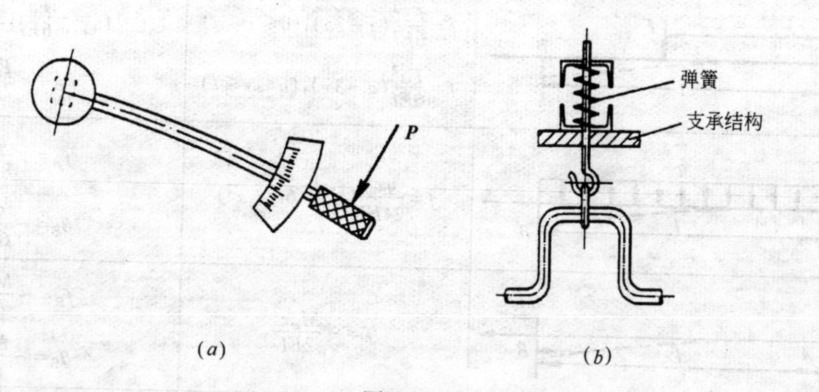

图 9-2

一、挠度和转角

梁在平面弯曲和弹性范围内加载的情况下,梁变形后的轴线将弯曲成一条连续而光滑的曲线,这条曲线称为梁的挠曲线,如图9-3所示。梁的弯曲变形可用挠度和转角来度量。

挠度是指梁变形后,其上任意横截面的形心在垂直于梁原轴线(x 轴)方向的线位移,用 f_C 表示,挠度的单位为 mm,其正负号由所选坐标而定。

转角是指梁变形后,其上任意横截面相对于变形前初始位置(即绕中性轴)所转过的角度,用 θ 表示。转角的单位为弧度(rad)。在图 9-3 所示坐标系中,转角的正负规定为:逆时针转向的转角为正,顺时针转向的转角为负。

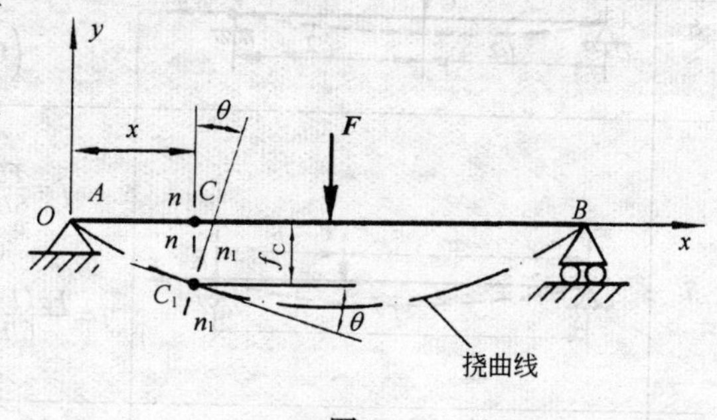

图 9-3

梁变形通常发生在弹性范围，故变形后的轴线称为弹性曲线，也称挠曲线。$y=f(x)$称为挠曲线方程。

由图中几何关系可知，在小变形($\theta<<1$)的前提下

$$\theta \approx \tan\theta = \frac{dy}{dx} = \frac{df(x)}{dx} \tag{9-3}$$

即横截面的转角等于挠曲线在该截面处的斜率。式(9-3)称为转角方程。

积分法是求梁变形的基本方法，即通过建立挠曲线的近似微分方程，再通过积分运算求出挠度和转角。在工程实际中，为了应用方便，已应用积分法将常见梁的变形计算结果编制成表，以备查用。表 9-2 中给出了简单载荷作用下梁的变形计算公式。利用这些公式，可根据叠加原理求出梁的变形。

几种常用梁在简单荷载作用下的转角和挠度 **表 9-2**

序号	梁的简图	挠曲线方程	挠度和转角
1		$f=\frac{Fx^2}{6EI}(x-3l)$	$f_B=-\frac{Fl^3}{3EI}$ $\theta_B=-\frac{Fl^2}{2EI}$
2		$f=\frac{Fx^2}{6EI}(x-3a)$，$(0\leqslant x\leqslant a)$ $f=\frac{Fa^2}{6EI}(a-3x)$，$(a\leqslant x\leqslant l)$	$f_B=-\frac{Fa^2}{6EI}(3l-a)$ $\theta_B=-\frac{Fa^2}{2EI}$
3		$f=\frac{qx^2}{24EI}(4lx-6l^2-x^2)$	$f_B=-\frac{ql^4}{8EI}$ $\theta_B=-\frac{ql^3}{6EI}$
4		$f=-\frac{M_e x^2}{2EI}$	$f_B=-\frac{M_e l^2}{2EI}$ $\theta_B=-\frac{M_e l}{EI}$
5		$f=-\frac{M_e x^2}{2EI}(0\leqslant x\leqslant a)$ $f=\frac{M_e a}{EI}\left(\frac{a}{2}-x\right)$ $(a\leqslant x\leqslant l)$	$f_B=-\frac{M_e a}{EI}\left(l-\frac{a}{2}\right)$ $\theta_B=-\frac{M_e a}{EI}$
6		$f=\frac{Fx}{12EI}\left(x^2-\frac{3l^2}{4}\right)$ $\left(0\leqslant x\leqslant \frac{l}{2}\right)$	$f_C=-\frac{Fl^3}{48EI}$ $\theta_A=-\theta_B=-\frac{Fl^2}{16EI}$
7		$f=\frac{Fbx}{6lEI}(x^2-l^2+b^2)$ $(0\leqslant x\leqslant a)$ $f=\frac{Fa(l-x)}{6lEI}(x^2+a^2-2lx)$ $(a\leqslant x\leqslant l)$	$f=-\frac{Fb(l^2-a^2)^{3/2}}{9\sqrt{3}lEI}$ $\left(位于\ x=\sqrt{\frac{l^2-b^2}{3}}\ 处\right)$ $\theta_A=-\frac{Fb(l^2-b^2)}{6lEI}$ $\theta_B=\frac{Fa(l^2-a^2)}{6lEI}$

续表

序号	梁的简图	挠曲线方程	挠度和转角
8		$f=\dfrac{qx}{24EI}(2lx^2-x^3-l^3)$	$f=-\dfrac{5ql^4}{384EI}$ $\theta_A=-\theta_B=-\dfrac{ql^3}{24EI}$
9		$f=\dfrac{M_e x}{6lEI}(l^2-x^2)$	$f=\dfrac{M_e l^2}{9\sqrt{3}EI}$ （位于 $x=l/\sqrt{3}$处） $\theta_A=\dfrac{M_e l}{6EI}$ $\theta_B=-\dfrac{M_e l}{3EI}$
10		$f=\dfrac{M_e x}{6lEI}(l^2-3b^2-x^2)$ $(0\leqslant x\leqslant a)$ $f=\dfrac{M_e(l-x)}{6lEI}(3a^2-2lx+x^2)$ $(a\leqslant x\leqslant l)$	$f_1=\dfrac{M_e(l^2-3b^2)^{3/2}}{9\sqrt{3}lEI}$ （位于 $x=\sqrt{l^2-3b^2}/\sqrt{3}$处） $f_2=-\dfrac{M_e(l^2-3a^2)^{3/2}}{9\sqrt{3}lEI}$ （位于距 B 端 $\bar{x}=\sqrt{l^2-3a^2}/\sqrt{3}$处） $\theta_A=\dfrac{M_e(l^2-3b^2)}{6lEI}$ $\theta_B=\dfrac{M_e(l^2-3a^2)}{6lEI}$ $\theta_C=\dfrac{M_e(l^2-3a^2-3b^2)}{6lEI}$

二、用叠加法计算梁的变形

实际中的梁受力较复杂，因此用叠加法来求梁变形，较为方便，一般可利用表 9-2 中的公式，将梁上复杂荷载分解成若干种单一荷载单独作用情况，直接查表获得每一种荷载单独作用下的挠度和转角，求其代数和，就得到整个梁所求变形值。这种方法称为叠加法。

【例 9-3】 应用叠加法求图 9-4 所示悬臂梁 C 截面的挠度 f_C 和转角 θ_C。

【解】 将图 9-4(a)分解为图 9-4(b)、图 9-4(c)两根分别单独受 q 及 $\boldsymbol{P}$ 作用的梁。从表 9-2 查得 q 单独作时：

$$f_{Cq}=-\frac{ql^4}{8EI}=-\frac{q(2a)^4}{8EI}=-\frac{2qa^4}{EI}(\downarrow)$$

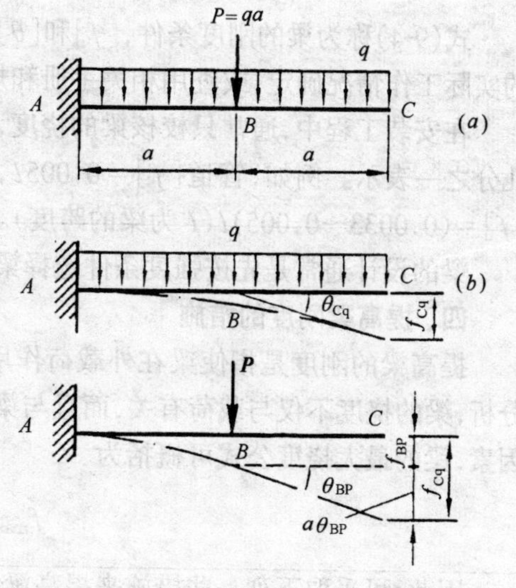

图 9-4

$$\theta_{Cq}=-\frac{ql^3}{6EI}=-\frac{q(2a)^3}{6EI}=-\frac{4qa^3}{3EI}$$

在集中力 $\boldsymbol{P}$ 作用下,悬臂梁的变形可分为两个部分:AB 段相当于长为 a 的悬臂梁在自由端作用一集中力的情况,查表 9-2 可得

点 B 的挠度和转角为:

$$f_{BP}=-\frac{Pa^3}{3EI}=-\frac{qa^4}{3EI}(\downarrow)$$

$$\theta_{BP}=-\frac{Pa^2}{2EI}=-\frac{qa^3}{2EI}$$

BC 段由于无荷载作用,不发生弯曲变形,但随着 B 截面的变形而作刚体位移(小位移,小转角),由图 9-4(c)可知:

$$f_{Cp}=f_{BP}+\theta_{BP}\cdot a=-\frac{qa^4}{3EI}-\frac{qa^3\cdot a}{2EI}=-\frac{5qa^4}{6EI}(\downarrow)$$

$$\theta_{CP}=\theta_{BP}=-\frac{qa^3}{2EI}$$

于是,在 $\boldsymbol{P}$ 和 q 共同作用下,C 截面的总挠度和总转角就是二者单独作用时的挠度和转角的代数和:

$$f_C=-\frac{2pa^4}{EI}-\frac{5qa^4}{6EI}=-\frac{17qa^4}{6EI}(\downarrow)$$

$$\theta_C=-\frac{4qa^3}{3EI}-\frac{qa^3}{2EI}=-\frac{11qa^3}{6EI}$$

三、梁的刚度校核

研究梁弯曲时的变形主要目的是要对梁作刚度校核。工程中为避免梁弯曲变形过大而造成事故,通常规定梁的最大挠度和转角不得超过许用值,即:

$$\left.\begin{aligned}f_{max}\leqslant[f]\\ \theta_{max}\leqslant[\theta]\end{aligned}\right\}\qquad(9\text{-}4)$$

式(9-4)称为梁的刚度条件,$[f]$和$[\theta]$分别为许用挠度和许用转角。它们的大小根据梁的实际工作情况确定,或查用相关手册和规范。

在安装工程中,通常只校核梁的挠度,不校核梁的转角。许用挠度习惯上常用梁跨度的几分之一表示。例如,管道$[f]=0.005l$,管道固定支架$[f]=0.002l$,一般钢筋混凝土梁$[f]=(0.0033\sim0.005)l$(l 为梁的跨度)。

梁的设计通常是先按强度条件选择梁的截面尺寸和形状后,再对其进行刚度校核。

四、提高梁刚度的措施

提高梁的刚度是指使梁在外载荷作用下,产生尽可能小的弹性位移。根据表 9-2 可以分析,梁的挠度不仅与载荷有关,而且与梁长度、抗弯刚度及约束条件有关。综合以上各种因素,梁的最大挠度公式可概括为

$$f_{max}=\frac{\text{载荷}}{\text{系数}}\cdot\frac{l^n}{EI_z}$$

因此,可采取下列一些措施来提高梁的弯曲刚度:

(1) 减少梁跨度和增加支承约束

跨度对弯曲变形影响最大,因为挠度与跨度三次方(集中载荷时)或四次方(分布载荷时)成正比。故在可能条件下,尽量减少梁的跨度是提高其抗弯刚度的最有效措施。在跨度不能缩短的情况下,可采取增加支承约束的方法提高梁的刚度。

(2) 增大梁的截面惯性矩 I_z

因各类钢材的弹性模量 E 的数值非常接近,故采用高强度优质钢材以提高弯曲刚度的意义不大。增加截面的惯性矩 I_z 则是提高抗弯刚度的主要途径。同强度问题一样,可以采用工字形或空心圆等合理的截面形状。

(3) 改善受力,减小弯矩

弯矩是引起梁变形的主要因素,而通过改善梁的受力状况可以减小弯矩,从而减小梁的挠度或转角。例如,如图9-5所示将简支梁中点的集中力 $\boldsymbol{P}$(图9-5(a))改为分散在两处施加 $\boldsymbol{P}/2$(图9-5(b)),或者将集中力 $\boldsymbol{P}$ 改为 q 均布到全梁(图9-5(c)),再将其支座互相靠近至适当位置(图9-5(d)),可以使梁的变形明显减小。

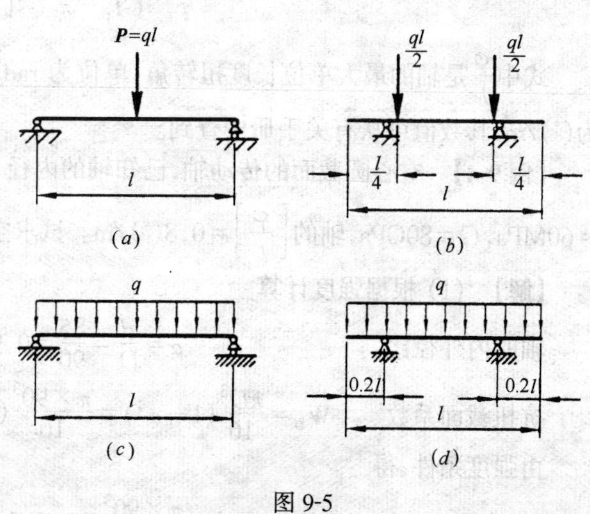

图 9-5

(4) 调整载荷方向

适当调整载荷方向,使各载荷引起的变形互相抵消一部分,达到减小变形的目的。如图9-6(a)的形式布局,由于 $\boldsymbol{P}_1$ 及 $\boldsymbol{P}_2$ 对外伸端变形的影响相互抵消一部分,所以梁的外伸端变形较小。反之,如按图9-6(b)的形式调整载荷方向,则 $\boldsymbol{P}_1$ 及 $\boldsymbol{P}_2$ 对外伸端变形的影响相加,变形就大。

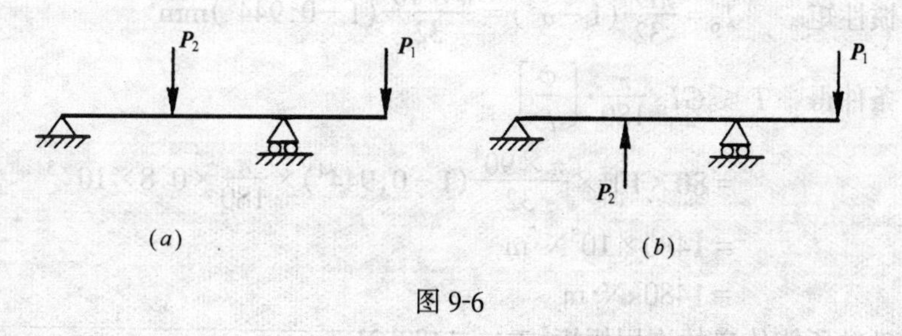

图 9-6

第三节　圆轴扭转时的变形与刚度条件

一、圆轴扭转时的变形

圆轴扭转时,杆件任意两截面间的相对角位移称为扭转角。图9-7中的 φ 角就是 B 截面相对于 A 截面的扭转角。

二、扭转角的计算

对于长度为 l,扭矩 $\boldsymbol{T}$ 为常数的等截面圆轴(见图9-7),两端横截面间的相对扭转角为

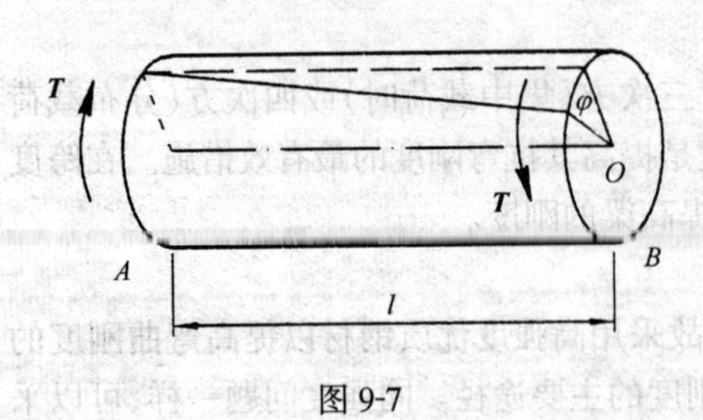

图 9-7

$$\varphi = \frac{Tl}{GI_p} \tag{9-5}$$

式中 GI_p 反映了圆轴抵抗扭转变形的能力，称为圆轴的抗扭刚度。

三、刚度条件

圆轴扭转的最大单位长度扭转角不超过许用的单位长度扭转角，即

$$\frac{\varphi}{l} = \frac{T}{GI_p} \cdot \frac{180}{\pi} \leqslant \left[\frac{\varphi}{l}\right] \tag{9-6}$$

式中$\frac{\varphi}{l}$是轴的最大单位长度扭转角，单位为 rad/m；$\left[\frac{\varphi}{l}\right]$是许用单位长度扭转角，单位为(°)/m，其数值可从有关手册中查到。

【例 9-4】 空心圆截面的传动轴，已知轴的内径 $d=85$mm，外径 $D=90$mm，材料的$[\tau]=60$MPa，$G=80$GPa，轴的$\left[\frac{\varphi}{l}\right]=0.8$(°)/m。试求空心轴所能传递的许用扭矩。

【解】 (1) 根据强度计算

轴的内外径比 $\alpha = \frac{d}{D} = \frac{85}{90} = 0.944$

抗扭截面系数 $W_p = \frac{\pi D^3}{16}(1-\alpha^4) = \frac{\pi \times 90^3}{16}(1-0.944^4)\text{mm}^3$

由强度条件，得

$$T \leqslant W_p[\tau] = \frac{\pi \times 90^3}{16}(1-0.944^4) \times 60 = 1767 \times 10^3 \text{N·m}$$
$$= 1767 \text{kN·m}$$

(2) 根据刚度计算

轴的极惯性矩 $I_p = \frac{\pi D^4}{32}(1-\alpha^4) = \frac{\pi \times 90^4}{32}(1-0.944^4)\text{mm}^4$

由刚度条件得 $T \leqslant GI_p \frac{\pi}{180} \cdot \left[\frac{\varphi}{l}\right]$

$$= 80 \times 10^3 \times \frac{\pi \times 90^4}{32}(1-0.944^4) \times \frac{\pi}{180} \times 0.8 \times 10^{-3}$$
$$= 1480 \times 10^3 \text{N·m}$$
$$= 1480 \text{kN·m}$$

所以传动轴所能传递的许用扭矩$[T]=1480$kN·m

小　结

一、拉压虎克定律

拉压虎克定律是工程力学最基本的定律，它反映了材料在弹性变形阶段杆的轴向伸长(或压缩)与外力、截面尺寸和材料等因素间的关系，其表达式有两种：

$$\Delta L = \frac{NL}{EA} \quad 及 \quad \sigma = E\varepsilon$$

承受轴向拉伸(或压缩)外力的杆件其轴向变形可用虎克定律计算。对于截面积和轴力发生变化或不同材料组成的杆,计算变形时必须先分段计算,然后再代数叠加。

二、梁弯曲变形的计算方法

挠度和转角是度量梁的弯曲变形的两个基本量。单一荷载单独作用时挠度和转角的计算公式已制成表格,可直接查取。用叠加法可求多个荷载作用梁时的变形,这是工程中常采用的方法。

三、梁的刚度条件为

$$f_{\max} \leqslant [f] \qquad \theta_{\max} \leqslant [\theta]$$

一般先进行梁的强度计算,然后再进行梁的刚度校核。

四、圆轴扭转变形计算

圆轴的扭转变形用相对扭转角度量,扭转角 φ 表示任意两横截面相对转动的角度,其计算公式为

$$\varphi = \frac{Tl}{GI_{p}}$$

圆轴的扭转的刚度条件为

$$\frac{\varphi}{l} = \frac{T}{GI_{p}} \cdot \frac{180}{\pi} \leqslant \left[\frac{\varphi}{l}\right]$$

刚度计算时应特别注意各物理量的单位。

标准化练习题

一、选择题

1. 下列说法正确的有______。

a. 若 $\varepsilon \neq 0$,则 $\sigma \neq 0$; b. 同一截面上,正应力 σ 与切应力 τ 必互相垂直;

c. 应力是内力的平均值; d. 同一截面上,正应力,必定大小相等,方向相同

2. 实心轴与空心轴的外径和长度相同时,抗扭截面系数大的是(　　)。

a. 空心轴; b. 实心轴;

c. 一样大; d. 以上都不正确

3. 简支梁在均布荷载作用下,若将梁的跨度增加 1 倍,其他条件均不变,则梁的最大挠度是原来的(　)。

a. 21 倍; b. 16 倍; c. 8 倍

4. 如图所示外伸梁在 F 作用下 C 点的位移(　　)。

a. 向上; b. 向下; c. 为零

选择题 4 图

二、填空题

1. 平面弯曲梁其横截面产生两种位移,即________和________。

2. 挠度的正负号规定是向________为正。

3. 转角的正负号规定是________时针为正。

4. 发生平面弯曲的梁,其横截面形心沿梁轴线方向的线位移,因为_______,可忽略不计。

5. 计算梁的变形的方法有________法和________法。

6. 受拉压杆件变形计算公式中的 EA 称为杆件的_______,反映了杆件________的能力。

三、是非题

1. 梁的最大弯矩处，一定是最大挠度处。(　　)

2. 梁的最大挠度处的转角一定等于零。(　　)

3. 梁的 EI 越大，梁的变形就越大。(　　)

4. 简支梁在集中力作用下，其最大挠度一定发生在集中力作用处。(　　)

5. 梁的最大转角和最大挠度一定发生在同一截面上。(　　)

6. 梁的弯曲变形就是指梁的挠度。(　　)

7. 挠度的单位与长度的单位相同。(　　)

8. 通常将梁的 EA 称作梁的抗弯刚度。(　　)

9. 反映材料塑性的力学性能指标是弹性模量 E 和泊松比 μ。(　　)

10. 无论是纵向变形还是横向变形都可用 $\sigma = E\varepsilon$ 计算。(　　)

习　　题

9-1　如图所示结构中，梁 AB 的变形及自重可以略去不计，杆 1 为钢质圆杆，直径 $d_1 = 20\text{mm}$，$E_1 = 200\text{GPa}$；杆 2 为铜质圆杆，直径 $d_2 = 25\text{mm}$，$E_2 = 100\text{GPa}$。试问：

(1) 载荷 $\boldsymbol{F}$ 加在何处，才能使梁 AB 受力以后保持水平？

(2) 若 $F = 30\text{kN}$，求两拉杆内横截面上的正应力。

9-2　如图所示的设备支架，AB 杆和 BC 杆均为∟30×3 角钢，杆件截面积 $A = 1.75\text{cm}^2$，设备重力 $\boldsymbol{G}$ 为 16kN。如果 $E = 210\text{GPa}$，角钢自重不计。试计算 AB 杆和 BC 杆的变形。

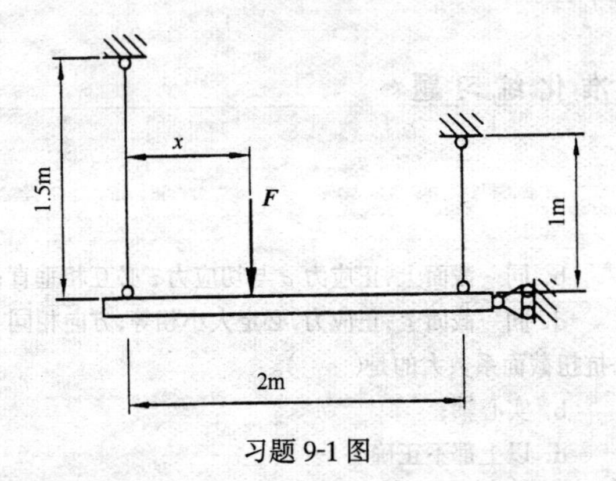

习题 9-1 图

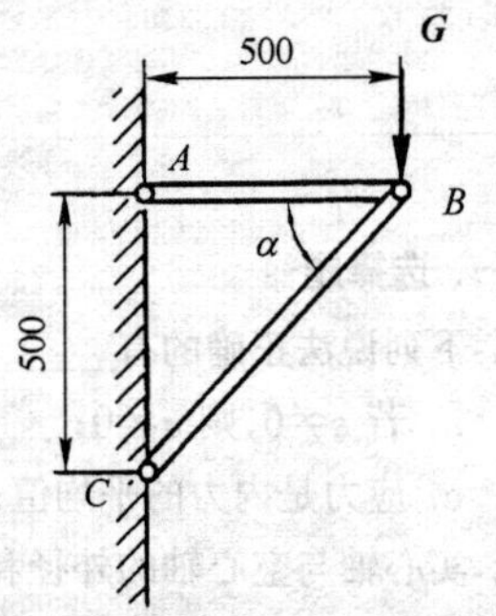

习题 9-2 图

9-3　如图所示，先在 AB 两点之间拉一根直径 $d = 1\text{mm}$ 的钢丝，然后在钢丝中间悬挂一荷载 $\boldsymbol{P}$。已知钢丝在力 $\boldsymbol{P}$ 作用下产生变形，其应变达到 0.09%，如果 $E = 200\text{GPa}$，钢丝自重不计。试计算(1)钢丝的应力；(2)钢丝在点 C 下降的 y 距离；(3)荷载 $\boldsymbol{P}$ 的大小。

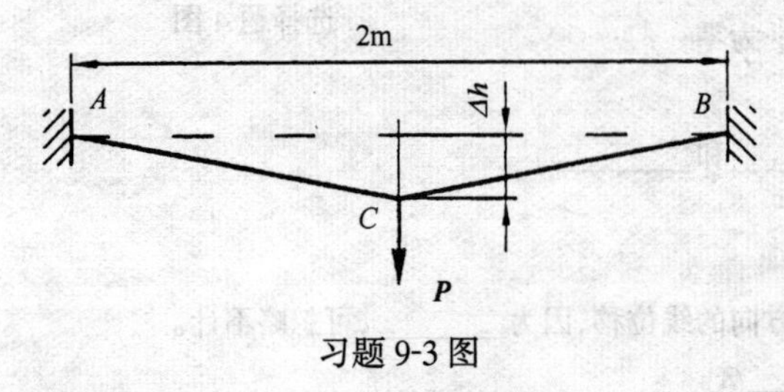

习题 9-3 图

9-4　测力扳手的主要尺寸及其受力简图如图所示。材料的 $E = 210\text{GPa}$，当扳手产生 200N·m 的力矩时，试求 C 点(刻度所在处)的挠度。

9-5　如图所示一桥式吊车横梁 AB，采用 No22b 工字钢制成，材料的弹性模量 $E = 200\text{GPa}$，跨度 $l = 5\text{m}$，起吊时吊车和电动葫芦的总重力 Q 为 10kN。若吊车梁的许用挠度 $[f] = l/400$，试校核梁的刚度。

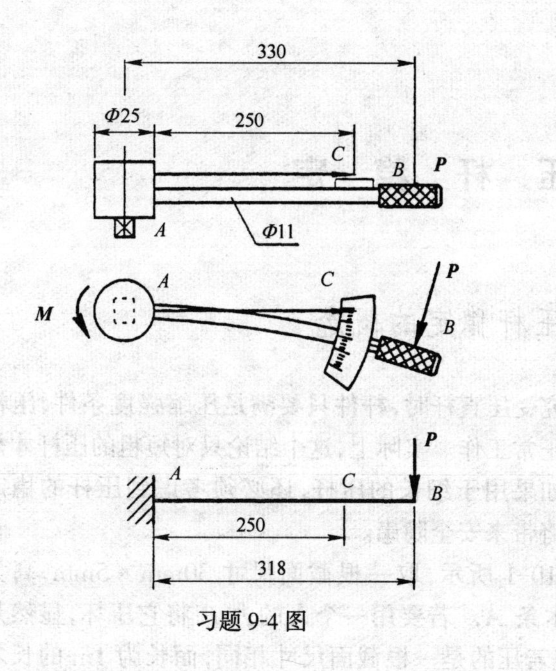

习题 9-4 图

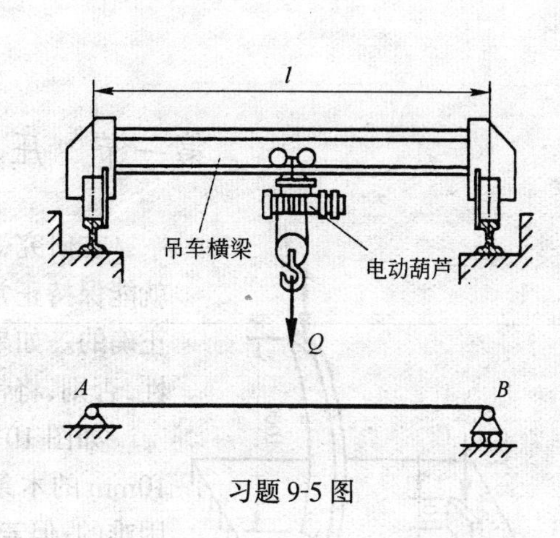

习题 9-5 图

第十章　压　杆　稳　定

第一节　压杆稳定的概念

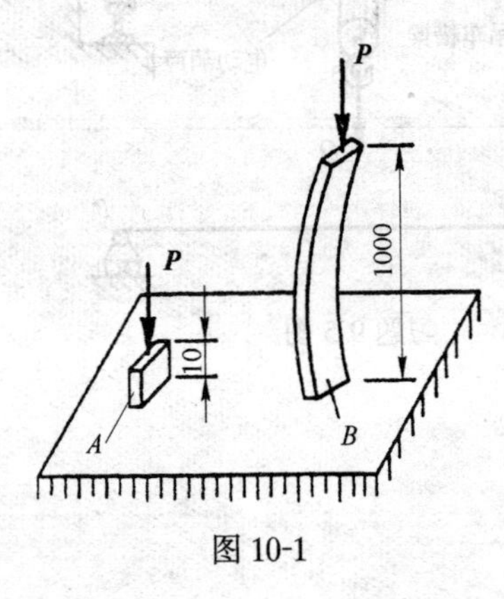

图 10-1

在研究受压直杆时，杆件只要满足压缩强度条件，压杆就能保持正常工作。实际上，这个结论只对短粗的压杆才是正确的。如果用于细长的压杆，还必须考虑到压杆的稳定性，否则，将带来安全隐患。

如图 10-1 所示，取一根截面尺寸 30mm × 5mm，高为 10mm 的木条 A。若要用一个人的力 $\boldsymbol{P}$ 将它压坏，显然是困难的；但若压的是一根截面尺寸相同，而长为 1m 的长木条 B，则情况就大不一样，用不大的力就会将其压弯，再使劲，它就折断了。这说明细长直杆受压丧失工作能力不是由于强度不足而破坏，而是受压时不能保持自己原有的直线形状而发生弯曲的缘故(即直线平衡形式发生突变)。这种不能保持压杆原有直线平衡状态而突然变弯的现象，称为压杆直线状态的平衡丧失了稳定性，简称压杆失稳。

一根细长压杆何时会失去稳定呢？其失去稳定与哪些因素有关呢？取一细长直杆承受轴向压力 $\boldsymbol{P}$。此杆在力 $\boldsymbol{P}$ 作用下处于直线形状的平衡，如图 10-2(a)所示。如将杆沿横向施加一微小干扰力，使杆处于微弯状态(图 10-2(b))，随之去除干扰力。若此杆经过几次摆动后仍能弹直，恢复到它最初的直线形状的平衡(图 10-2(c))，那就说明压杆最初的直线平衡是稳定的；如果原来在直线形状下平衡的压杆受到微小干扰力作用就出现微弯，当干扰力去除后不能恢复到它最初的直线形状，而在微弯形状下保持新的平衡(图 10-2(d))。那么，压杆在它最初这种直线形状下的平衡就是不稳定的。

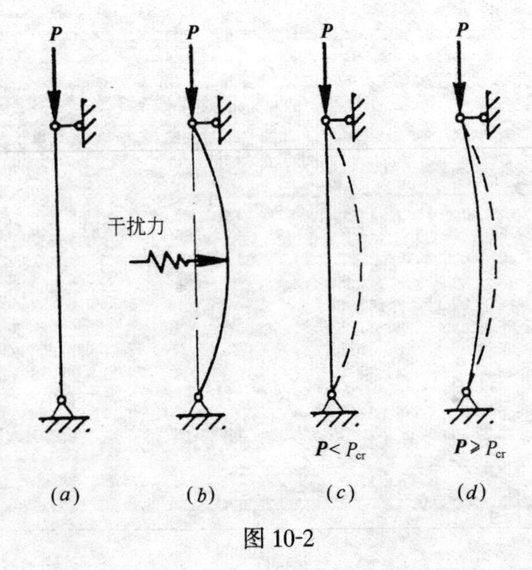

图 10-2

由此可见，细长压杆是否会失稳，与压力的大小有着密切的关系。随着压力的增加，杆件会由稳定的平衡变为不稳定的平衡，即丧失稳定性。压杆由稳定平衡过渡到不稳定平衡时的压力称为压杆的临界力，常用 P_{cr}表示，它是压杆即将失稳时的压力，它的大小表示压杆稳定性的强弱。临界力大，则压杆不易失稳，稳定性强；临界力小，则压杆易失稳，稳定性弱。因此，解决压杆稳定问题，关键是确定压杆临界力的大小。

工程实际中，经常遇到较细长的受压构件如螺旋千斤顶的丝杠(图 10-3(*a*))，在顶起重物时是较细长的压杆；管道支架中的 *BC* 压杆(图 10-3(*b*))、起重桅杆等均可看做细长压杆，承受较大压力时，会出现失稳而破坏。这种破坏往往会给工程结构带来极大的损害。因此，对于工程技术人员需特别重视压杆稳定问题。

失稳现象不仅限于压杆这一类构件，还有很多其他受力状况的构件也存在稳定性问题。例如承受外压的薄壁容器(图 10-3(*c*))、窄而高的矩形截面梁(图 10-3(*d*))等等。当荷载达到临界值时，都可能有失稳的现象发生。本章只讨论压杆的稳定问题。

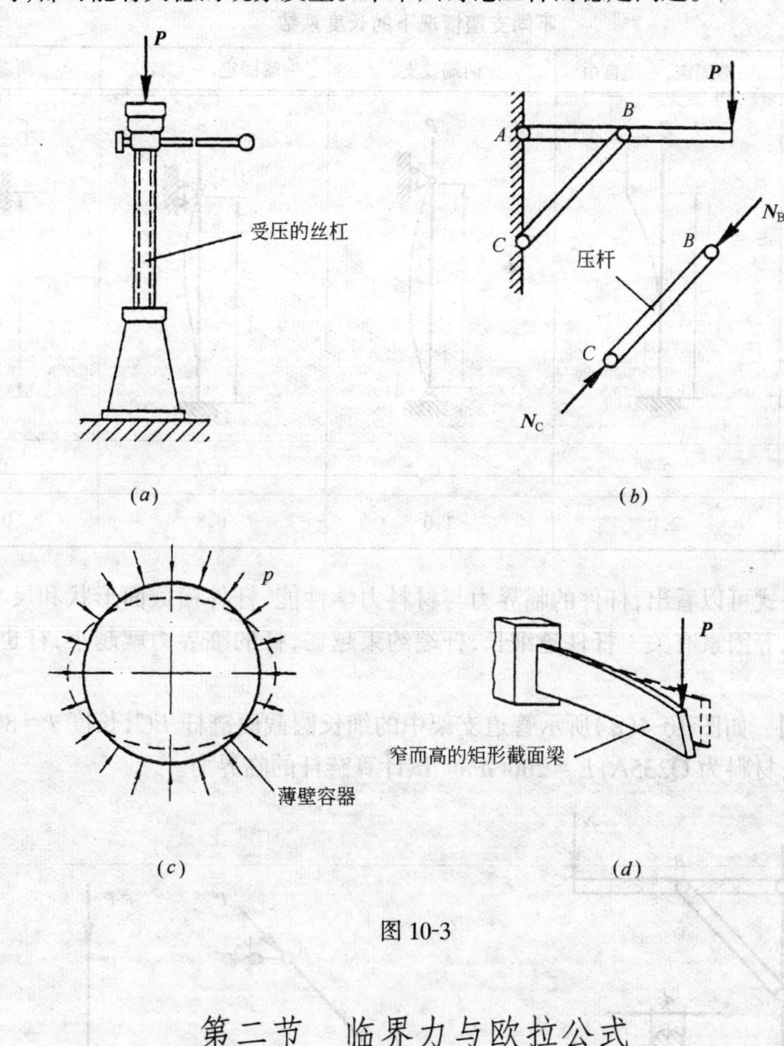

图 10-3

第二节　临界力与欧拉公式

一、临界力

当作用在压杆上的压力 $P=P_{cr}$时，压杆在干扰力去除后，在临界力 P_{cr}作用下，压杆就在微弯曲的形状下保持平衡，可以认为使压杆在微弯形状下保持平衡的最小值 P_{max}，就是细长压杆的临界力 P_{cr}。因此，临界力的大小与影响直杆弯曲变形大小的因素有关。

二、欧拉公式

当压杆在弹性范围内失稳时，从挠曲线近似微分方程出发，并考虑到边界条件，可导出临界力的计算公式如下

$$P_{cr}=\frac{\pi^2 EI}{(\mu l)^2} \tag{10-1}$$

上式称为临界力的欧拉公式。式中，E 为材料的弹性模量；I 为杆截面对中性轴的惯性矩；l 为压杆的长度；μ 为与支承情况有关的长度系数，它反映不同支承对杆件临界力的影响，其值见表 10-1（表中的建议值是考虑实际工程和理想条件之间的差距而提出的）；μl 称为相当长度。

不同支座情况下的长度系数　　**表 10-1**

支承情况	一端固定，一端自由	两端铰支	一端固定，一端铰支	两端固定
简图				
理论 μ 值	2	1	0.7	0.5
建议 μ 值	2.1	1.0	0.8	0.65

由欧拉公式可以看出，杆件的临界力与材料力学性能、杆件横截面形状和尺寸、杆件长度和支承情况等因素有关。杆件越细长，杆端约束越弱，杆的临界力就越小，杆也就越容易失稳。

【例 10-1】 如图 10-4(a)所示管道支架中的细长圆截面链杆 BC，长度 $l=800$ mm，直径 $d=20$mm，材料为 Q235A，$E=206$GPa。试计算链杆的临界力。

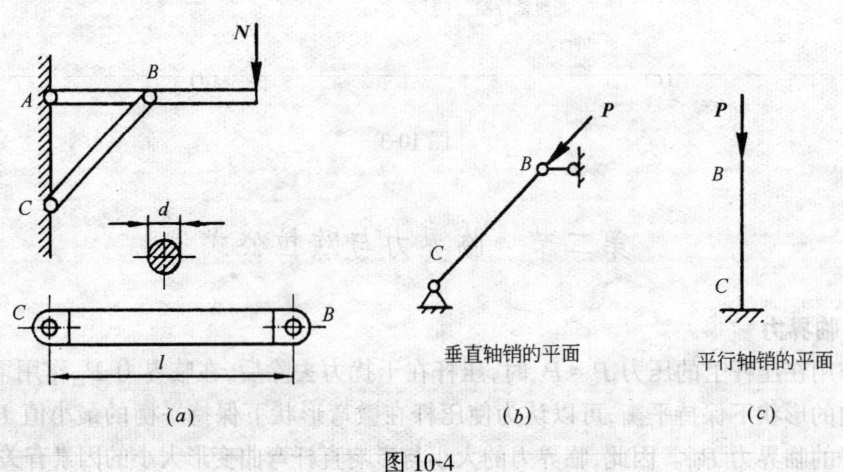

图 10-4

【解】 因为链杆 BC 在垂直于轴销平面内(即图示支架的平面内),可以简化为两端铰支的压杆(图 10-4(b)),而在平行于轴销的平面内(垂直于支架平面)则须简化为一端(C 端)固定的压杆(图 10-4(c)),而因截面对过圆心各轴之惯性矩相同,$I=\pi d^4/64=\pi\times(0.02)^4/64=7.853\times10^{-9}\text{m}^4$。故所求的临界力应取两个纵向面内 P_C 值较小的,以保证链杆之安全。

在垂直于轴销平面内,此时 $\mu=1$,由式(10-1)得

$$P_{cr}=\frac{\pi^2EI}{(\mu l)^2}=\frac{\pi^2\times206\times10^9\times7.853\times10^{-9}}{(1\times0.8)^2}=24.9\times10^3\text{N}=24.9\text{kN}$$

在平行于轴销平面内,此时 $\mu=2$,由式(10-1)得

$$P'_{cr}=\frac{\pi^2EI}{(\mu l)^2}=\frac{\pi^2\times206\times10^9\times7.853\times10^{-9}}{(2\times0.8)^2}=6.24\times10^3\text{N}=6.24\text{kN}$$

所以,两个纵向面内临界力中,较小值是 $P_{cr}^{\min}=6.24\text{kN}$。

若按链杆压缩屈服强度 σ_s 计算轴向压力,则

$$P=\sigma_s\cdot A=\sigma_s\cdot\frac{\pi d^2}{4}=235\times\pi\times\frac{20^2}{4}=73.8\times10^3\text{N}=73.8\text{kN}$$

这一数值远大于 $P_{cr}^{\min}=6.24\text{kN}$。可见,对于细长压杆来说,其失去正常工作的能力并不是由于强度的不足而是失稳的缘故。

第三节 欧拉公式的适用范围

一、临界应力和柔度

为了分析压杆失稳时的应力,需引入临界应力的概念。临界应力就是在临界状态下,压杆横截面上的平均应力,即

$$\sigma_{cr}=\frac{\pi^2E}{\lambda^2} \tag{10-2}$$

式中

$$\lambda=\frac{\mu l}{i} \tag{10-3}$$

λ 称为压杆的柔度或长细比。i 称为截面的惯性半径,$i=\sqrt{\frac{I}{A}}$。

λ 越大,压杆越细长;λ 越小,压杆越粗短。λ 是一个无量纲的量。它综合反映压杆长度、两端支承条件、截面形状、尺寸等因素对临界应力的影响。显然 λ 越大,杆件临界应力越小,杆越容易失稳。所以,柔度 λ 是压杆稳定计算中一个重要参数。

二、欧拉公式的适用范围

欧拉公式是在压杆处于弹性范围内推得的,所以必须在临界应力小于比例极限的条件下才能应用

$$\sigma_{cr}=\frac{\pi^2E}{\lambda^2}\leqslant\sigma_p$$

即

$$\lambda\geqslant\sqrt{\frac{\pi^2E}{\sigma_p}}$$

令

$$\lambda_p=\sqrt{\frac{\pi^2E}{\sigma_p}}$$

则
$$\lambda \geqslant \lambda_p \tag{10-4}$$
λ_p 为比例极限 σ_p下的柔度。λ_p 仅取决于杆件材料的性能，与其他因素无关，可用来说明欧拉公式的适用范围。即只有当压杆的柔度 λ 大于某一特定值λ_p 时，才能用欧拉公式计算其临界荷载和临界应力。工程中把 $\lambda \geqslant \lambda_p$ 的压杆称为细长杆或大柔度杆。

用 Q235A 钢制成的杆，$E=2.06\times10^6$MPa，$\lambda_p=100$。松木压杆的 $\lambda_p=110$，铸铁压杆的 $\lambda_p=80$。因此，当杆件 $\lambda \geqslant 100$ 时，为大柔度杆，可用欧拉公式计算临界力或临界应力。

三、中长杆的临界应力

当压杆的柔度 $\lambda<\lambda_p$ 时，压杆称为中长杆或中柔度杆。这类压杆其临界应力 σ_{cr}大于材料的比例极限 σ_p，这时欧拉公式已不能使用。

工程中对中长杆的计算，一般使用经验公式。常用的经验公式有两种：直线公式和抛物线公式。

1. 直线公式
$$\sigma_{cr}=a-b\lambda \tag{10-5}$$
式中 a、b 为与材料有关的常数，由试验确定。例如 Q235 钢，$a=304$MPa，$b=1.12$MPa；松木 $a=39.2$MPa，$b=0.199$MPa。

2. 抛物线公式

我国钢结构设计规范中规定采用抛物线公式。

Q235 钢（$\sigma_s=240$MPa，$E=210$GPa，$\lambda_c=123$）
$$\sigma_{cr}=240-0.00682\lambda^2 \tag{10-6}$$

16 锰钢
$$\sigma_{cr}=250-0.0147\lambda^2 \tag{10-7}$$

【例 10-2】 如图 10-5 所示的压杆长度 $l=400$mm，材料为 Q235A，$E=206$GPa，$\lambda_p=100$，两端为铰支。试分别计算压杆为矩形、圆形和正方形时的临界力和临界应力（设三种截面的截面积 A 相等）。

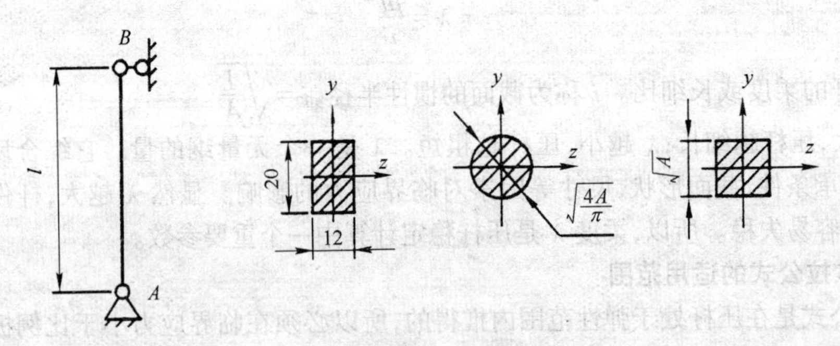

图 10-5

【解】 1. 计算压杆的柔度 λ。因压杆两端铰支，由表 10-1 查得：$\mu=1$。

(1) 矩形截面
$$I_y=\frac{hb^3}{12}=\frac{20\times12^3}{12}=2880\text{mm}^4$$
$$I_z=\frac{bh^3}{12}=\frac{12\times20^3}{12}=8000\text{mm}^4$$

因 $I_y < I_z$，压杆截面必绕 y 轴转动而失稳，因此，应将 I_y 代入公式计算截面对 y 轴的惯性半径。

$$i_y = \sqrt{\frac{I_y}{A}} = \sqrt{\frac{hb^3}{12} \cdot \frac{1}{hb}} = \frac{b}{\sqrt{12}} = \frac{12}{\sqrt{12}} = 3.464\text{mm}$$

柔度为

$$\lambda = \frac{\mu l}{i} = \frac{1 \times 400}{3.464} = 115.5$$

(2) 圆形截面

$$i = i_y = i_z = \frac{d}{4} = \frac{\sqrt{4A}}{\sqrt{\pi}} \cdot \frac{1}{4} = \frac{\sqrt{4 \times 20 \times 12}}{\sqrt{\pi}} \cdot \frac{1}{4} = 4.37\text{mm}$$

柔度为

$$\lambda = \frac{\mu l}{i} = \frac{1 \times 400}{4.37} = 91.5$$

(3) 正方形截面

$$i_y = i_z = \frac{b}{\sqrt{12}} = \frac{\sqrt{20 \times 12}}{\sqrt{12}} = 4.47\text{mm}$$

柔度为

$$\lambda = \frac{\mu l}{i} = \frac{1 \times 400}{4.47} = 89.5$$

2. 计算临界应力和临界力

(1) 矩形截面杆

因 $\lambda = 115.5 \geqslant \lambda_p = 100$，所以，用欧拉公式计算临界应力：

$$\sigma_{cr} = \frac{\pi^2 E}{\lambda_y^2} = \frac{\pi^2 \times 206 \times 10^3}{115.5^2} = 152.3\text{MPa}$$

临界力

$$P_{cr} = \sigma_{cr} \cdot A = 152.3 \times 20 \times 12 = 36.6 \times 10^3\text{N} = 36.6\text{kN}$$

(2) 圆形截面杆

因 $\lambda = 91.5 < \lambda_p = 100$，所以，用直线公式计算临界应力

$$\sigma_{cr} = a - b\lambda = 304 - 1.12 \times 91.5 = 201.5\text{MPa}$$

临界力

$$P_{cr} = \sigma_{cr} \cdot A = 201.5 \times 20 \times 12 = 48.3 \times 10^3\text{N} = 48.3\text{kN}$$

(3) 正方形截面杆

因 $\lambda = 89.5 < \lambda_p = 100$，所以，用直线公式计算临界应力

$$\sigma_{cr} = a - b\lambda = 304 - 1.12 \times 89.5 = 203.8\text{MPa}$$

临界力

$$P_{cr} = \sigma_{cr} \cdot A = 203.8 \times 20 \times 12 = 48.9 \times 10^3\text{N} = 48.9\text{kN}$$

计算结果说明，在材料、杆长、横截面面积及支承情况相同的情况下，从临界力大小来看，圆形截面杆大于正方形，正方形大于矩形。因此，压杆以圆形截面为宜。

第四节　压杆的稳定计算

一、压杆的稳定条件

为了使压杆能正常工作而不失稳，压杆所受的轴向压力 P 必须小于临界荷载 P_{cr}；或压杆的压应力 σ 必须小于临界应力 σ_{cr}。对工程上的压杆，由于存在着种种不利因素，还需有一定的安全储备，所以要有足够的稳定安全系数 n_{st}。于是，压杆的稳定条件为

$$P \leqslant \frac{P_{cr}}{n_{st}} = [P_{st}] \tag{10-8}$$

或

$$\sigma \leqslant \frac{\sigma_{cr}}{n_{st}} = [\sigma_{st}] \tag{10-9}$$

式中　P——实际作用在压杆上的压力；

P_{cr}——压杆的临界力；

n_{st}——稳定安全系数，随 λ 的改变而变化。一般稳定安全系数比强度安全系数 n 大；

$[P_{st}]$——稳定容许荷载；

$[\sigma_{st}]$——压杆的稳定许用应力。由于临界应力 σ_{cr} 和稳定安全系数 n_{st} 都随压杆的柔度系数 λ 变化，所以，$[\sigma_{st}]$ 也是随 λ 变化的一个量，这与强度计算时材料的许用应力 $[\sigma]$ 不同。

二、折减系数

建筑安装工程中的压杆稳定计算中，常将变化的稳定许用应力 $[\sigma_{st}]$ 改为用折减后的强度许用应力 $[\sigma]$ 来表达：

$$[\sigma_{st}] = \varphi[\sigma]$$

称为折减系数，φ 值总是小于 1，且随柔度而变化，几种常用材料的 λ-φ 变化关系如表 10-2 所示，计算时可查用。

压杆折减系数 φ　　　　**表 10-2**

λ	φ 值				
	Q215、Q235 钢	16Mn 钢	铸　铁	木　材	混凝土
0	1.000	1.000	1.000	1.000	1.00
20	0.981	0.937	0.91	0.932	0.96
40	0.927	0.895	0.69	0.822	0.83
60	0.842	0.776	0.44	0.658	0.70
70	0.789	0.705	0.34	0.575	0.63
80	0.731	0.627	0.26	0.460	0.57
90	0.669	0.546	0.20	0.371	0.46
100	0.604	0.462	0.16	0.300	
110	0.536	0.384		0.248	
120	0.466	0.325		0.209	
130	0.401	0.279		0.178	
140	0.349	0.242		0.153	
150	0.306	0.213		0.134	
160	0.272	0.188		0.117	
170	0.243	0.168		0.102	
180	0.218	0.151		0.093	
190	0.197	0.136		0.083	
200	0.180	0.124		0.075	

因此,压杆的稳定条件可用折减系数与强度许用应力$[\sigma]$来表达:

$$\sigma=\frac{P}{A}\leqslant\varphi[\sigma] \tag{10-10}$$

式(10-10)类似压杆强度条件表达式,从形式上可以理解为:压杆因在强度破坏之前便丧失稳定,故由降低强度许用应力$[\sigma]$来保证杆件的安全。

应用折减系数法作稳定计算时,首先要算出压杆的柔度λ,再按其材料,由表 10-2 查出φ值,然后按式(10-10)进行计算。当计算出的λ值不是表中的整数值时,可用线性内插的近似方法得出相应的φ值。

三、压杆的稳定计算

应用压杆的稳定条件可以解决稳定校核、截面选择和确定许用载荷等三类问题。

1. 稳定校核

$$\sigma=\frac{P}{A}\leqslant\varphi[\sigma]$$

2. 截面选择

$$A\geqslant\frac{P}{\varphi[\sigma]}$$

3. 确定许用载荷

$$[P]=\varphi[\sigma]A$$

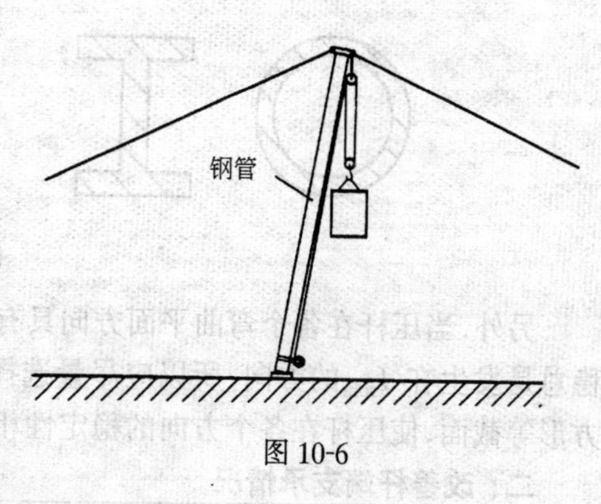

图 10-6

【例 10-3】 如图 10-6 所示的独立桅杆用 Q235 钢管制成,$[\sigma]=160\text{MPa}$,外径为 300mm,壁厚 14mm,长为 14 米。已知承受轴向压力 $P=400\text{kN}$,不计钢管自重。试校核独立桅杆的稳定性。

【解】 独立桅杆两端视为铰支,故$\mu=1$。

钢管截面面积

$$A=\frac{\pi(D^2-d^2)}{4}=\frac{\pi\times(0.3^2-0.272^2)}{4}=1.26\times10^{-2}\text{m}^2$$

钢管惯性半径

$$i=\frac{(D^2+d^2)}{4}=\frac{300^2+272^2}{4}=101.2\text{mm}$$

柔度

$$\lambda=\frac{\mu l}{i}=\frac{1\times14\times10^3}{101.2}=138$$

根据表 10-2,用内插法计算φ

当 $\lambda=140$ 时,$\varphi=0.349$;$\lambda=130$ 时,$\varphi=0.401$;

内插法:$\lambda=180$ 时,$\varphi=0.349+\frac{0.401-0.349}{140-130}\times(140-138)=0.359$

校核独立桅杆的稳定性

$$\sigma=\frac{P}{A}=\frac{400\times10^3}{1.26\times10^{-2}}=3.18\times10^7\text{Pa}=31.8\text{MPa}$$

而

$$\varphi[\sigma]=0.359\times160=57.44\text{MPa}$$

所以 $\sigma<\varphi[\sigma]$，独立桅杆满足稳定条件。

第五节　提高压杆稳定性的措施

一、选择合理的截面形状

对于一定材料制成的压杆，其临界力与柔度 λ 的平方成反比，柔度越小，稳定性越好。在截面面积不变的条件下，选择合理的截面形状，使截面的惯性矩增大，惯性半径增大，减小 λ。为此，应适当地使截面材料分布远离形心主轴。通常采用空心截面和型钢组合截面，如图 10-7 所示。

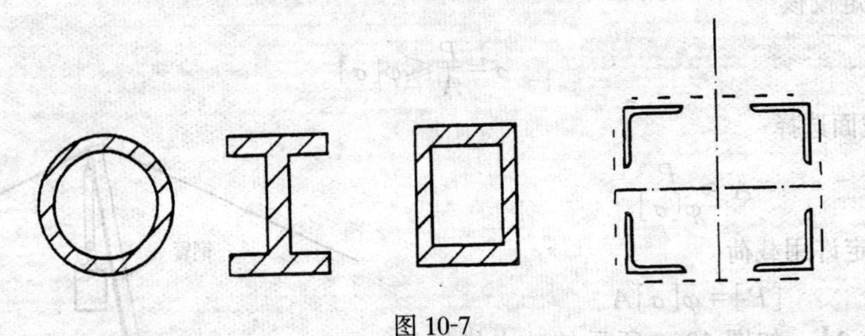

图 10-7

另外，当压杆在各个弯曲平面方向具有相同的支承情况（如球铰和固定端）时，压杆的失稳总是发生在 I_{min} 的方向，所以应尽量选择最大和最小惯性矩相等或相近的截面，如圆形、方形等截面，使压杆在各个方向的稳定性相等。

二、改善杆端支承情况

不同支座情况下的长度系数是不一样的。杆件两端支承越牢固，其 μ 值越小，λ 值也越小，杆件稳定性就越高。因此，应尽可能采用 μ 值小的支座，如采用固定端或如图 10-8 所示设置肋板加固端部的支承。

此外，在可能的情况下，将细长压杆变成拉杆，可以从根本上消除失稳现象。例如将图 10-9(*a*)中的 *BC* 杆改成如图 10-9(*b*)所示的结构形式。

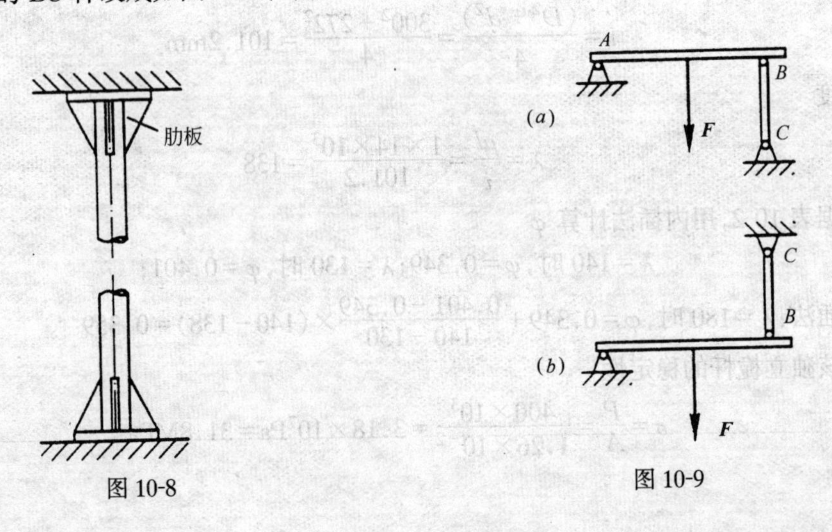

图 10-8　　图 10-9

三、减小杆件的相当长度 μl

压杆越长，其柔度 λ 越大，压杆的稳定性就越差。因此，在条件允许时应尽可能减少压杆的长度，以提高压杆稳定性。如桁架中的腹杆布置由图 10-10(a)改成图 10-10(b)所示的结构形式，使长杆受拉，短杆受压。

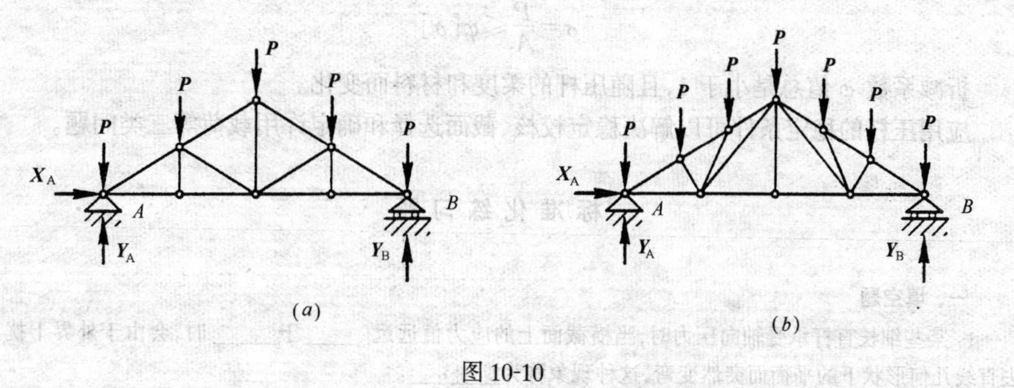

图 10-10

四、合理选择材料

对于 $\lambda \geqslant \lambda_p$ 大柔度压杆的临界力由欧拉公式确定，从公式来看，可选择 E 值大的材料来提高压杆的稳定性。但由于各种钢的 E 值相差不大，均在 200～210GPa 左右，选用高强度钢(如 16 锰钢)，增加了成本，却不能有效地提高压杆稳定性。因此，大柔度杆宜选用普通钢材。

对于 $\lambda < \lambda$ 中柔度压杆，钢的质量越好，临界应力也越大。所以，中柔度压杆选择高强度钢，能有效地提高其稳定性。

小　结

1. 压杆稳定的概念

压杆在轴向压力作用下，由直线平衡状态变到弯曲直至破坏的现象称为压杆失稳。压杆是否会失稳，决定于压杆的临界力。压杆的临界力是压杆失稳前能承受的最大压力。对于压杆稳定问题，关键在于确定压杆的临界力。

2. 柔度

柔度或长细比 λ 是压杆的长度、支承情况、截面形状与尺寸等因素的一个综合值。

$$\lambda = \frac{\mu l}{i}\left(\text{惯性半径 } i = \sqrt{\frac{I}{A}}\right)$$

柔度 λ 是稳定计算中的重要几何参数。有关压杆的稳定计算都要先算出 λ。

压杆总是在柔度大的平面内首先失稳。当压杆两端支承情况各方向相同时，计算最小惯性矩 I_{min}，求得最小惯性半径 i_{min}，再求出 λ_{max}。当压杆两个方向的支承情况不同时，则要比较两个方向的柔度值，取大者进行计算。

3. 压杆临界力计算

各类压杆的临界力计算公式不同，一般根据柔度来判断。

(1) 当 $\lambda \geqslant \lambda_p$，压杆为大柔度杆，其临界力用欧拉公式计算，即

$$P_{cr}=\frac{\pi^2 EI}{(\mu l)^2}$$

(2) 当 $\lambda<\lambda_p$ 时,压杆为中柔度杆,其临界力用经验公式确定。

4. 压杆的稳定条件

$$\sigma=\frac{P}{A}\leqslant\varphi[\sigma]$$

折减系数 φ 值总是小于 1,且随压杆的柔度和材料而变化。

应用压杆的稳定条件可以解决稳定校核、截面选择和确定许用载荷等三类问题。

标准化练习题

一、填空题

1. 某些细长直杆承受轴向压力时,当横截面上的应力值远远______于______时,会由于外界干扰,失去直线几何形状下的平衡而突然变弯,这种现象称为________。

2. 如图所示截面形状的压杆,设两端为球铰支承。失稳时图(a)截面绕________轴转动;图(b)截面绕______轴转动;图(c)截面绕__________轴转动。

(a) (b) (c)

填空题 2 图

3. 应用欧拉公式计算临界力只适用于__________杆。

4. 压杆稳定计算中,折减系数仅是一个随__________而变化的量。

5. 有一压杆,若求其临界应力,首先应计算______值,当________时才能用欧拉公式计算。

二、选择题

1. 两根材料相同的压杆,在______值大的情况下容易失稳________。

a. μ; b. λ; c. μl; d. i

2. 四根长度相等的压杆,材料、截面、受力均相同,支承情况不同,最先失稳的是______。

a. 两端铰支; b. 一端固定,一端自由; c. 一端固定,一端铰支; d. 两端固定

3. 某角钢压杆如图所示,各方向的支承情况相同,压杆将绕截面的________轴转动失稳。

a. z; b. y; c. x_0。 d. 无法确定

4. 如图所示某圆形压杆,当压杆截面绕 y 轴转动时,两端为铰支座;当绕 z 轴转动时,一端为固定支座,一端铰支座。压杆将会绕________轴失稳。

a. z; b. y; c. 无法确定

5. 如图所示由两根槽钢组成的压杆有 a、b 两种组合形式,支承情况完全相同,临界压力较大的是________。

a. 图(a); b. 图(b); c. 图(a)和图(b)一样大

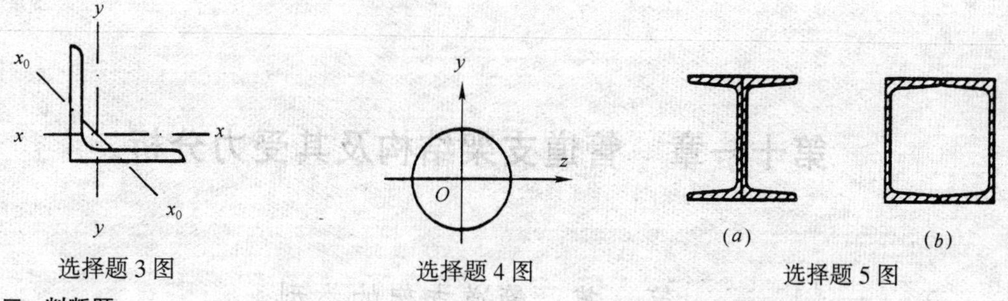

选择题 3 图　　　　选择题 4 图　　　　选择题 5 图

三、判断题

1. 压杆的稳定平衡意味着:一旦干扰力消失,压杆能由微弯状态恢复到原来的轴直线平衡状态。(　　)
2. 压杆的不稳定平衡意味着:不管有无干扰力,压杆都不能保持轴直线平衡状态。(　　)
3. 柔度越小,压杆愈易失稳。(　　)
4. 只要是轴向受压杆,均可应用欧拉公式计算临界应力。(　　)
5. 压杆总是在最小刚度平面内失稳。(　　)
6. 采用高强度钢材能有效地提高中长压杆的临界应力,而不能有效地提高细长压杆的临界应力。(　　)
7. 轴向压力满足压杆的稳定条件,一定满足强度条件。(　　)
8. 当压杆满足强度要求后,不会再发生破坏。(　　)
9. 压杆的柔度 λ 大,表示压杆粗而短。(　　)
10. 其他条件不变时,轴向受压的杆件越长越不稳定。(　　)
11. 临界应力的欧拉公式,适用一切情况下的轴向压杆。(　　)
12. 处于临界平衡状态的压杆可以维持直线平衡,也可以维持微弯状态平衡。(　　)

习　　题

10-1　压杆由两根等边角钢∟140×12 组成如图所示。杆长 $l=2.4$m,两端铰支。承受轴向压力 $P=800$kN,材料为 Q235 钢,$[\sigma]=160$MPa,铆钉孔直径 $d=23$mm,试对压杆作稳定和强度校核。

10-2　如图所示井架的主肢为等边角钢∟80×8,节点间的距离为 $l=1800$mm,节点处视为铰支,材料为 Q235 钢,$[\sigma]=160$MPa。试求此角钢的许用荷载。

10-3　图示千斤顶的最大起重量 $G=120$kN。已知丝杠的长度 $l=600$mm,$h=100$mm。丝杠内径 $d=52$mm,材料为 Q235 钢,$[\sigma]=80$MPa,试验算丝杠的稳定性。

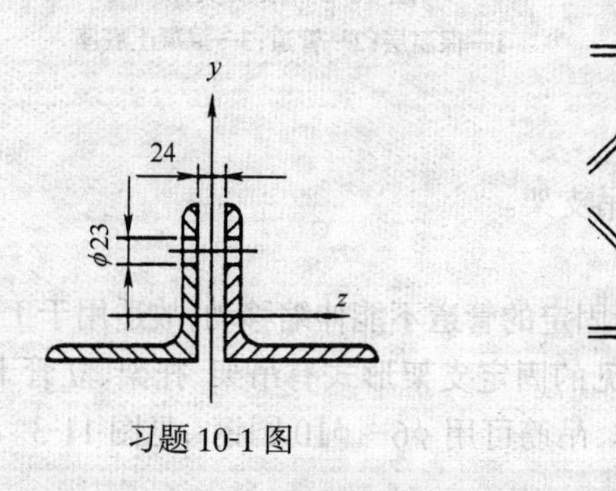

习题 10-1 图

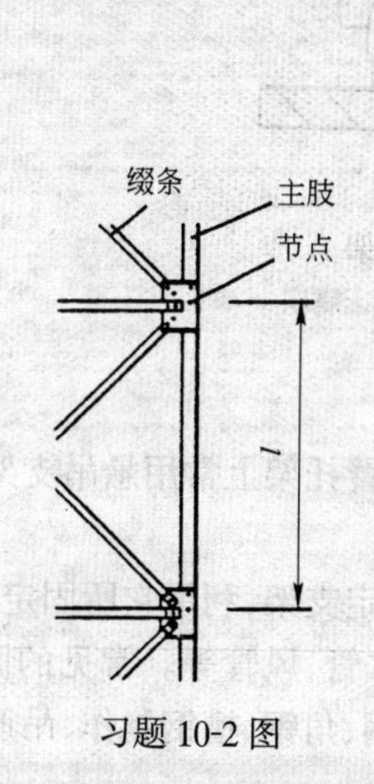

习题 10-2 图

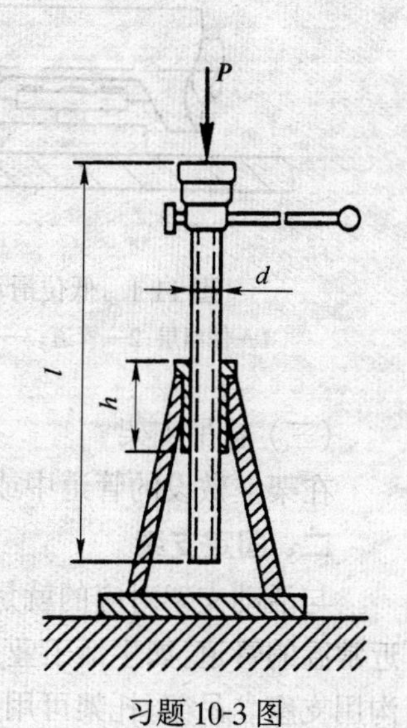

习题 10-3 图

第十一章　管道支架结构及其受力分析

第一节　管道支架的类型

管道支架是管道的支承结构，一般由管箍、管架、基础组成，管道支架在管路上按其作用、受力、结构方式不同，一般分为固定支架、活动支架及组合型支架。

一、活动支架

活动支架是直接承受管道重量，并使管道在温度的作用下能自由伸缩移动。适用于温度变化较大的管道，如蒸气管。活动支架有滑动支架，滚动支架及悬吊支架，用得最多的是滑动支架。

(一) 滑动支架

滑动支架有低位及高位两种。低位的滑动支架如图 11-1 所示。支架焊在管道下面，可在混凝土底座上前后滑动。在指甲周围的管道不能保温，以使支架能自由滑动。高位的滑动支架类似图 11-1，只不过其支座较高，保温层把支座包起来，其支架下部可在底座上滑动。

(二) 滚动支架

滚动支架如图 11-2 所示，管道支架在底座的圆轴上，因其滚动可以减少承重底座的轴向推力。这种支架常用在架空敷设的塔架上。

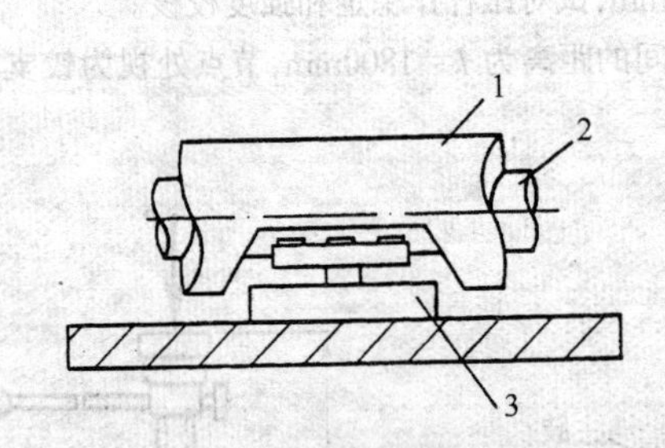

图 11-1　低位滑动支架

1—保温层；2—管道；3—混凝土底座

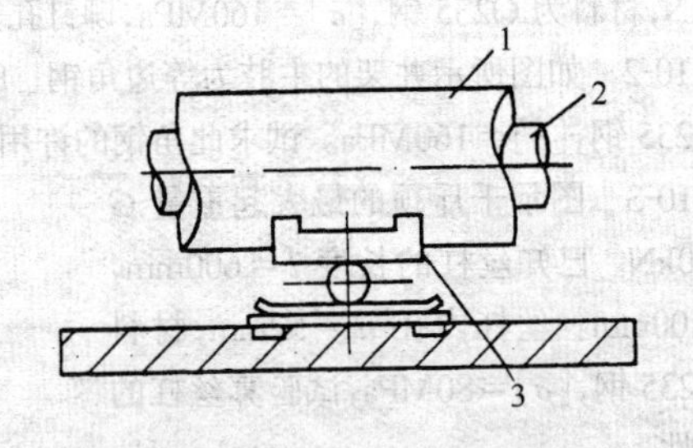

图 11-2　滚动支架

1—保温层；2—管道；3—混凝土底座

(三) 悬吊支架

在架空敷设的管道中或悬臂托架上常用悬吊支架。

二、固定支架

与活动支架对应的就是固定支架，利用它所固定的管道不能伸缩移动，故适用于工质接近常温的管道，如生活工业用水管、风管等。常见的固定支架形式有吊架、托架、立管卡、地沟用支座。吊架、托架可用扁钢、角钢、槽钢制作，吊筋可用 $\phi 6 \sim \phi 10$ 圆钢，见图 11-3。

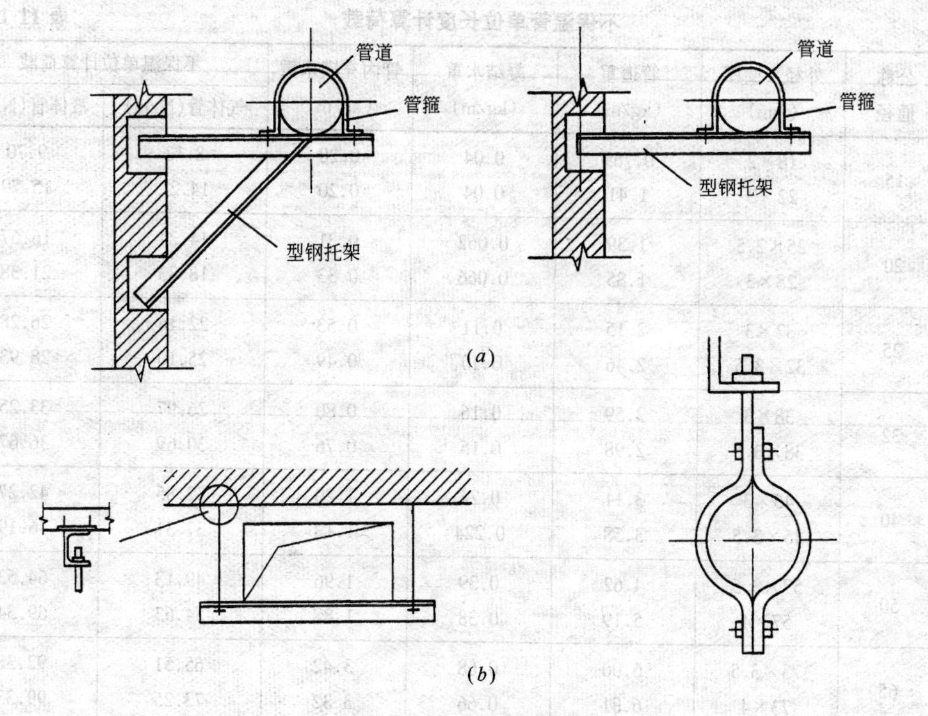

图 11-3　固定支架形式

(a)托架;(b)吊架

第二节　管道跨距计算

管道允许跨距的大小直接决定着管道支架的数量。跨距太小造成管架过密,费用增高,在保证管道安全和正常运行的前提下,应尽可能地增大管道的跨距。

管道允许跨距取决于管材的强度、管子的截面刚度、外荷载的大小、管道敷设的坡度以及管道允许的最大挠度等。

管道允许跨距的计算应按强度和刚度两个条件进行,取两者中较小值作为推荐的最大允许跨距。

一、按强度条件计算管道的允许跨距

管道自重弯曲应力不应超过管材的许用外载弯曲应力值,以保证管道安全。根据这一原则确定的管道允许跨距,称为按强度条件计算管道的允许跨距。

对于连续敷设,均布荷载的水平直管,如图 11-4 所示,管道的最大允许跨距可按下列公式计算,即

$$L_{\max}=2.24[1/qW\phi[\sigma]^{t}]^{1/2}$$

式中　$L_{\max}$——管道最大允许跨距(m);

q——管道单位长度计算荷载(N/m),q =管材重+保温重+附加重,如表 11-1 所示;

W——管道截面抵抗矩(cm^3),如附录 1 所示;

ϕ——管道横向焊缝系数,如表 11-2 所示;

$[\sigma]^{t}$——钢管热态许用应力(N/mm^2),如表 6-1 所示。

不保温管单位长度计算荷载 **表 11-1**

序号	公称通径	外径×壁厚 (mm)	管道重 (kg/m)	凝结水重 (kg/m)	管内充满水重 (kg/m)	不保温单位计算荷载	
						气体管(N/m)	液体管(N/m)
1	15	18×2	0.789	0.04	0.20	8.13	9.70
		22×3	1.41	0.04	0.20	14.22	15.79
2	20	25×2.5	1.39	0.062	0.31	14.24	16.67
		28×3	1.85	0.066	0.33	18.83	21.38
3	25	32×3	2.15	0.11	0.53	22.16	26.28
		32×3.5	2.46	0.10	0.49	25.10	28.93
4	32	38×3	2.59	0.16	0.80	26.97	33.25
		38×3.5	2.98	0.15	0.76	30.69	36.67
5	40	45×3	3.11	0.24	1.20	32.85	42.27
		45×3.5	3.58	0.224	1.13	37.31	46.19
6	50	57×3.5	4.62	0.39	1.96	49.13	64.53
		57×4	5.19	0.38	1.88	54.63	69.34
7	65	73×3.5	6.00	0.68	3.42	65.51	92.38
		73×4	6.81	0.66	3.32	73.25	99.33
8	80	89×4	8.38	10.3	5.15	92.28	132.68
9	100	108×4	10.26	1.18	7.85	112.19	177.6
10	125	108×4	12.79	1.84	12.27	142.88	245.17
11	150	159×4.5	17.15	2.65	17.67	194.17	341.46
12	200	219×6	31.52	5.05	33.65	358.62	639.09
13	250	273×7	45.92	7.90	52.69	527.79	967.03
14	300	325×8	62.54	11.25	74.99	723.62	1348.69
15	350	377×7	63.78	15.52	103.5	778.54	1641.32
		377×8	72.8	15.35	102.4	854.45	1718.11
		377×9	81.68	15.15	101.0	949.57	1791.46
16	400	426×7	72.33	20.0	133.3	905.44	2016.52
		426×8	82.47	19.8	132.0	1002.92	2103.21
		426×9	92.55	19.61	130.70	1099.91	2189.32
17	450	478×7	81.31	25.4	169.2	1046.16	2456.64
		478×8	92.73	25.2	168.0	1156.49	2556.86
		478×9	101.1	25.0	166.5	1266.02	2653.65
18	500	529×7	90.11	31.25	208.3	1190.12	2926.37
		529×8	102.81	31.00	206.7	1312.20	3035.21
		529×9	115.42	30.76	205.1	1433.52	3143.19
19	550	630×7	137.81	44.1	294.0	1783.91	4234.57
		630×8	152.89	143.8	292.0	1928.85	4362.84
		630×9	167.91	43.52	290.0	2073.40	4490.52

管道焊缝系数 **表 11-2**

序号	横向焊缝系数		序号	纵向焊缝系数	
1	焊接情况	ϕ	7	焊接情况	ϕ
2	手工有垫环对焊	0.9			
3	手工无垫环对焊	0.7			
4	手工双面加强焊	0.95	8	直缝焊接钢管	0.8
5	自动双面焊	1.0	9	螺旋焊接钢管	0.6
6	自动单面焊	0.8	10	无缝钢管	1.0

二、按刚度条件计算管道的允许跨距

管道在一定跨距下总有一定的挠度，由管道自重产生的弯曲挠度不应超过管道跨距的 0.005（当疏水、放水坡度 $i=0.002$ 时）。根据对挠度的限制所确定的管道允许跨距叫做按刚度条件计算管道的允许跨距。

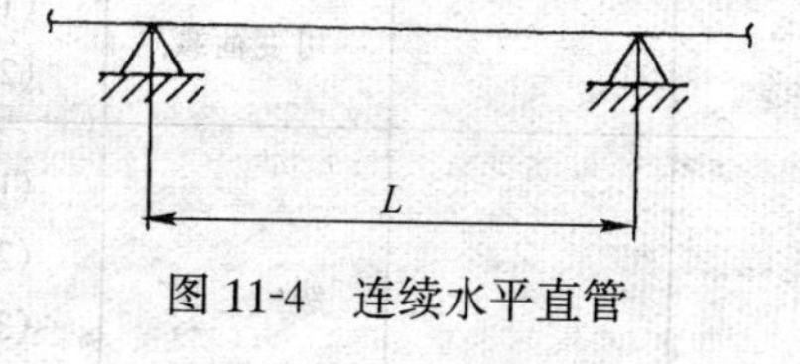

图 11-4 连续水平直管

对于连续敷设，均布荷载的水平直管，如图 11-4 所示，管道的最大允许跨距可按下列公式计算，即

$$L_{max}=0.19[100/qE_{t}Ii]^{1/2}$$

式中 L_{max}——管道最大允许跨距(m)；

q——管道单位长度计算荷载(N/m)，q = 管材重 + 保温重 + 附加重，如表 11-1 所示；

E_t——在计算温度下的钢材弹性模量(N/mm^2)，如表 11-3 所示；

常用钢材的弹性模量 **表 11-3**

钢号	Q235A	10	20	16Mn 16Mnq	15MnV 15MnVq
20	2.100	2.020	2.020	2.100	2.100
100	2.040	1.950	1.870	2.050	2.050
150	2.000	1.900	1.830	1.990	1.990
158	1.994	1.892	1.824	1.981	1.981
200	1.960	1.850	1.790	1.930	1.930
230	1.944	1.830	1.772	1.914	1.914
240	1.936	1.820	1.763	1.906	1.906
250	1.928	1.810	1.754	1.898	1.898
260	1.920	1.800	1.745	1.890	1.890
270	1.912	1.790	1.736	1.882	1.882
280	1.904	1.780	1.727	1.872	1.872
290	10896	1.770	1.718	1.866	1.866
300	1.888	1.760	1.709	1.858	1.858
310	1.880	1.750	1.700	1.850	1.850
320				1.840	1.840
330				1.830	1.830
340				1.820	1.820
350				1.800	1.800

I——管道断面惯性矩；

i——管道放水坡度，$i \geqslant 0.002$。

第三节 支架受力分析

一、管道支座受力荷载的分类

序号	项目		内容
1	垂直荷载	永久荷载	(1) 管道、保温层、管道附件重 (2) 管道内介质重 (3) 管架自重
		可变荷载	(1) 管内沉积物重 (2) 积灰或冰雪荷载
2	水平荷载（可变）	纵向	(1) 管道补偿器反弹力（固定支架） (2) 管道的不平衡内压力（固定支架） (3) 管道摩擦力（活动支架） (4) 位移反弹力（活动支架）
		横向	(1) 风荷载 (2) 拐弯管道或支管传来的水平推力 (3) 管道横向位移的摩擦力

二、管道垂直荷载计算

(一) 水平管的垂直荷载计算

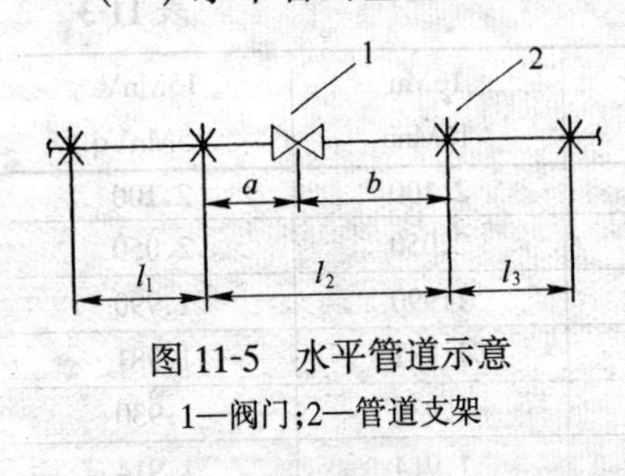

图 11-5 水平管道示意

1—阀门；2—管道支架

如图 11-5，水平管道的垂直荷载，可按下列公式计算：

$$G = \Sigma K_1 q_i l + K_2 Q$$

式中 G——作用在一个管架上的垂直荷载值；

K_1——荷载系数，$K_1 = 1.2$；

q_i——第 i 根管的单位长度荷载值；

l——管道跨度，若管道两侧的管道跨度不等，取平均值；

K_2——集中荷载分配系数，管架 A：$K_2 = b/l$，管架 B：$K_2 = a/l$；

Q——管道附件重量标准值，如阀门等。

(二) 垂直管荷载计算

垂直管可按两支点管道及附件的总负荷，平均分配于两侧管架。

三、其他荷载计算

(一) 积灰荷载

管径大于 300 的管道，须算积灰荷载，一般不超过 0.3kN/m。

(二) 平台上的活荷载

设有操作平台和走道板时，须考虑平台上的活荷载，按 2kN/m 计算。

(三) 冰雪荷载

寒冷地区,当管壁温度在0℃以下时,应具体考虑冰雪荷载。

四、纵向水平荷载计算

纵向水平荷载,是指一般管线作用于管架上的水平推力。

(一) 固定支架推力计算

固定支架水平推力 P,一般由管道补偿器反弹力、管道的不平衡内压力和活动管架传给固定支架的反作用力组成,如图11-6所示。

1. 管道补偿器反弹力 P_b

(1) 反弹力的产生

如图11-7所示,当管道膨胀时,补偿器将被压缩变形,由于补偿器的刚度作用,必将产生一个抵抗压缩变形的反力,这个反力通过管道作用于固定支架上,这就是补偿器的反弹力 P_b。此力由管道专业提供。

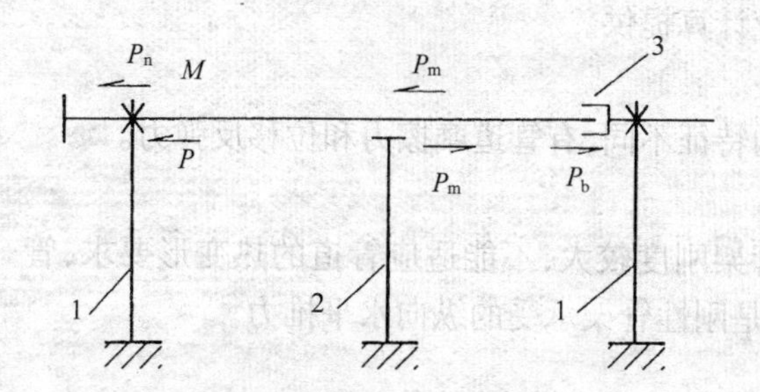

图11-6 固定支架水平推力示意
1—固定支架;2—刚性支架;3—补偿器

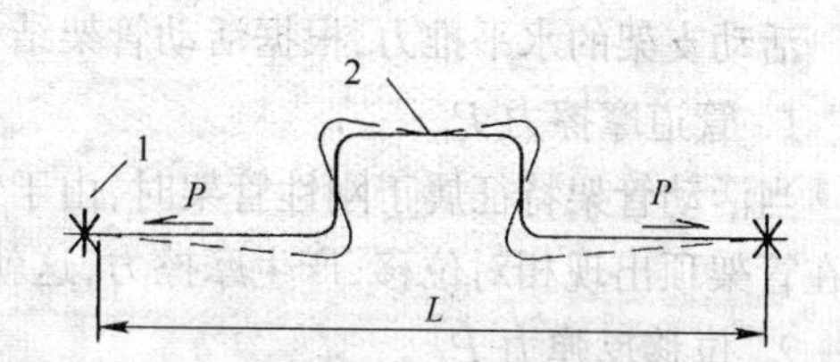

图11-7 不平衡内压力工作示意
1—固定支架;2—补偿器

(2) 各种补偿器反弹力的性质

当采用套筒式补偿器时,反弹力为套筒填料函的摩擦作用力;

当采用波形补偿器时,反弹力为波形管刚度所产生的推力;

当采用球形补偿器时,反弹力为球形补偿器的转动摩擦力。

2. 管道内的不平衡内压力产生

(1) 内压力的产生

如图11-8所示,在两个固定支架之间设有套筒式补偿器,并在补偿器的一侧设有闸阀,如将闸阀关闭,由于闸阀受到内压力的作用,将有使套筒式补偿器脱开的趋势,为了不使套筒式补偿器脱开,固定管架必须有足够的作用,以抵抗套筒式补偿器脱开的力。这个力就是管道内的不平衡内压力 P_n,此力由管道专业提供。

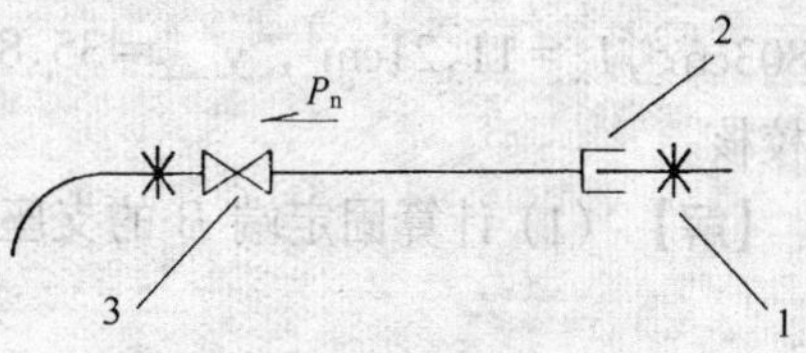

图11-8 补偿器反弹力工作示意图
1—固定支架;2—补偿器;3—阀门

(2) 内压力计算

1) 当固定支架布置在带有弯管段上(图11-8)或者在有闸阀的管段上时,内压力 P_n 可按下列公式计算

$$P_n = P_o A$$

式中　P_o——介质工作压力；

A——套筒式补偿器的套筒外径截面积或波纹补偿器的有效截面积。

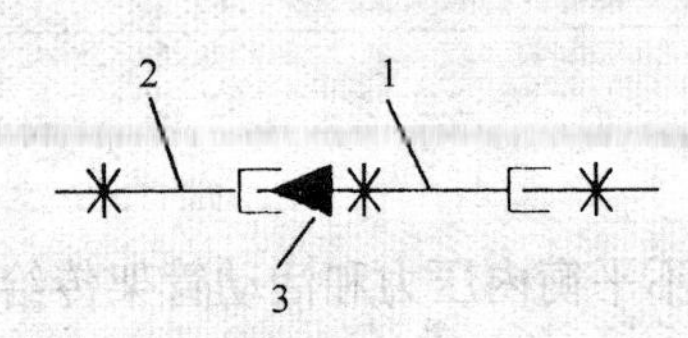

图 11-9　不同管径内压力工作示意

1—DN400；2—DN200；3—变径

2）如图 11-9 所示，当管道不止在两个不同直径的套筒式或波纹补偿器之间时，内压力 P_n 可按下列公式计算：

$$P_n = P_o(f_1 - f_2)$$

式中　f_1, f_2——依次为大、小直径的补偿器横截面面积。

3. 活动支架通过管道传给固定管架的反作用力

(1) 当活动管架为刚性管架时，等于固定管架至补偿器之间各刚性管架的摩擦反力之和 ΣP_m。

(2) 当活动管架为柔性管架时，等于固定管架至补偿器之间各柔性管架的位移反弹力之和 ΣP_f。

(3) 当活动管架为半铰接管架时，水平推力可忽略不计。

固定管架的水平推力 P，一般由工艺专业计算提供。

(二) 活动支架的推力计算

活动支架的水平推力，根据活动管架结构特征不同，有管道摩擦力和位移反弹力。

1. 管道摩擦力 P_m

当活动管架特征属于刚性管架时，由于管架刚度较大，不能适应管道的热变形要求，管道在管架顶出现相对位移，产生摩擦力，这就是刚性管架承受的纵向水平推力。

2. 位移反弹力 P_f

当活动支架属于柔性支架时，由于管架刚度不大，能适应管道的热变形要求，即管道变形时管架顶相应位移，因此，管架承受位移产生的反弹力，这就是柔性管架承受的纵向水平推力。

第四节　常用型钢支架的强度计算

一、梁式型钢支架的强度计算

【例题 11-1】　一臂梁式型钢支架如图 11-10 所示，在节点 C 处受管道的垂直荷载 $P=5$kN，挑出长度 $L=200$mm，支架材料是 ∟50×50 的角钢，∟50×50 的角钢的横截面积为 4.803cm²，$I_x=11.21\text{cm}^4$，$y_{max}=35.8\times10^{-3}$m，许用应力 $[\sigma]=215$MPa。请对支架进行强度校核。

【解】　(1) 计算固定端 B 的支座反力　取 B 点为矩心，依据平衡方程：

$$\Sigma Fx = 0 \quad N_x = 0$$

$$\Sigma Fy = 0 \quad N_y - P = 0$$

$$\Sigma M_B = 0 \quad M_B - PL = 0$$

求得：$N_x = 0 \quad N_y = 5\text{kN} \quad M_B = 1\ \text{kN·m}$

(2) 画剪力图、弯矩图

(3) 计算 B 截面上的最大弯曲应力

$$\sigma_{max} = My_{max}/I_z = 1\times10^6\times35.8\times10^{-3}/11.2\times10^4 = 319\text{MPa} > 215\text{MPa}$$

经校核，角钢支架强度不符合要求。

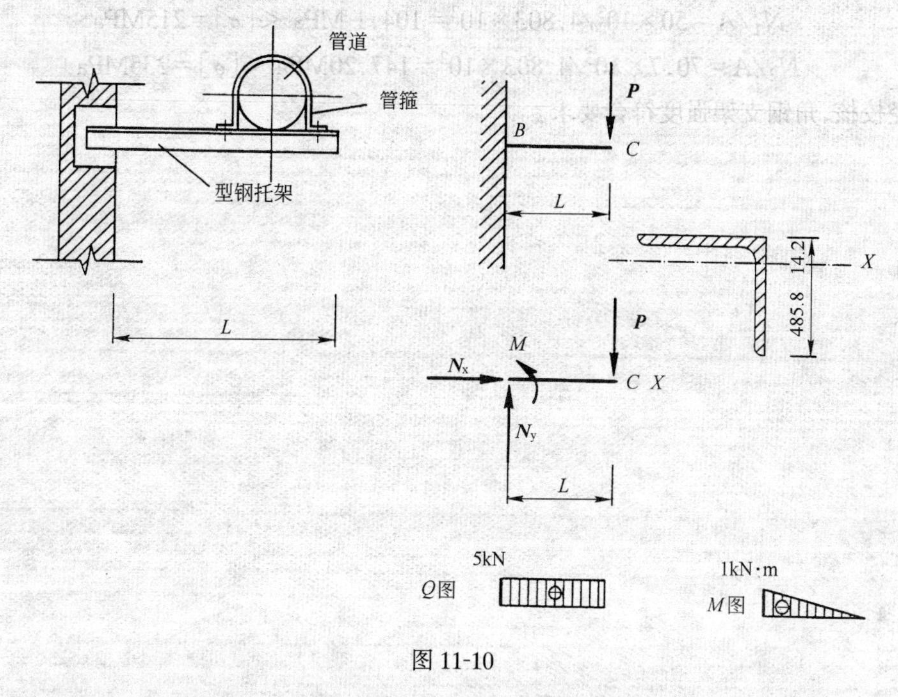

图 11-10

二、三角支架式型钢支架的强度计算

【例题 11-2】 图 11-11 的支架，在节点 C 处受管道的垂直荷载 $P=50\text{kN}$，支架是用∟50×50 的角钢铰接而成。∟50×50 的角钢的横截面积为 4.803cm^2，许用应力 $[\sigma]=215\text{MPa}$，请进行强度较核。

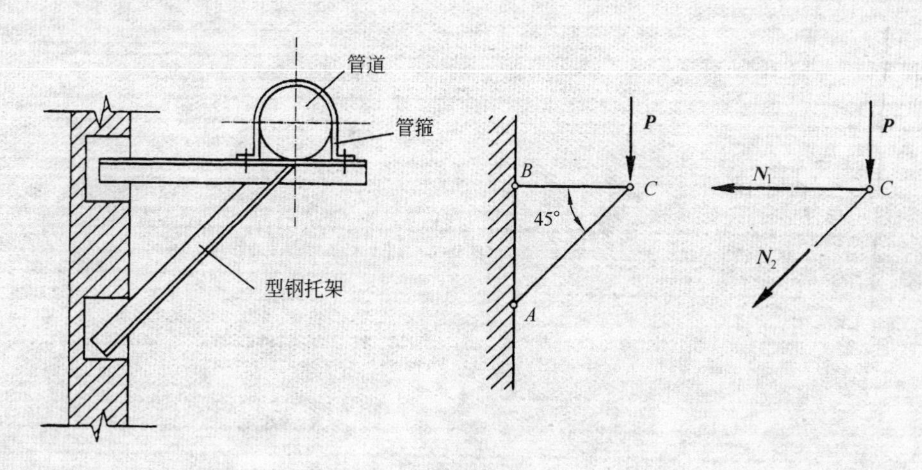

图 11-11

【解】 (1) 计算 BC、BA 两杆的轴力　取节点 B 为研究对象，依据平衡方程：

$$\Sigma Fx=0 \quad N_2\cos45^\circ-N_1=0$$

$$\Sigma Fy=0 \quad N_2\sin45^\circ-P=0$$

求得：$N_2=70.7\text{kN}$ (压)　$N_1=50\text{kN}$(拉)

(2) 强度校核

$$N_1/A = 50\times10^3/4.803\times10^2 = 104.1\ \text{MPa} < [\sigma] = 215\text{MPa}$$

$$N_2/A = 70.7\times10^3/4.803\times10^2 = 147.20\text{MPa} < [\sigma] = 235\text{MPa}$$

经校核，角钢支架强度符合要求。

附　录

管 道 计 算 数 据

附录 1

公称通径 DN (mm)	外径×壁厚 $\phi\times\delta$ (mm)	管壁截面积 f (cm^2)	流通截面积 F (cm^2)	单位长度外表面积 (m^2/m)	惯性矩 I (cm^4)	截面系数 W (cm^3)
普通低压流体输送焊接钢管						
10	17×2.25	1.04	1.23	0.053	0.41	0.48
15	21.3×2.75	1.60	1.96	0.062	1.00	0.94
20	26.8×2.75	2.08	3.56	0.084	2.53	1.89
25	33.5×3.25	3.09	5.73	0.105	3.58	2.14
32	42.3×3.25	3.99	10.06	0.133	7.65	3.62
40	48×3.5	4.89	13.20	0.150	12.18	5.07
50	60×3.5	6.21	22.05	0.188	24.87	8.29
65	75.5×3.75	8.45	36.30	0.237	54.52	14.44
80	88.5×4	10.62	50.87	0.278	94.9	21.46
100	114×4	13.85	88.20	0.358	209.2	36.71
125	140×4	17.08	136.8	0.440	395.3	56.47
150	1.65×4.5	22.68	191	0.518	730.8	88.6
无 缝 钢 管						
	6×1	0.16	0.13	0.019	0.005	0.017
	6×2	0.25	0.03	0.019	0.006	0.021
	8×1	0.22	0.28	0.025	0.014	0.034
	8×2	0.38	0.13	0.025	0.019	0.047
6	10×2	0.50	0.28	0.031	0.043	0.085
8	12×2	0.63	0.50	0.038	0.082	0.14
10	14×2	0.75	0.785	0.044	0.14	0.21
15	18×2	1.01	1.54	0.057	0.32	0.36
20	25×2.5	1.77	3.14	0.079	1.13	0.91
	25×3	2.07	2.82	0.079	1.28	1.02
25	32×2.5	2.32	5.72	0.10	2.54	1.59
	32×3	2.73	5.31	0.10	2.90	1.81
32	38×2.5	2.79	8.55	0.119	4.42	2.32
	38×3	3.30	8.04	0.119	5.09	2.68
40	45×2.5	3.34	12.56	0.141	7.56	3.38
	45×3	3.96	11.94	0.141	8.77	3.90
50	57×3.5	5.88	19.63	0.179	21.13	7.41
65	73×3.5	7.64	34.14	0.229	46.27	12.68
	73×4	8.67	33.15	0.229	51.75	14.18
80	89×3.5	9.40	52.78	0.279	86.07	19.34
	89×4	10.68	51.50	0.279	96.9	21.71
	89×4.5	11.90	50.24	0.279	106.9	24.01

续表

公称通径 DN (mm)	外径×壁厚 $\phi\times\delta$ (mm)	管壁截面积 f (cm^2)	流通截面积 F (cm^2)	单位长度外表面积 (m^2/m)	惯性矩 I (cm^4)	截面系数 W (cm^3)
无缝钢管						
100	108×4	13.1	78.54	0.339	176.9	32.75
	108×5	16.2	75.4	0.339	215.0	39.81
125	133×4	16.2	122.7	0.418	337.4	50.73
	133×5	20.1	118.8	0.418	412.2	61.98
150	159×4.5	21.8	176.7	0.499	651.9	82.0
	159×6	28.8	169.6	0.499	844.9	106.3
200	219×6	40.1	336.5	0.688	2278	208
	219×7	46.6	332	0.688	2620	239
250	273×7	58.5	526.6	0.857	5175	379
	273×8	66.6	518.5	0.857	5853	429
300	325×8	79.63	749.5	1.02	10016	616
	325×9	89.30	739.3	1.02	11164	687
350	377×9	104.0	1012	1.18	17629	935
	377×10	115	1000	1.18	19431	1031
400	426×9	118	1307	1.34	25640	1204
	426×10	131	1294	1.34	28295	1328
一般低压流体输送用螺旋缝埋弧焊钢管						
200	219.1×6	40.1	336.5	0.688	2278	208
	219.1×7	46.6	332	0.688	2620	239
250	273×6	50.3	535	0.857	4485	329
	273×7	58.5	527	0.857	5175	379
300	323.9×6	59.9	764	1.02	7574	468
	323.9×7	69.7	754	1.02	8755	541
350	377×6	69.9	1046	1.18	12029	638
	377×7	81.4	1034	1.18	13922	739
	377×8	92.7	1023	1.18	15796	838
400	426×7	92.1	1333	1.34	20227	950
	426×8	105	1320	1.34	22953	1078
	426×9	118	1307	1.34	25640	1204
500	529×8	132	2067	1.66	44439	1680
	529×9	147	2051	1.66	49710	1879
600	630×8	156	2961	1.98	75612	2400
	630×9	176	2942	1.98	84658	2688
700	720×8	179	3891	2.26	113437	3151
	720×9	201	3869	2.26	127084	3530
800	820×9	229	5049	2.57	188595	4599
	820×10	254	5024	2.57	208782	5092
900	920×9	257	6387	2.89	267308	5811
	920×10	286	6359	2.89	296038	6436
1000	1020×9	286	7881	3.20	365250	7162
	1020×10	317	7850	3.20	404742	7936

不锈钢无缝钢管的力学性能(GB 2270—80)

附录 2

钢号	热轧、热挤压 抗拉强度 $\sigma_b \times 9.8$ (N/mm²)	热轧、热挤压 伸长率 δ_b (%)	冷拔(轧) 抗拉强度 $\sigma_b \times 9.8$ (N/mm²)	冷拔(轧) 伸长率 δ_b (%)
	不小于			
0Cr13	38	22	38	22
1Cr13	40	21	40	21
2Cr13	42	20	42	20
3Cr13	—	—	—	—
1Cr17Ni2	—	—	—	—
1Cr25Ti	45	15	45	17
1Cr21Ni5Ti	60	20	60	20
0Cr18Ni9Ti	50	40	52	40
00Cr18Ni10	45	40	49	40
1Cr18Ni9	54	40	54	35
1Cr18Ni9Ti	55	40	56	40
00Cr17Ni14Mo2	49	40	49	40
00Cr17Ni14Mo3	49	40	49	40
0Cr18Ni12Mo2Ti	52	42	54	35
0Cr18Ni12Mo3Ti	52	35	54	35
1Cr18Ni12Mo2Ti	55	35	55	35
1Cr18Ni12Mo3Ti	55	35	55	35
1Cr23Ni18	50	37	54	35
1Cr18Ni11Nb	52	38	52	38

铜及铜合金管的力学性能

附录 3

牌号		标准号	制造方法	供货状态	力学性能 $\sigma_b \times$ 9.8MPa	力学性能 δ_{10} (%)
纯铜	T1 T2 T3	GB 1527—79(拉制管) GB 1528—79(挤制管)	冷轧或拉制	退火(M)	21	35
				硬(Y)	30	—
			热轧或挤制	热轧、热挤(R)	19	35
黄铜	H62	GB 1529—79 (拉制管) GB 1530—79 (挤制管)	冷轧或挤制	退火(M)	30	38
				1/2 硬(Y2)	34	30
			热轧或挤制	热轧、热挤(R)	30	38
	H68		冷轧或拉制	退火(M)	30	38
				1/2 硬(Y2)	35	30
	HPb59—1		热轧或挤制	热轧、热挤(R)	40	20
	HSn62—1		冷轧或拉制	退火(M)	30	35
				1/2 硬(Y2)	34	30

附录 4

铝及铝合金管的力学性能

牌号	标准号	材料状态	外径 (mm)	壁厚 (mm)	力学性能 σ_b ($\times 9.8N/mm^2$)	$\sigma_{0.2}$ ($\times 9.8N/mm^2$)	δ_{10} (%)
LY11 (硬铅)	GB4436—84	退火(M)	不限	不限	≤25	—	10
		淬火(自然时效)(CZ)	<22	≤1	38	20	13
				1.5~2.0			14
			22~50	≤1	40	23	12
				1.5~5.0			13
			>50	≤5			11
LY12 (硬铅)		退火(M)	不限	不限	≤25	—	10
		淬火(自然时效)(CZ)	<22	≤1	42	26	13
				1.5~2.0			14
			22~50	1~5.0	43	29	12
			>50	1~5.0			10
LF2 (防锈铝)		退火(M)	不限	不限	17~23	—	—
		1/2硬(Y2)			21		
		硬(Y)	<50	≤5.0	23		
			≥50		22		
LF21 (防锈铝)		退火(M)	不限	不限	<14	—	—
		硬(Y)			14		
L2、L3、L4、L6 (工业纯铝)		退火(M)	不限	不限	≤12	—	20
L4、L6 (工业纯铝)		硬(Y)	不限	≤2.0	11	—	4
				2.5~5.0	10		5
L2、L3 (工业纯铝)		硬(Y)	不限	不限	7	—	—

附录 5

热轧等边角钢(GB/T 9787—1988)

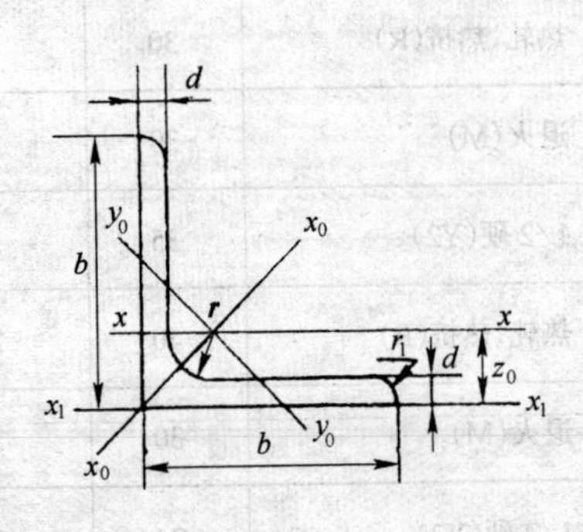

符号意义：b—边宽度；

d—边厚度；

r—内圆弧半径；

r_1—边端内圆弧半径；

I—惯性矩；

i—惯性半径；

W—抗弯截面系数；

z_0—重心距离

续表

角钢号数	尺寸(mm)			截面面积 (cm^2)	理论重量 (kg/m)	外表面积 (m^2/m)	参考数值										
							$x-x$			x_0-x_0			y_0-y_0			x_1-x_1	z_0
	b	d	r				I_x (cm^4)	i_x (cm)	W_x (cm^3)	I_{x0} (cm^4)	i_{x0} (cm)	W_{x0} (cm^3)	I_{y0} (cm^4)	i_{y0} (cm)	W_{y0} (cm^3)	I_{x1} (cm^4)	(cm)
2	20	3	3.5	1.132	0.889	0.078	0.40	0.59	0.29	0.63	0.75	0.45	0.17	0.39	0.20	0.81	0.60
		4		1.459	1.145	0.077	0.50	0.58	0.36	0.78	0.73	0.55	0.22	0.38	0.24	1.09	0.64
2.5	25	3		1.432	1.124	0.098	0.82	0.76	0.46	1.29	0.95	0.73	0.34	0.49	0.33	1.57	0.73
		4		1.859	1.459	0.097	1.03	0.74	0.59	1.62	0.93	0.92	0.43	0.48	0.40	2.11	0.76
3.0	30	3		1.749	1.373	0.117	1.46	0.91	0.68	2.31	1.15	1.09	0.61	0.59	0.51	2.71	0.85
		4		2.276	1.786	0.117	1.84	0.90	0.87	2.92	1.13	1.37	0.77	0.58	0.62	3.63	0.89
3.6	36	3	4.5	2.109	1.656	0.141	2.58	1.11	0.99	4.09	1.39	1.61	1.07	0.71	0.76	4.68	1.00
		4		2.756	2.163	0.141	3.29	1.09	1.28	5.22	1.38	2.05	1.37	0.70	0.93	6.25	1.04
		5		3.382	2.654	0.141	3.95	1.08	1.56	6.24	1.36	2.45	1.65	0.70	1.09	7.84	1.07
4.0	40	3		2.359	1.852	0.157	3.58	1.23	1.23	5.69	1.55	2.01	1.49	0.79	0.96	6.41	1.09
		4		3.086	2.422	0.157	4.60	1.22	1.60	7.29	1.54	2.58	1.91	0.79	1.19	8.56	1.13
		5		3.791	2.976	0.156	5.53	1.21	1.96	8.76	1.52	3.10	2.30	0.78	1.39	10.74	1.17
4.5	45	3	5	2.659	2.088	0.177	5.17	1.40	1.58	8.20	1.76	2.58	2.14	0.89	1.24	9.12	1.22
		4		3.486	2.736	0.177	6.65	1.38	2.05	10.56	1.74	3.32	2.75	0.89	1.54	12.18	1.26
		5		4.292	3.369	0.176	8.04	1.37	2.51	12.74	1.72	4.00	3.33	0.88	1.81	15.25	1.30
		6		5.076	3.985	0.176	9.33	1.36	2.95	14.76	1.70	4.64	3.89	0.88	2.06	18.36	1.33
5	50	3	5.5	2.971	2.332	0.197	7.18	1.55	1.96	11.37	1.96	3.22	2.98	1.00	1.57	12.50	1.34
		4		3.897	3.059	0.197	9.26	1.54	2.56	14.70	1.94	4.16	3.82	0.99	1.96	16.69	1.38
		5		4.803	3.770	0.196	11.21	1.53	3.13	17.79	1.92	5.03	4.64	0.98	2.31	20.90	1.42
		6		5.688	4.465	0.196	13.05	1.52	3.68	20.68	1.91	5.85	5.42	0.98	2.63	25.14	1.46
5.6	56	3	6	3.343	2.624	0.221	10.19	1.75	2.48	16.14	2.20	4.08	4.24	1.13	2.02	17.56	1.48
		4		4.390	3.446	0.220	13.18	1.73	3.24	20.92	2.18	5.28	5.46	1.11	2.52	23.43	1.53
		5		5.415	4.251	0.220	16.02	1.72	3.97	25.42	2.17	6.42	6.61	1.10	2.98	29.33	1.57
		6		8.367	6.568	0.219	23.63	1.68	6.03	37.37	2.11	9.44	9.89	1.09	4.16	46.24	1.68
6.3	63	4	7	4.978	3.907	0.248	19.03	1.96	4.13	30.17	2.46	6.78	7.89	1.26	3.29	33.35	1.70
		5		6.143	4.822	0.248	23.17	1.94	5.08	36.77	2.45	8.25	9.57	1.25	3.90	41.73	1.74
		6		7.288	5.721	0.247	27.12	1.93	6.00	43.03	2.43	9.66	11.20	1.24	4.46	50.14	1.78
		8		9.515	7.469	0.247	34.46	1.90	7.75	54.56	2.40	12.25	14.33	1.23	5.47	67.11	1.85
		10		11.657	9.151	0.246	41.09	1.88	9.39	64.85	2.36	14.56	17.33	1.22	6.36	84.31	1.93
7	70	4	8	5.570	4.372	0.275	26.39	2.18	5.14	41.80	2.74	8.44	10.99	1.40	4.17	45.74	1.86
		5		6.875	5.397	0.275	32.21	2.16	6.32	51.08	2.73	10.32	13.34	1.39	4.95	57.21	1.91
		6		8.160	6.406	0.275	37.77	2.15	7.48	59.93	2.71	12.11	15.61	1.38	5.67	68.73	1.95
		7		9.424	7.398	0.275	43.09	2.14	8.59	68.35	2.69	13.81	17.82	1.38	6.34	80.29	1.99
		8		10.667	8.373	0.274	48.17	2.12	9.68	76.37	2.68	15.43	19.98	1.37	6.98	91.92	2.03

续表

角钢号数	尺寸(mm)			截面面积(cm^2)	理论重量(kg/m)	外表面积(m^2/m)	参考数值										z_0 (cm)
							$x-x$			x_0-x_0			y_0-y_0			x_1-x_1	
	b	d	r				I_x (cm^4)	i_x (cm)	W_x (cm^3)	I_{x0} (cm^4)	i_{x0} (cm)	W_{x0} (cm^3)	I_{y0} (cm^4)	i_{y0} (cm)	W_{y0} (cm^3)	I_{x1} (cm^4)	
7.5	75	5	9	7.412	5.818	0.295	39.97	2.33	7.32	63.30	2.92	11.94	16.63	1.50	5.77	70.56	2.04
		6		8.797	6.905	0.294	46.95	2.31	8.64	74.38	2.90	14.02	19.51	1.49	6.67	84.55	2.07
		7		10.160	7.976	0.294	53.57	2.30	9.93	84.96	2.89	16.02	22.18	1.48	7.44	98.71	2.11
		8		11.503	9.030	0.294	59.96	2.28	11.20	95.07	2.88	17.93	24.86	1.47	8.19	112.97	2.15
		10		14.126	11.089	0.293	71.98	2.26	13.64	113.92	2.84	21.48	30.05	1.46	9.56	141.71	2.22
8	80	5	9	7.912	6.211	0.315	48.79	2.48	8.34	77.33	3.13	13.67	20.25	1.60	6.66	85.36	2.15
		6		9.397	7.376	0.314	57.35	2.47	9.87	90.98	3.11	16.08	23.72	1.59	7.65	102.50	2.19
		7		10.860	8.525	0.314	65.58	2.46	11.37	104.07	3.10	18.40	27.09	1.58	8.58	119.70	2.23
		8		12.303	9.658	0.314	73.49	2.44	12.83	116.60	3.08	20.61	30.39	1.57	9.46	136.97	2.27
		10		15.126	11.874	0.313	88.43	2.42	15.64	140.09	3.04	24.76	36.77	1.56	11.08	171.74	2.35
9	90	6	10	10.637	8.350	0.354	82.77	2.79	12.61	131.26	3.51	20.63	34.28	1.80	9.95	145.87	2.44
		7		12.301	9.656	0.354	94.83	2.78	14.54	150.47	3.50	23.64	39.18	1.78	11.19	170.30	2.48
		8		13.944	10.946	0.353	106.47	2.76	16.42	168.97	3.48	26.55	43.97	1.78	12.35	194.80	2.52
		10		17.167	13.476	0.353	128.58	2.74	20.07	203.90	3.45	32.04	53.26	1.76	14.52	244.07	2.59
		12		20.306	15.940	0.352	149.22	2.71	23.57	236.21	3.41	37.12	62.22	1.75	16.49	293.76	2.67
10	100	6	12	11.932	9.366	0.393	114.95	3.10	15.68	181.98	3.90	25.74	47.92	2.00	12.69	200.07	2.67
		7		13.796	10.830	0.393	131.86	3.09	18.10	208.97	3.89	29.55	54.74	1.99	14.26	233.54	2.71
		8		15.638	12.276	0.393	148.24	3.08	20.47	235.07	3.88	33.24	61.41	1.98	15.75	267.09	2.76
		10		19.261	15.120	0.392	179.51	3.05	25.06	284.68	3.84	40.26	74.35	1.96	18.54	334.48	2.84
		12		22.800	17.898	0.391	208.90	3.03	29.48	330.95	3.81	46.80	86.84	1.95	21.08	402.34	2.91
		14		26.256	20.611	0.391	236.53	3.00	33.73	374.06	3.77	52.90	99.00	1.94	23.44	470.75	2.99
		16		29.267	23.257	0.390	262.53	2.98	37.82	414.16	3.74	58.57	110.89	1.94	25.63	539.80	3.06
11	110	7	12	15.196	11.928	0.433	177.16	3.41	22.05	280.94	4.30	36.12	73.38	2.20	17.51	310.64	2.96
		8		17.238	13.532	0.433	199.46	3.40	24.95	316.49	4.28	40.69	82.42	2.19	19.39	355.20	3.01
		10		21.261	16.690	0.432	242.19	3.39	30.60	384.39	4.25	49.42	99.98	2.17	22.91	444.65	3.09
		12		25.200	19.782	0.431	282.55	3.35	36.05	448.17	4.22	57.62	116.93	2.15	26.15	534.60	3.16
		14		29.056	22.809	0.431	320.71	3.32	41.31	508.01	4.18	65.31	133.40	2.14	29.14	625.16	3.24
12.5	125	8	14	19.750	15.504	0.492	297.03	3.88	32.52	470.89	4.88	53.28	123.16	2.50	25.86	521.01	3.37
		10		24.373	19.133	0.491	361.67	3.85	39.97	573.89	4.85	64.93	149.46	2.48	30.62	651.93	3.45
		12		28.912	22.696	0.491	423.16	3.83	41.17	671.44	4.82	75.96	174.88	2.46	35.03	783.42	3.53
		14		33.367	26.193	0.490	481.65	3.80	54.16	763.73	4.78	86.41	199.57	2.45	39.13	915.61	3.61
14	140	10		27.373	21.488	0.551	514.65	4.34	50.58	817.27	5.46	82.56	212.04	2.78	39.20	915.11	3.82
		12		32.512	25.522	0.551	603.68	4.31	59.80	958.79	5.43	96.85	248.57	2.76	45.02	1099.28	3.90
		14		37.567	29.490	0.550	688.81	4.28	68.75	1093.56	5.40	110.47	284.06	2.75	50.45	1284.22	3.98
		16		42.539	33.393	0.549	770.24	4.26	77.46	1221.81	5.36	123.42	318.67	2.74	55.55	1470.07	4.06

续表

角钢号数	尺寸(mm)			截面面积	理论重量	外表面积	参考数值										
							$x-x$			x_0-x_0			y_0-y_0			x_1-x_1	z_0
	b	d	r	(cm²)	(kg/m)	(m²/m)	I_x (cm⁴)	i_x (cm)	W_x (cm³)	I_{x0} (cm⁴)	i_{x0} (cm)	W_{x0} (cm³)	I_{y0} (cm⁴)	i_{y0} (cm)	W_{y0} (cm³)	I_{x1} (cm⁴)	(cm)
16	160	10	16	31.502	24.729	0.630	779.53	4.98	66.70	1237.30	6.27	109.36	321.76	3.20	52.76	1365.33	4.31
		12		37.441	29.391	0.630	916.58	4.95	78.98	1455.68	6.24	128.67	377.49	3.18	60.74	1639.57	4.39
		14		43.296	33.987	0.629	1048.36	4.92	90.95	1665.02	6.20	147.17	431.70	3.16	68.24	1914.68	4.47
		16		49.067	38.518	0.629	1175.08	4.89	102.63	1865.57	6.17	164.89	484.59	3.14	75.31	2190.82	4.55
18	180	12	16	42.241	33.159	0.710	1321.35	5.59	100.82	2100.10	7.05	165.00	542.61	3.58	78.41	2332.80	4.89
		14		48.896	38.383	0.709	1514.48	5.56	116.25	2407.42	7.02	189.14	621.53	3.56	88.38	2723.48	4.97
		16		55.467	43.542	0.709	1700.99	5.54	131.13	2703.37	6.98	212.40	698.60	3.55	97.83	3115.29	5.05
		18		61.955	48.634	0.708	1875.12	5.50	145.64	2988.24	6.94	234.78	762.01	3.51	105.14	3502.43	5.13
20	200	14	18	54.642	42.894	0.788	2103.55	6.20	144.70	3343.26	7.82	236.40	863.83	3.98	111.82	3734.10	5.46
		16		62.013	48.680	0.788	2366.15	6.18	163.65	3760.89	7.79	265.93	971.41	3.96	123.96	4270.39	5.54
		18		69.301	54.401	0.787	2620.64	6.15	182.22	4164.54	7.75	294.48	1076.74	3.94	135.52	4808.13	5.62
		20		76.505	60.056	0.787	2867.30	6.12	200.42	4554.55	7.72	322.06	1180.04	3.93	146.55	5347.51	5.69
		24		90.661	71.168	0.785	3338.25	6.07	236.17	5294.97	7.64	374.41	1381.53	3.90	166.65	6457.16	5.87

注：截面图中的 $r_1 = d/3$ 及表中 r 值，用于孔型设计，不作为交货条件。

热轧不等边角钢(GB/T 9788—1988)

附录 6

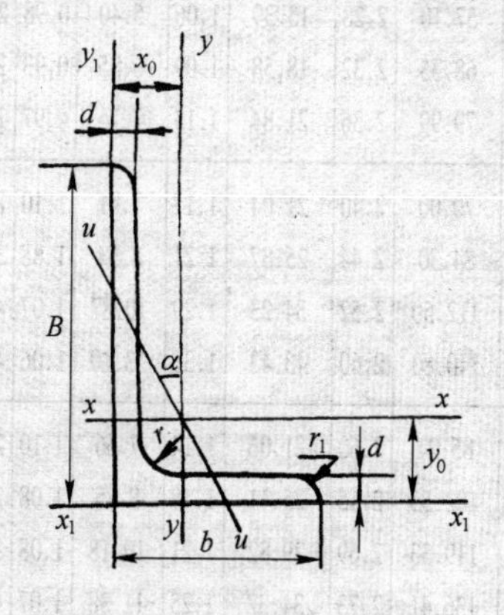

符号意义：B—长边宽度；
d—边厚；
r_1—边端内弧半径；
y_0—形心坐标；
i—惯性半径；
b—短边宽度；
r—内圆弧半径；
x_0—形心坐标；
I—惯性矩；
W—抗弯截面系数

角钢号数	尺寸(mm)				截面面积	理论重量	外表面积	参考数值												
								$x-x$			$y-y$			x_1-x_1		y_1-y_1		$u-u$		
	B	b	d	r	(cm²)	(kg/m)	(m²/m)	I_x (cm⁴)	i_x (cm)	W_x (cm³)	I_y (cm⁴)	i_y (cm)	W_y (cm³)	I_{x1} (cm⁴)	y_0 (cm)	I_{y1} (cm⁴)	x_0 (cm)	I_u (cm⁴)	i_u (cm)	W_u (cm³)	$\tan\alpha$
2.5/1.6	25	16	3	3.5	1.162	0.912	0.080	0.70	0.78	0.43	0.22	0.44	0.19	1.56	0.86	0.43	0.42	0.14	0.34	0.16	0.392
			4		1.499	1.176	0.079	0.88	0.77	0.55	0.27	0.43	0.24	2.09	0.90	0.59	0.46	0.17	0.34	0.20	0.381
3.2/2	32	20	3		1.492	1.171	0.102	1.53	1.01	0.72	0.46	0.55	0.30	3.27	1.08	0.82	0.49	0.28	0.43	0.25	0.382
			4		1.939	1.22	0.101	1.93	1.00	0.93	0.57	0.54	0.39	4.37	1.12	1.12	0.53	0.35	0.42	0.32	0.374

续表

角钢号数	尺寸(mm)				截面面积(cm^2)	理论重量(kg/m)	外表面积(m^2/m)	参考数值													
								$x-x$			$y-y$			x_1-x_1		y_1-y_1		$u-u$			
	B	b	d	r				I_x (cm^4)	i_x (cm)	W_x (cm^3)	I_y (cm^4)	i_y (cm)	W_y (cm^3)	I_{x1} (cm^4)	y_0 (cm)	I_{y1} (cm^4)	x_0 (cm)	I_u (cm^4)	i_u (cm)	W_u (cm^3)	tanα
4/2.5	40	25	3	4	1.890	1.484	0.127	3.08	1.28	1.15	0.93	0.70	0.49	5.39	1.32	1.59	0.59	0.56	0.54	0.40	0.385
			4		2.467	1.936	0.127	3.93	1.26	1.49	1.18	0.69	0.63	8.53	1.37	2.14	0.63	0.71	0.54	0.52	0.381
4.5/2.8	45	28	3	5	2.149	1.687	0.143	4.45	1.44	1.47	1.34	0.79	0.62	9.10	1.47	2.23	0.64	0.80	0.61	0.51	0.383
			4		2.806	2.203	0.143	5.69	1.42	1.91	1.70	0.78	0.80	12.13	1.51	3.00	0.68	1.02	0.60	0.66	0.380
5/3.2	50	32	3	5.5	2.431	1.908	0.161	6.24	1.60	1.84	2.02	0.91	0.82	12.49	1.60	3.31	0.73	1.20	0.70	0.68	0.404
			4		3.177	2.494	0.160	8.02	1.59	2.39	2.58	0.90	1.06	16.65	1.65	4.45	0.77	1.53	0.69	0.87	0.402
5.6/3.6	56	36	3	6	2.743	2.153	0.181	8.88	1.80	2.32	2.92	1.03	1.05	17.54	1.78	4.70	0.80	1.73	0.79	0.87	0.408
			4		3.590	2.818	0.180	11.45	1.78	3.03	3.76	1.02	1.37	23.39	1.82	6.33	0.85	2.23	0.79	1.13	0.408
			5		4.415	3.466	0.180	13.86	1.77	3.71	4.49	1.01	1.65	29.25	1.87	7.94	0.88	2.67	0.79	1.36	0.404
6.3/4	63	40	4	7	4.058	3.185	0.202	16.49	2.02	3.87	5.23	1.14	1.70	33.30	2.04	8.63	0.92	3.12	0.88	1.40	0.398
			5		4.993	3.920	0.202	20.02	2.00	4.74	6.31	1.12	2.71	41.63	2.08	10.86	0.95	3.76	0.87	1.71	0.396
			6		5.908	4.638	0.201	23.36	1.96	5.59	7.29	1.11	2.43	49.98	2.12	13.12	0.99	4.34	0.86	1.99	0.393
			7		6.802	5.339	0.201	26.53	1.98	6.40	8.24	1.10	2.78	58.07	2.15	15.47	1.03	4.97	0.86	2.29	0.389
7/4.5	70	45	4	7.5	4.547	3.570	0.226	23.17	2.26	4.86	7.55	1.29	2.17	45.92	2.24	12.26	1.02	4.40	0.98	1.77	0.410
			5		5.609	4.403	0.225	27.95	2.23	5.92	9.13	1.28	2.65	57.10	2.28	15.39	1.06	5.40	0.98	2.19	0.407
			6		6.647	5.218	0.225	32.54	2.21	6.95	10.62	1.26	3.12	68.35	2.32	18.58	1.09	6.35	0.93	2.59	0.404
			7		7.657	6.011	0.225	37.22	2.20	8.03	12.01	1.25	3.57	79.99	2.36	21.84	1.13	7.16	0.97	2.94	0.402
(7.5/5)	75	50	5	8	6.125	4.808	0.245	34.86	2.39	6.83	12.61	1.44	3.30	70.00	2.40	21.04	1.17	7.41	1.10	2.74	0.435
			6		7.260	5.699	0.245	41.12	2.38	8.12	14.70	1.42	3.88	84.30	2.44	25.37	1.21	8.54	1.08	3.19	0.435
			8		9.467	7.431	0.244	52.39	2.35	10.52	18.53	1.40	4.99	112.50	2.52	34.23	1.29	10.87	1.07	4.10	0.429
			10		11.590	9.098	0.244	62.71	2.33	12.79	21.96	1.38	6.04	140.80	2.60	43.43	1.36	13.10	1.06	4.99	0.423
8/5	80	50	5	8	6.375	5.005	0.255	41.96	2.56	7.78	12.82	1.42	3.32	85.21	2.60	21.06	1.14	7.66	1.10	2.74	0.388
			6		7.560	5.935	0.255	49.49	2.56	9.25	14.95	1.41	3.91	102.53	2.65	25.41	1.18	8.85	1.08	3.20	0.387
			7		8.724	6.848	0.255	56.16	2.54	10.58	16.96	1.39	4.48	119.33	2.69	29.82	1.21	10.18	1.08	3.70	0.384
			8		9.867	7.745	0.254	62.83	2.52	11.92	18.85	1.38	5.03	136.41	2.73	34.32	1.25	11.38	1.07	4.16	0.381
9/5.6	90	56	5	9	7.212	5.661	0.287	60.45	2.90	9.92	18.32	1.59	4.21	121.32	2.91	29.53	1.25	10.98	1.23	3.49	0.385
			6		8.557	6.717	0.286	71.03	2.88	11.74	21.42	1.58	4.96	145.59	2.95	35.58	1.29	12.90	1.23	4.18	0.384
			7		9.880	7.756	0.286	81.01	2.86	13.49	24.36	1.57	5.70	169.66	3.00	41.71	1.33	14.67	1.22	4.72	0.382
			8		11.183	8.779	0.286	91.03	2.85	15.27	27.15	1.56	6.41	194.17	3.04	47.93	1.36	16.34	1.21	5.29	0.380
10/6.3	100	63	6	10	9.617	7.550	0.320	99.06	3.21	14.64	30.94	1.79	6.35	199.71	3.24	50.50	1.43	18.42	1.38	5.25	0.394
			7		11.111	8.722	0.320	113.45	3.20	16.88	35.26	1.78	7.29	233.00	3.28	59.14	1.47	21.00	1.38	6.02	0.394
			8		12.584	9.878	0.319	127.37	3.18	19.08	39.39	1.77	8.21	266.32	3.32	67.88	1.50	23.50	1.37	6.78	0.391
			10		15.467	12.142	0.319	153.81	3.15	23.32	47.12	1.74	9.98	333.06	3.40	85.73	1.58	28.33	1.35	8.24	0.387

续表

角钢号数	尺寸(mm)				截面面积(cm^2)	理论重量(kg/m)	外表面积(m^2/m)	参考数值													
								$x-x$			$y-y$			x_1-x_1		y_1-y_1		$u-u$			
	B	b	d	r				I_x (cm^4)	i_x (cm)	W_x (cm^3)	I_y (cm^4)	i_y (cm)	W_y (cm^3)	I_{x1} (cm^4)	y_0 (cm)	I_{y1} (cm^4)	x_0 (cm)	I_u (cm^4)	i_u (cm)	W_u (cm^3)	$\tan\alpha$
10/8	100	80	6	10	10.637	8.350	0.354	107.04	3.17	15.19	61.24	2.40	10.16	199.83	2.95	102.68	1.97	31.65	1.72	8.37	0.627
			7		12.301	9.656	0.354	122.73	3.16	17.52	70.08	2.39	11.71	233.20	3.00	119.98	2.01	36.17	1.72	9.60	0.626
			8		13.944	10.946	0.353	137.92	3.14	19.81	78.58	2.37	13.21	266.61	3.04	137.37	2.05	40.58	1.71	10.80	0.625
			10		17.167	13.476	0.353	166.87	3.12	24.24	94.65	2.35	16.12	333.63	3.12	172.48	2.13	49.10	1.69	13.12	0.622
11/7	110	70	6	10	10.637	8.350	0.354	133.37	3.54	17.85	42.92	2.01	7.90	265.78	3.53	69.08	1.57	25.36	1.54	6.53	0.403
			7		12.301	9.656	0.354	153.00	3.53	20.60	49.01	2.00	9.09	310.07	3.57	80.82	1.61	28.95	1.53	7.50	0.402
			8		13.944	10.946	0.353	172.04	3.51	23.30	54.87	1.98	10.25	354.39	3.62	92.70	1.65	32.45	1.53	8.45	0.401
			10		17.167	13.467	0.353	208.39	3.48	28.54	65.88	1.96	12.48	443.13	3.70	116.83	1.72	39.20	1.51	10.29	0.397
12.5/8	125	80	7	11	14.096	11.066	0.403	227.98	4.02	26.86	74.42	2.30	12.01	454.99	4.01	120.32	1.80	43.81	1.76	9.92	0.408
			8		15.989	12.551	0.403	256.77	4.01	30.41	83.49	2.28	13.56	519.99	4.06	137.85	1.84	49.15	1.75	11.18	0.407
			10		19.712	15.474	0.402	312.04	3.98	37.33	100.67	2.26	16.56	650.09	4.14	173.40	1.92	59.45	1.74	13.64	0.404
			12		23.351	18.330	0.402	364.41	3.95	44.01	116.67	2.24	19.43	780.39	4.22	209.67	2.00	69.35	1.72	16.01	0.400
14/9	140	90	8	12	18.038	14.160	0.453	365.64	4.50	38.48	120.69	2.59	17.34	730.53	4.50	195.79	2.04	70.83	1.98	14.31	0.411
			10		22.261	17.475	0.452	445.50	4.47	47.31	146.03	2.56	21.22	913.20	4.58	245.92	2.21	85.82	1.96	17.48	0.409
			12		26.400	20.724	0.451	521.59	4.44	55.87	169.79	2.54	24.95	1096.09	4.66	296.89	2.19	100.21	1.95	20.54	0.406
			14		30.456	23.908	0.451	594.10	4.42	64.18	192.10	2.51	28.54	1279.26	4.74	348.82	2.27	114.13	1.94	23.52	0.403
16/10	160	100	10	13	25.315	19.872	0.512	668.69	5.14	62.13	205.03	2.85	26.56	1362.89	5.24	336.59	2.28	121.74	2.19	21.92	0.390
			12		30.054	23.592	0.511	784.91	5.11	73.49	239.09	2.82	31.28	1635.56	5.32	405.94	2.36	142.33	2.17	25.79	0.388
			14		34.709	27.247	0.510	896.30	5.08	84.56	271.20	2.80	35.83	1908.50	5.40	476.42	2.43	162.23	2.16	29.56	0.385
			16		39.281	30.835	0.510	1003.04	5.05	95.33	301.60	2.77	40.24	2181.79	5.48	548.22	2.51	182.57	2.16	33.44	0.382
18/11	180	110	10	14	28.373	22.273	0.571	956.25	5.80	78.96	278.11	3.13	32.49	1940.40	5.89	447.22	2.44	166.50	2.42	26.88	0.376
			12		33.712	26.464	0.571	1124.72	5.78	93.53	325.03	3.10	38.32	2328.35	5.98	538.94	2.52	194.87	2.40	31.66	0.374
			14		38.967	30.589	0.570	1286.91	5.75	107.76	369.55	3.08	43.97	2716.60	6.06	631.95	2.59	222.30	2.39	36.32	0.372
			16		44.139	34.649	0.569	1443.06	5.72	121.64	411.85	3.06	49.44	3105.15	6.14	726.46	2.67	248.84	2.38	40.87	0.369
20/12.5	200	125	12		37.912	29.761	0.641	1570.90	6.44	116.73	483.16	3.57	49.99	3193.85	6.54	787.74	2.83	285.79	2.74	41.23	0.392
			14		43.867	34.436	0.640	1800.97	6.41	134.65	550.83	3.54	57.44	3726.17	6.62	922.47	2.91	326.58	2.73	47.34	0.390
			16		49.739	39.045	0.639	2023.35	6.38	152.18	615.44	3.52	64.69	4258.86	6.70	1058.86	2.99	366.21	2.71	53.32	0.388
			18		55.526	43.588	0.639	2238.30	6.35	169.33	677.19	3.49	71.74	4792.00	6.78	1197.13	3.06	404.83	2.70	59.18	0.385

注：截面图中的 $r_1=d/3$ 及表中 r 值，用于孔型设计，不作为交货条件。

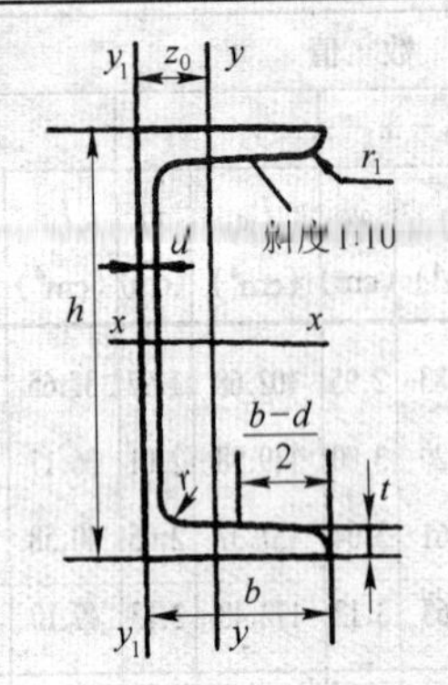

符号意义：h—高度；
b—腿宽度；
d—腰厚度；
t—平均腿厚度；
r—内圆弧半径；
r_1—腿端圆弧半径；
I—惯性矩；
W—抗弯截面系数；
i—惯性半径；
z_0—$y-y$ 轴与 y_1-y_1 轴间距

型号	尺寸 (mm)						截面面积 (cm^2)	理论重量 (kg/m)	参考数值							
									$x-x$			$y-y$			y_1-y_1	z_0 (cm)
	h	b	d	t	r	r_1			W_x (cm^3)	I_x (cm^4)	i_x (cm)	W_y (cm^3)	I_y (cm^4)	i_y (cm)	I_{y1} (cm^4)	
5	50	37	4.5	7	7.0	3.5	6.928	5.438	10.4	26.0	1.94	3.55	8.30	1.10	20.9	1.35
6.3	63	40	4.8	7.5	7.5	3.8	8.451	6.634	16.1	50.8	2.45	4.50	11.9	1.19	28.4	1.36
8	80	43	5.0	8	8.0	4.0	10.248	8.045	25.3	101	3.15	5.79	16.6	1.27	37.4	1.43
10	100	48	5.3	8.5	8.5	4.2	12.748	10.007	39.7	198	3.95	7.8	25.6	1.41	54.9	1.52
12.6	126	53	5.5	9	9.0	4.5	15.692	12.318	62.1	391	4.95	10.2	38.0	1.57	77.1	1.59
14a	140	58	6.0	9.5	9.5	4.8	18.516	14.535	80.5	564	5.52	13.0	53.2	1.70	107	1.71
14b	140	60	8.0	9.5	9.5	4.8	21.316	16.733	87.1	609	5.35	14.1	61.1	1.69	121	1.67
16a	160	63	6.5	10	10.0	5.0	21.962	17.240	108	866	6.28	16.3	73.3	1.83	144	1.80
16	160	65	8.5	10	10.0	5.0	25.162	19.752	117	935	6.10	17.6	83.4	1.82	161	1.75
18a	180	68	7.0	10.5	10.5	5.2	25.699	20.174	141	1270	7.04	20.0	98.6	1.96	190	1.88
18	180	70	9.0	10.5	10.5	5.2	29.299	23.000	152	1370	6.84	21.5	111	1.95	210	1.84
20a	200	73	7.0	11	11.0	5.5	28.837	22.637	178	1780	7.86	24.2	128	2.11	244	2.01
20	200	75	9.0	11	11.0	5.5	32.837	25.777	191	1910	7.64	25.9	144	2.09	268	1.95
22a	220	77	7.0	11.5	11.5	5.8	31.846	24.999	218	2390	8.67	28.2	158	2.23	298	2.10
22	220	79	9.0	11.5	11.5	5.8	36.246	28.453	234	2570	8.42	30.1	176	2.21	326	2.03
25a	250	78	7.0	12	12.0	6.0	34.917	27.410	270	3370	9.82	30.6	176	2.24	322	2.07
25b	250	80	9.0	12	12.0	6.0	39.917	31.335	282	3530	9.41	32.7	196	2.22	353	1.98
25c	250	82	11.0	12	12.0	6.0	44.917	35.260	295	3690	9.07	35.9	218	2.21	384	1.92
28a	280	82	7.5	12.5	12.5	6.2	40.034	31.427	340	4760	10.9	35.7	218	2.33	388	2.10
28b	280	84	9.5	12.5	12.5	6.2	45.634	35.823	366	5130	10.6	37.9	242	2.30	428	2.02
28c	280	86	11.5	12.5	12.5	6.2	51.234	40.219	393	5500	10.4	40.3	268	2.29	463	1.95
32a	320	88	8.0	14	14.0	7.0	48.513	38.083	475	7600	12.5	46.5	305	2.50	552	2.24
32b	320	90	10.0	14	14.0	7.0	54.913	43.107	509	8140	12.2	59.2	336	2.47	593	2.16
32c	320	92	12.0	14	14.0	7.0	61.313	48.131	543	8690	11.9	52.6	374	2.47	643	2.09
36a	360	96	9.0	16	16.0	8.0	60.910	47.814	660	11900	14.0	63.5	455	2.73	818	2.44
36b	360	98	11.0	16	16.0	8.0	68.110	53.466	703	12700	13.6	66.9	497	2.70	880	2.37
36c	360	100	13.0	16	16.0	8.0	75.310	59.118	746	13400	13.4	70.0	536	2.67	948	2.34
40a	400	100	10.5	18	18.0	9.0	75.068	58.928	879	17600	15.3	78.8	592	2.81	1070	2.49
40b	400	102	12.5	18	18.0	9.0	83.068	65.208	932	18600	15.0	82.5	640	2.78	1140	2.44
40c	400	104	14.5	18	18.0	9.0	91.068	71.488	986	19700	14.7	86.2	688	2.75	1220	2.42

热轧工字钢(GB/706—1988)

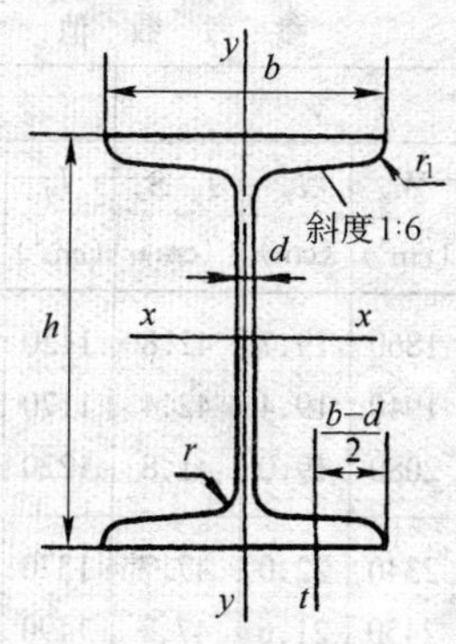

符号意义：h—高度；

b—腿宽度；

d—腰厚度；

t—平均腿厚度；

r—内圆弧半径；

r_1—腿端圆弧半径；

I—惯性矩；

W—抗弯截面系数；

i—惯性半径；

S—半截面的静力矩

型号	尺寸 (mm)						截面面积 (cm^2)	理论重量 (kg/m)	参考数值						
									$x-x$				$y-y$		
	h	b	d	t	r	r_1			I_x (cm^4)	W_x (cm^3)	i_x (cm)	$I_x:S_x$ (cm)	I_y (cm^4)	W_y (cm^3)	i_y (cm)
10	100	68	4.5	7.6	6.5	3.3	14.345	11.261	245	49.0	4.14	8.59	33.0	9.72	1.52
12.6	126	74	5.0	8.4	7.0	3.5	18.118	14.223	488	77.5	5.20	10.8	46.9	12.7	1.61
14	140	80	5.5	9.1	7.5	3.8	21.516	16.890	712	102	5.76	12.0	64.4	16.1	1.73
16	160	88	6.0	9.9	8.0	4.0	26.131	20.513	1130	141	6.58	13.8	93.1	21.2	1.89
18	180	94	6.5	10.7	8.5	4.3	30.756	24.143	1660	185	7.36	15.4	122	26.0	2.00
20a	200	100	7.0	11.4	9.0	4.5	35.578	27.929	2370	237	8.15	17.2	158	31.5	2.12
20b	200	102	9.0	11.4	9.0	4.5	39.578	31.069	2500	250	7.96	16.9	169	33.1	2.06
22a	220	110	7.5	12.3	9.5	4.8	42.128	33.070	3400	309	8.99	18.9	225	40.9	2.31
22b	220	112	9.5	12.3	9.5	4.8	46.528	36.524	3570	325	8.78	18.7	239	42.7	2.27
25a	250	116	8.0	13.0	10.0	5.0	48.541	38.105	5020	402	10.2	21.6	280	48.3	2.40
25b	250	118	10.0	13.0	10.0	5.0	53.541	42.030	5280	423	9.94	21.3	309	52.4	2.40
28a	280	122	8.5	13.7	10.5	5.3	55.404	43.492	7110	508	11.3	24.6	345	56.6	2.50
28b	280	124	10.5	13.7	10.5	5.3	61.004	47.888	7480	534	11.1	24.2	379	61.2	2.49
32a	320	130	9.5	15.0	11.5	5.8	67.156	52.717	11100	692	12.8	27.5	460	70.8	2.62
32b	320	132	11.5	15.0	11.5	5.8	73.556	57.741	11600	726	12.6	27.1	502	76.0	2.61
32c	320	134	13.5	15.0	11.5	5.8	79.956	62.765	12200	760	12.3	26.3	544	81.2	2.61
36a	360	136	10.0	15.8	12.0	6.0	76.480	60.037	15800	875	14.4	30.7	552	81.2	2.69
36b	360	138	12.0	15.8	12.0	6.0	83.680	65.689	16500	919	14.1	30.3	582	84.3	2.64
36c	360	140	14.0	15.8	12.0	6.0	90.880	71.341	17300	962	13.8	29.9	612	87.4	2.60
40a	400	142	10.5	16.5	12.5	6.3	86.112	67.598	21700	1090	15.9	34.1	660	93.2	2.77
40b	400	144	12.5	16.5	12.5	6.3	94.112	73.878	22800	1140	16.5	33.6	692	96.2	2.71
40c	400	146	14.5	16.5	12.5	6.3	102.112	80.158	23900	1190	15.2	33.2	727	99.6	2.65
45a	450	150	11.5	18.0	13.5	6.8	102.446	80.420	32200	1430	17.7	38.6	855	114	2.89
45b	450	152	13.5	18.0	13.5	6.8	111.446	87.485	33800	1500	17.4	38.0	894	118	2.84
45c	450	154	15.5	18.0	13.5	6.8	120.446	94.550	35300	1570	17.1	37.6	938	122	2.79

续表

型号	尺寸 (mm)						截面面积 (cm^2)	理论重量 (kg/m)	参考数值						
									$x-y$				$y-y$		
	h	b	d	t	r	r_1			I_x (cm^4)	W_x (cm^3)	i_x (cm)	$I_x:S_x$ (cm)	I_y (cm^4)	W_y (cm^3)	i_y (cm)
50a	500	158	12.0	20.0	14.0	7.0	119.304	93.654	46500	1860	19.7	42.8	1120	142	3.07
50b	500	160	14.0	20.0	14.0	7.0	129.304	101.504	48600	1940	19.4	42.4	1170	146	3.01
50c	500	162	16.0	20.0	14.0	7.0	139.304	109.354	50600	2080	19.0	41.8	1220	151	2.96
56a	560	166	12.5	21.0	14.5	7.3	135.435	106.316	65600	2340	22.0	47.7	1370	165	3.18
56b	560	168	14.5	21.0	14.5	7.3	146.635	115.108	68500	2450	21.6	47.2	1490	174	3.16
56c	560	170	16.5	21.0	14.5	7.3	157.835	123.900	71400	2550	21.3	46.7	1560	183	3.16
63a	630	176	13.0	22.0	15.0	7.5	154.658	121.407	93900	2980	24.5	54.2	1700	193	3.31
63b	630	178	15.0	22.0	15.0	7.5	167.258	131.298	98100	3160	24.2	53.5	1810	204	3.29
63c	630	180	17.0	22.0	15.0	7.5	179.858	141.189	102000	3300	23.8	52.9	1920	214	3.27

注：截面图和表中标注的圆弧半径 r 和 r_1 值，用于孔型设计，不作为交货条件。

参 考 文 献

1 陈庭吉主编.机械工程力学.北京:机械工业出版社,2001

2 沈伦序主编.建筑力学.北京:高等教育出版社,1999

3 张 曦主编.建筑力学.北京:中国建筑工业出版社,2000

4 党锡康主编.工程力学.南京:东南大学出版社,1998

5 于永君主编.建筑力学试题集.北京:机械工业出版社,1994

6 范钦珊主编.工程力学习题指导.北京:中国建筑工业出版社,1980

7 国振喜,曲昭嘉编.管道支架设计手册.北京:中国建筑工业出版社,1998